国家示范性高等职业院校重点建设专业教材

工程机械液压系统故障诊断

Gongcheng Jixie Yeya Xitong Guzhang Zhenduan

主　编　王　毅
主　审　王永福

人民交通出版社

内 容 提 要

本书是国家示范性高等职业院校重点建设专业教材，以工程机械液压维修岗位的典型工作任务为载体，力求通过理实一体化教学形成岗位能力，主要内容包括：液压系统泄漏故障检修、液压油温度异常故障检修、液压工作装置运行无力故障检修、液压系统振动和噪声故障检修和液压工作台不回转故障检修。本书图文并茂，便于提高学员的学习兴趣及领悟所学内容。

本书可作为高等职业院校工程机械控制技术专业学生教材，也可作为相关专业学生的学习参考用书。

图书在版编目(CIP)数据

工程机械液压系统故障诊断 / 王毅主编. —北京：人民交通出版社，2010.8

国家示范性高等职业院校重点建设专业教材

ISBN 978-7-114-08618-2

I. ①工… II. ①王… III. ①工程机械－液压系统－故障诊断－高等学校：技术学校－教材 IV. ①TU607

中国版本图书馆 CIP 数据核字(2010)第 164879 号

书　　名： 国家示范性高等职业院校重点建设专业教材
工程机械液压系统故障诊断

著 作 者： 王　毅

责任编辑： 戴慧莉

出版发行： 人民交通出版社股份有限公司

地　　址：（100011）北京市朝阳区安定门外外馆斜街 3 号

网　　址： http://www.ccpress.com.cn

销售电话：（010）59757973

总 经 销： 人民交通出版社股份有限公司发行部

经　　销： 各地新华书店

印　　刷： 北京市密东印刷有限公司

开　　本： 787×1092　1/16

印　　张： 13

字　　数： 330 千

版　　次： 2010 年 8 月　第 1 版

印　　次： 2018 年 8 月　第 3 次印刷

书　　号： ISBN 978-7-114-08618-2

定　　价： 30.00 元

（有印刷、装订质量问题的图书由本社负责调换）

序

《教育部关于全面提高高等职业教育教学质量的若干意见》(教高[2006]16号)明确指出:"高等职业教育作为高等教育发展中的一个类型,肩负着培养面向生产、建设、服务和管理第一线需要的高技能人才的使命"。探索类型发展道路、构建高技能人才培养模式、开发特色教学资源,是高职院校的历史责任。

2007年,贵州交通职业技术学院被列为国家示范性高等职业院校建设单位。国家示范性院校建设的核心是专业建设,而课程和教材又是专业建设的重要内容之一。如何通过课程的建构来推动人才培养模式的改革和创新?教材编写工作又如何与学校人才培养模式和课程体系改革相结合?如何实现课程内容适合高素质技能型人才的培养?这均是学院示范性建设中的重要命题。

令人欣慰的是学院教师历经3年的不断探索和实践,为学院示范建设作出了功不可没的成绩。其中教材建设就是部分成果的体现,也是全体专业教师、一线工程技术人员共同的智慧结晶和劳动成果。在这些教材中,既有工学结合的核心课程教材,也有专业基础课程教材。无论是哪种类型的教材,在编写中,学院都强调对教材内容的改革与创新,强调示范性院校专业建设成果在教材中的固化,强调教材为高素质技能型人才培养服务,强调教材的职业适应性。因为新教材的使用,必须根植于教学改革的成果之上,反过来又促进教学改革目标的实现,推进高职教育人才培养模式改革。

本教材与传统教材相比有如下三个方面的特点:

第一,该教材由原来传统知识体系的章节结构形式,改为工作过程的项目、模块结构形式;教材中的项目来源于岗位工作任务分析确定的工作项目所设计的教学项目,教材中的模块来源于完成工作项目的工作过程。

第二,教材的内容不再依据相关学科的理论知识体系,而来源于相应岗位的工作内容。教学内容的选取依据完成岗位工作任务对知识和技能的要求,建立在行业专家对相应岗位工作任务分析结果和专业教师深入行业进行岗位调研结果的基础上。注重学生实践训练、培养学生完成工作的能力。

第三,教材不再停留在对课程内容的直接描述,而是十分注重对教学过程的设计,注重学生对教学过程的参与。在教材的各个项目之前,一般都提出了该项目应该完成的工作任务,该任务可能是学习性的工作任务,也可能是真实的工作任务。

在这些教材的编写过程中，也倾注了相关企业有关专家的大量心血和辛勤劳动，在此谨向他们表示衷心的感谢！由于开发时间短，教学检验尚不充分，错误和不当之处难免，敬请专家、同行指教。

贵州交通职业技术学院教材编写委员会

2009.11.20

前　言

在国家示范性高等职业院校重点建设专业教材的组织编写过程中,认真总结了全国交通职业院校多年来的专业教学经验,注意吸收发达国家先进的职教理念和方法,形成了以下特色:

1. 推行“校企携手、量身订制”的人才培养模式。工程机械控制技术专业建设,从市场研究、职业分析,到专业教学标准,课程标准开发,再到课程方案制订、教材编写的全过程,都是交通职业院校的教师与相关企业的人员一起合作完成的,真正实现了学校和企业的紧密结合。本专业的课程也体现了工学结合的本质特征——“学习的内容是工作,通过工作实现学习”。

2. 体现任务驱动的课程教学理念。以职业岗位的典型工作任务为驱动,确定理论与实践一体化的学习任务,按照工作过程组织学习过程。每个学习任务既有知识学习,又有智能操作,是工作要求、工作对象、工具、方法与劳动组织方式的有机整体。

3. 倡导行动导向的引导式教学方法。本系列教材注重对学习目标和引导问题的设计,以学生为主体,强化学生的地位,给学生留下充分思考、实践与合作交流的时间和空间,让学生亲身经历从观察→操作→交流→反思的活动过程。

4. 提供紧密结合职业岗位的技术内容。教材内容力求符合最新的国家及行业相关技术岗位标准以及技能鉴定的要求,为学生考取双证提供帮助。

5. 采用全新的结构编排模式。本系列教材打破了传统教材的章节体例,以典型学习任务为一个相对完整的学习过程,每个学习任务的内容相互独立但又有内在的联系。在每个学习任务开篇处,都以解决实际问题,完成岗位任务为导引,设定“学习目标”、“任务描述”和“学习引导”三个栏目,围绕工作任务聚焦知识和技能。

《工程机械液压系统故障诊断》是本系列教材之一,与传统同类教材相比,本教材以工程机械液压维修岗位的典型工作任务为载体,力求通过理实一体化教学形成岗位能力。本书图文并茂,便于提高学员的学习兴趣及领悟所学内容。

本书由贵州交通职业技术学院王毅担任主编。具体编写分工为:学习任务一和学习任务三由贵州交通职业技术学院王毅编写,学习任务二由贵州交通职业技术学院田兴强编写,学习任务四由贵州交通职业技术学院李宾、江胜波及贵州省公路集团设备管理公司罗洪波编写,学习任务五由贵州交通职业技术学院袁跃兰、薛峰、寇桂跃编写。贵州交通职业技术学院王永福担任主审。

本书的编写，得到了贵州省公路工程集团总公司设备管理公司、贵州开磷集团、广西柳工机械股份有限公司、贵州小松工程机械有限公司、贵州旭宇工程机械有限公司、贵州恒立工程机械有限公司等单位的大力支持，在此谨致谢意。另外，在编写过程中，参考了国内外的相关图书和刊物，在此向原作者表示感谢。

限于编者经历和水平，教材内容难以覆盖全国各地的实际情况，希望各教学单位在积极选用和推广本系列教材的同时，注重总结经验，及时提出修改意见和建议，以便修订补充完善。

编　者

2010 年 2 月

目　录

学习任务一　液压系统泄漏故障检修

学习目标

1. 能够正确找出液压系统泄漏故障的原因；
2. 能够针对不同元件漏油的故障制订相应的修理方法；
3. 能够用相应的专业工具对泄漏液压元件进行修理和更换；
4. 能够正确描述工程机械液压系统泄漏检修的工艺要求。

任务描述

对工程机械液压系统泄漏故障进行检查、修理、装配作业，在拆装过程中符合国家或行业相关工艺标准。

学习引导

工程机械液压系统基本知识→泄漏原因诊断→液压元件的拆卸→装配→整机调试

单元1　液压泵泄漏检修

一、液压泵的基本知识

(一)液压泵概论

液压泵是能量转换装置，能将原动机(电动机、发动机)提供的机械能转换为液压能，是液压系统中的液压能源，是组成液压系统的心脏，用它向液压系统输送液压油，从而推动执行元件对外做功。

根据常见基础标准中的压力等级，通常将额定压力为0～2.5MPa的液压泵称为低压泵；2.5～8.0MPa的液压泵称为中压泵；8.0～16MPa的称为高压泵；超过32MPa的液压泵称为超高压泵。

按液压泵的结构不同，可以分为齿轮泵、叶片泵、柱塞泵和螺杆泵；按其输出流量能否调节，又分为定量泵和变量泵。

(二)液压泵的工作原理

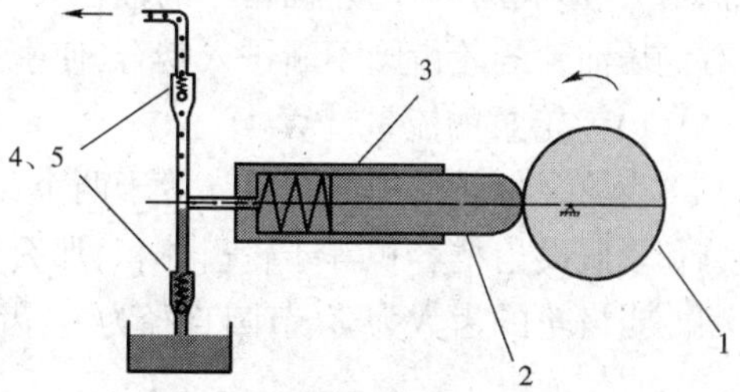

图1-1　单柱塞液压泵的工作原理
1-偏心轮；2-柱塞；3-泵体；4、5-止回阀

图1-1所示为一单柱塞液压泵的工作原理。当偏心轮1由原动机带动旋转时，柱塞2便在泵体3内往复移动，使密封腔的容积发生变化。密封容积

增大时形成真空,油箱中的油便在大气压力作用下通过止回阀 4 流入泵体内,实现吸油。此时,止回阀 5 关闭,防止系统油液回流。密封容积减小时,油受挤压,便经止回阀 5 压入系统,实现压油。止回阀 4 关闭,避免油液流回油箱。若偏心轮不停地转动,泵就不断地吸油和压油。

由此可见,液压泵是靠密封容积的变化来实现吸油和压油的,其排油量的大小取决于密封腔的容积变化,故这种泵又称为容积式泵。构成容积式泵的两个必要条件是:

①有周期性的密封容积变化。密封容积由小变大时吸油,由大变小时压油。

②有配流装置。它保证密封容积由小变大时只与吸油管连通;密封容积由大变小时只与压油管连通。上述单柱塞泵中的两个止回阀 4 和 5 就是起到配流作用的。

(三)齿轮泵

齿轮泵是利用齿轮啮合原理工作的,按齿轮啮合形式的不同可分为外啮合齿轮泵和内啮合齿轮泵两种。图 1-2 所示为外啮合型齿轮泵,下面将对外啮合齿轮泵和内啮合齿轮泵做详细介绍。

1. 外啮合齿轮泵

外啮合齿轮泵(图 1-2)由一对几何参数完全相同的齿轮、长短轴、泵体、前后盖板等主要零件组成。

图 1-3 为外啮合泵工作原理图。如图所示,在泵内有一对齿数相同的外啮合渐开线齿轮。齿轮的两端皆由端盖罩住(图中未示出)。

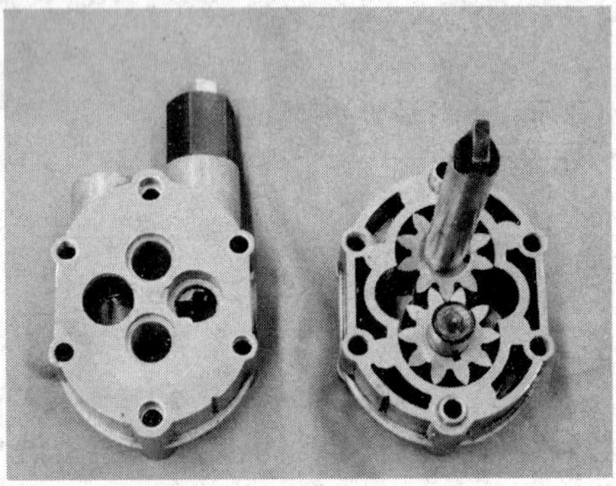

图 1-2　外啮合型齿轮泵

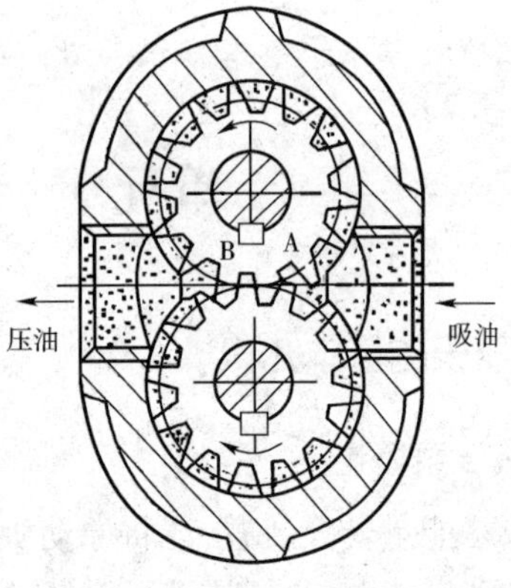

图 1-3　内啮合齿轮泵原理

泵体、端盖和齿轮之间形成了密封容腔,并由两个齿轮的齿面接触线将左右两腔隔开,形成了吸、压油腔。当上齿轮顺时针方向旋转时,左侧吸油腔内的轮齿相继脱开啮合,使密封容积增大,形成局部真空,油箱中的油在大气压力作用下进入吸油腔,并被旋转的轮齿带入右侧。右侧压油腔的轮齿则不断进入啮合,使密封容积减小,油液被挤出,通过压油口排油。

1)齿轮泵的流量计算

齿轮泵每转一周的排量 q 等于两个(齿数相同)齿轮所有齿谷容积减去径向齿隙容积的总和。假设齿槽容积等于轮齿体积,那么其排量就等于一个齿轮的齿槽容积和轮齿体积的总和。当齿轮的齿数为 Z、节圆直径为 D、齿高为 h、模数为 m、齿宽为 b 时,齿轮泵的排量 V 为

$$V = \pi DhB = 2\pi Zm^2 b \tag{1-1}$$

实际上齿谷的容积稍大于齿轮的体积,且液体在齿谷中受压收缩,故通常取 $V =$

$6.66Zm^2b$。

考虑到容积效率 η_v,则齿轮泵的实际平均流量为:

$$q_v = 6.66Zm^2bn\eta_v \tag{1-2}$$

式中:n——液压泵的转速。

2)外啮合齿轮泵的结构要点

(1)困油现象及消除措施

为了保证齿轮泵传动的平稳性,液压泵的齿轮重叠系数 ε 必须大于 1(一般来说,$1.05 < \varepsilon < 1.10$),即在前一对齿轮脱开啮合之前,后一对齿轮已经进入啮合。在两对轮齿同时啮合时,它们之间将形成一个与吸、压油腔均不相通的闭死容积,如图 1-4 所示。

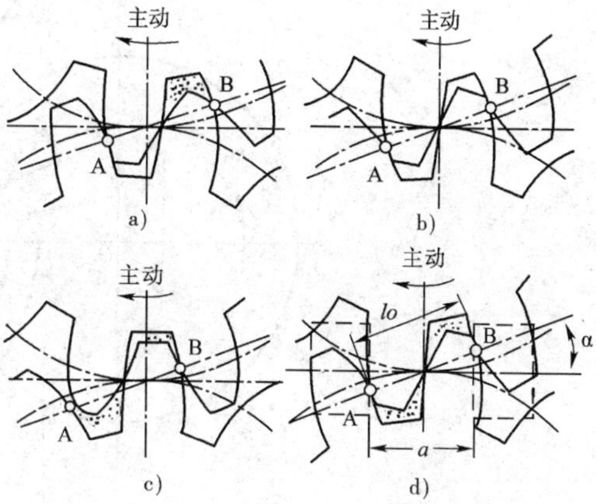

图 1-4　齿轮泵的困油现象

A 前啮合点;B 后啮合点

此密闭容积随着齿轮的旋转,先由大变小,后由小变大。因闭死容积形成之前与压油腔相通,因此容积由大变小时油液受挤压经缝隙溢出,不仅使压力增高,齿轮轴承受周期性的压力冲击,而且导致油液发热。这种现象被称为发热现象。

困油现象是有害的,被困油液压力周期性升高和下降会引起振动、噪声和气穴现象,使轴承受到很大的径向力。为了消除困油现象,常用的办法是在与齿轮端面接触的端盖上开困油卸荷槽,使密闭腔在其容积由大变小时,通过卸荷槽与压油腔相连通,避免了压力急剧上升;密闭腔在其容积由小变大时,通过卸荷槽与吸油腔相连通,避免形成真空。两个卸荷槽需保持合适的距离,以便吸、压油腔在任何时候都不连通,避免增大泵的泄漏量。齿轮泵盖上两个卸荷槽的位置向吸油腔偏移一小段距离。

矩形卸荷槽形状简单,加工容易,基本上能满足卸荷的要求。但是封闭油腔与泵的吸、压油腔通道仍不够通畅,困油现象造成的压力脉动还部分的存在,而采用如图 1-5 所示的 3 种异形困油卸荷槽,则能使困油及时顺利地导出,对改善齿轮泵的工作,对较彻底地解除困油现象更有利一些。

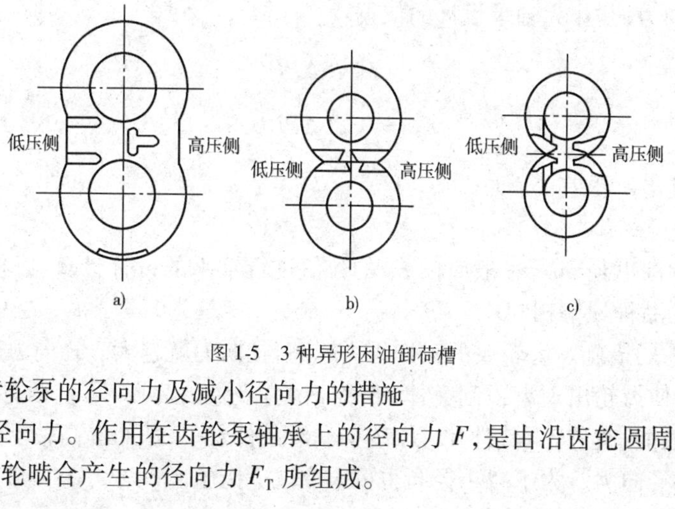

图 1-5　3 种异形困油卸荷槽

(2)外啮合齿轮泵的径向力及减小径向力的措施

①齿轮泵的径向力。作用在齿轮泵轴承上的径向力 F,是由沿齿轮圆周液体压力产生的径向力 F_P 和由齿轮啮合产生的径向力 F_T 所组成。

a)由沿齿轮圆周液体压力所产生的径向力 F_P。在齿轮泵中，齿轮与低压腔相接触的区段受压力 P_d 的作用；与高压腔相接触的区段受压力 P_g 的作用，而高、低压腔之间的过渡区段所受的压力是变化的，由 P_d 逐渐升为 P_g，其压力分布可近似地认为如图 1-6 所示，图中 F_P 为齿轮圆周液压力的合力。将齿轮圆周的压力分布曲线展开如图 1-7 所示。

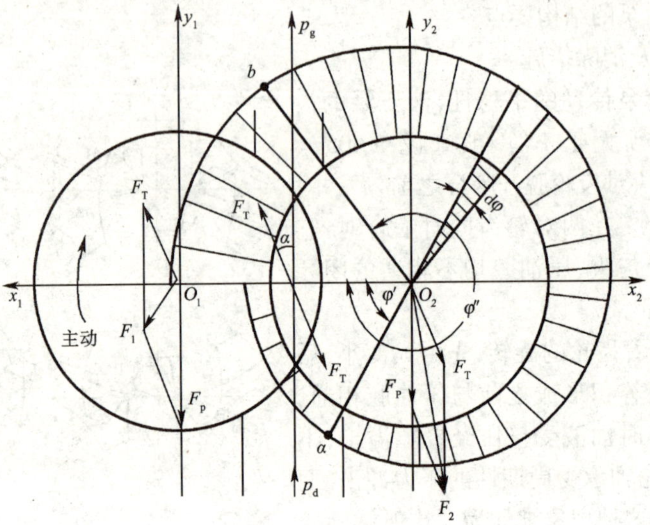

图 1-6　齿轮圆周压力的近似分布曲线

b)由齿轮啮合所产生的径向力 F_b。两个大小相等、方向相反的啮合力的作用方向是与啮合线重合的。将作用在主动齿轮啮合点上的啮合力简化到主动齿轮中心 O_1 上，得到一个力偶和一个径向力 F_T；将作用在从动齿轮啮合点上的啮合力简化到从动齿轮中心 O_2 上，得到一个力偶和一个径向力 F_T。显然，简化到 O_1 和 O_2 上的径向力大小相等、方向相反。

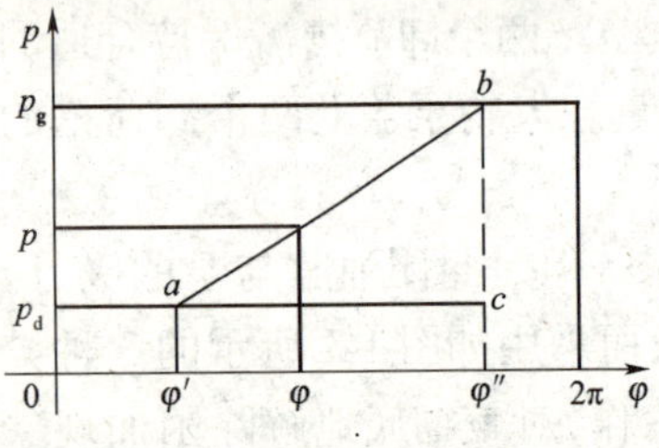

图 1-7　齿轮圆周压力分布曲线展开图

c)径向力的合成。由齿轮啮合所产生的径向力 F_T 对主动齿轮来说，是向上的，并与 F_P 成钝角，使合力 F_1 减小；对从动齿轮来说，F_T 是向下的，并与 F_P 成锐角，使合力 F_2 增大。

由于 $F_2 > F_1$，所以当主、从动齿轮上的轴承规格相同时，从动齿轮的轴承磨损快，先损坏。在实际设计中，可用以下近似公式计算径向力，并作为轴承设计的依据：

$$F_1 = 0.75\Delta PBD_e \tag{1-3}$$

$$F_2 = 0.85\Delta PBD_e \tag{1-4}$$

式中：ΔP——泵进出口压差，N/m^2；

B——齿宽，m；

D_e——齿顶圆直径，m。一般应按 F_2 的数值进行轴承的设计计算，以使主、从动齿轮轴承的品种规格相同。

②减少径向力的措施。齿轮泵的工作压力越高，径向力就越大。径向力过大，除了降低轴承的寿命外，还会使齿轮出现齿顶刮壳体（俗称扫膛）现象。为此，可从两方面着手：一方面，从提高轴承材料性能，改进轴承结构设计，改善润滑条件着手，从而提高轴承的承载能力；另一方面，应尽量减小径向力。为了减小径向力可采取以下措施。

a）合理选择齿宽 B 和齿顶圆直径 D_e。当工作压力 ΔP 和排量 v 一定时，齿轮轴所受的径向力与 D_e 成反比，与 $\sqrt{B}$ 成正比。因此，对高压齿轮泵可通过减小齿宽 B 和增大齿顶圆直径 D_e 来减小径向力。但 D_e 又不能太大，否则转速高时会出现吸油不足的情况。对于中低压齿轮泵，径向力不大，齿宽 B 可以大一些，这样可以减小径向尺寸，使泵结构紧凑。综合考虑上述因素，在设计时可根据工作压力 ΔP 参考表 1-1 来选取 B 与 D 的比值 ξ。

比值 ξ 的参考值 表 1-1

ΔP(MPa)	3.5	7.0	10.5	14	16
$\xi = B/D_e$	1	0.8	0.6	0.4	0.35

b）缩小压油腔尺寸。为了减小径向力，压油腔的包角越小越好，压油腔的流速允许高达 3～5m/s。压油腔的包角一般小于 45°。

c）将压油腔扩大到接近吸油腔侧。将压油腔扩大到接近吸油腔侧，在工作过程小只有 1～2个齿起密封作用，使对称区域的径向力得到平衡，从而减小了作用在轴承上的径向力。图 1-8 所示的 CBN 型齿轮泵，就是采用这种方法来减小径向力的。

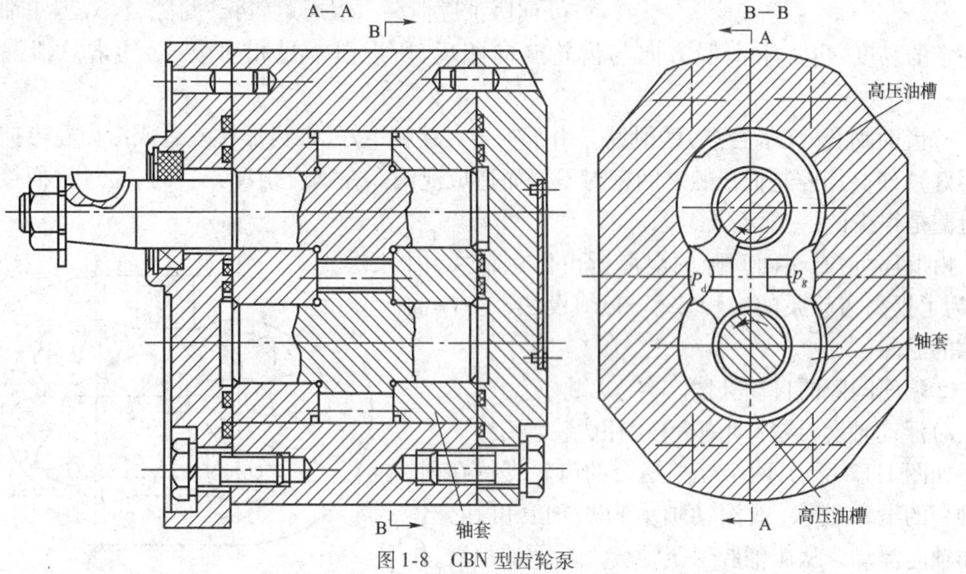

图 1-8 CBN 型齿轮泵

d）将吸油腔扩大到接近压油腔侧。只留 1～2 个齿起密封作用，并在高压腔设径向间隙补偿装置（图 1-9）。这种结构既减小了径向力，又提高了容积效率。

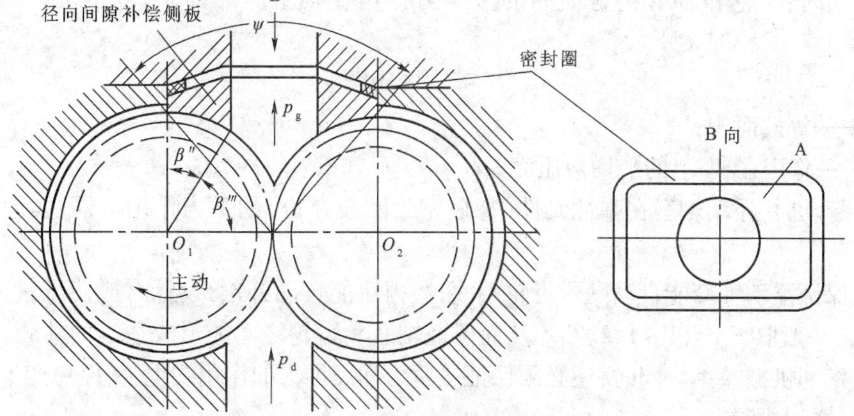

图 1-9 将吸油腔扩大到接近压油腔侧

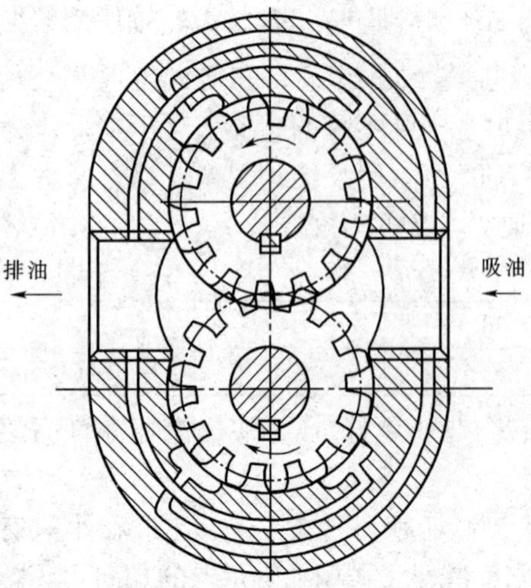

图 1-10　具有液压平衡槽的齿轮泵

e)液压平衡法(图 1-10)。在过渡区开设两个平衡油槽,分别与低、高压腔相通。这种结构可使作用在轴承上的径向力大大减小,但会使内泄漏增加,容积效率下降。

(3)泄漏

①齿轮泵的泄漏途径。效率是衡量齿轮泵工作经济性的重要指标之一,泄漏则直接影响齿轮泵的容积效率。其泄漏途径主要有以下三条(图 1-11)。

a)端面间隙的泄漏。压油腔和过渡区段的齿谷里的压力油由齿谷根部经端面间隙流入轴承腔内(与吸油腔相通)。由于端面间隙泄漏的途径广,封油长度短,因此泄漏量很大,约占总泄漏量的 75% ~80%。

b)径向间隙的泄漏。压油腔的油液经径向间隙向吸油腔泄漏。因通道较长,间隙较小,工作油液又有一定的黏度,再加上泄漏方向与齿轮旋向相反,所以泄漏量相对较小,约占总泄漏量的 15% ~20%。

c)齿面啮合处(啮合点)的泄漏。由于啮合点接触不好(如齿形误差造成沿齿宽方向的啮合不好),使高压腔与低压腔之间密封不好而造成泄漏。在啮合情况正常时,通过齿面接触处的泄漏是很少的,一般不予考虑。

由上述可知,端面间隙的泄漏所占比例最大,因此,为了提高齿轮泵的容积效率,必须设法减少端面间隙的泄漏。

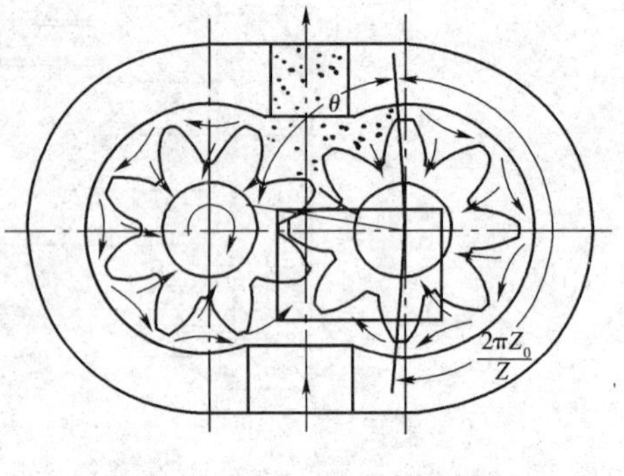

图 1-11　齿轮系间隙泄漏的途径

②端面间隙的自动补偿。

a)浮动轴套(或浮动侧板)式补偿装置。

如图 1-12 所示,两个互相啮合的齿轮支撑在前、后轴套的滑动轴承(或滚动轴承)里,轴套可在壳体内作轴向浮动。从压油腔引至轴套外端面的油液,作用在有一定形状和大小的面积 A_1 上,其合力为 $F_1 = A_1 p_g$,此力把轴套压向齿轮端面,从而减小了端面间隙。与此同时,齿轮和轴套接触面间的液压力作用在轴套内端面,形成了反推力 F_f,其合力为:

$$F_2 = A_2 p_m \tag{1-5}$$

式中:A_2——等效面积;

p_m——作用在 A_2 上的平均液压力。

泵在起动时,浮动轴套在弹性元件(橡胶密封圈或弹簧)的弹力作用下,贴紧齿轮端面以保证密封。

为了保证浮动轴套能自动贴紧齿轮端面,磨损后能自动补偿,设计时应使压紧力 F_y 大于反推力 F_f,一般取 $F_y = (1 \sim 1.2) F_f$。从而保证轴套和齿轮之间能形成适当的油膜,有助于提高容积效率和机械效率。同时,还必须保证压紧力和反推力的作用线重合,以免产生力偶导致轴套倾斜,增加泄漏。

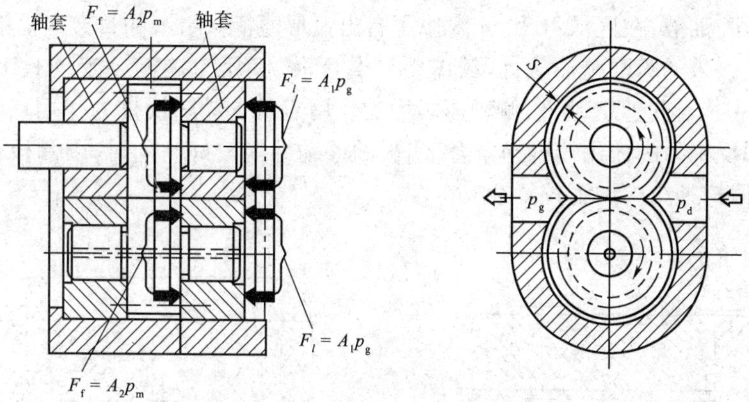

图 1-12　轴向间隙补偿原理

Ⅰ. 补偿面为“8”字形的浮动轴套。具有这种轴套的齿轮泵(图 1-13),在“8”字形面积 A_1 上作用着由 B 孔引入的压力油,面积 A_1 是由泵体 1 的内孔与两个和齿轮同心的密封圈 2 围成。在泵起动和空载时,没有液压力作用,O 形密封圈 2 可以使浮动轴套自动贴紧齿轮端面,图中 A_1 孔可把内泄油液引入吸油腔。

这种补偿装置结构简单,工艺性好。但因补偿面积的对称中心与主、从动齿轮的对称中心重合,所以,液压压紧力的合力作用线通过浮动轴套的中心,而齿轮和轴套端面之间的液压反推力的合力作用线却偏向右侧压油腔,这两个力对轴套就形成了力偶,企图使轴套倾斜,不仅会加大单边间隙,增加泄漏,而且还会使浮动轴套不灵活及局部磨损。为了克服上述缺点,应将轴套与壳体的配合长度加长并提高精度。

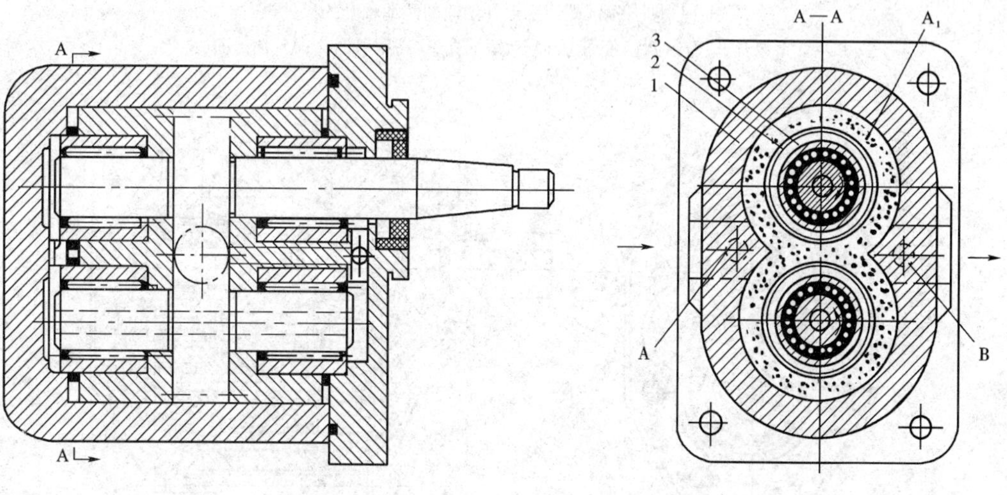

图 1-13　具有“8”字型补偿面的浮动轴套齿轮泵

1-泵体;2-密封圈;3-滚针轴承外环;A-泄漏油孔;B-高压引油孔;A_1-补偿面

Ⅱ. 补偿面为偏心“8”字形的浮动轴套。具有这种浮动轴套的齿轮泵(图 1-14),其偏心“8”字形补偿面 A_1 是由泵体 1 的内孔和两个密封圈 2 围成,作用在补偿面上的液压压紧力的合力作用线,显然偏向压油腔一侧,从而使压紧力的作用线与反推力的作用线重合,以避免产生力偶。CBN－E300 型齿轮泵就是采用这种形式的浮动轴套。

CB－L 型齿轮泵采用了这种形式的补偿结构(图 1-15),在浮动侧板 3、4 的背面,由两个密封条 1 和 4 个密封条 2 将补偿面积分成Ⅰ、Ⅱ、Ⅲ、Ⅳ、Ⅴ共五个区域。在区域Ⅰ内作用有出 a

孔引入的高压腔油液;在区域 R 和 m 内作用有出弧形通槽 c 引入的过渡区油液;在区域 M 内作用有由 b 孔引入的吸油腔油液;区域 V 为一封闭腔,其压力接近过渡区 I、II 的压力。由于区域 II、III 中引入了过渡区油液,侧板压紧力的作用点可自动随反推力作用点的变动而变动,因而压紧力和反推力的作用线容易重合,侧板的浮动性能较好。同时,因侧板较薄,能节省大量耐磨合金,但这种结构加工较复杂。

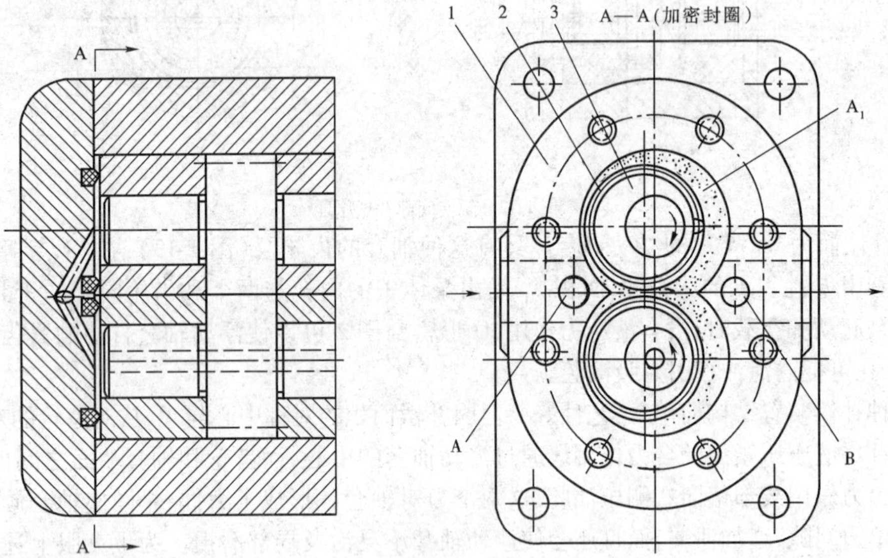

图 1-14　具有偏心“8”字形补偿面的浮动轴套的齿轮泵

1-泵体;2-密封圈;3-低压区;A-泄漏油孔;B-高压引油孔;A_1-补偿面

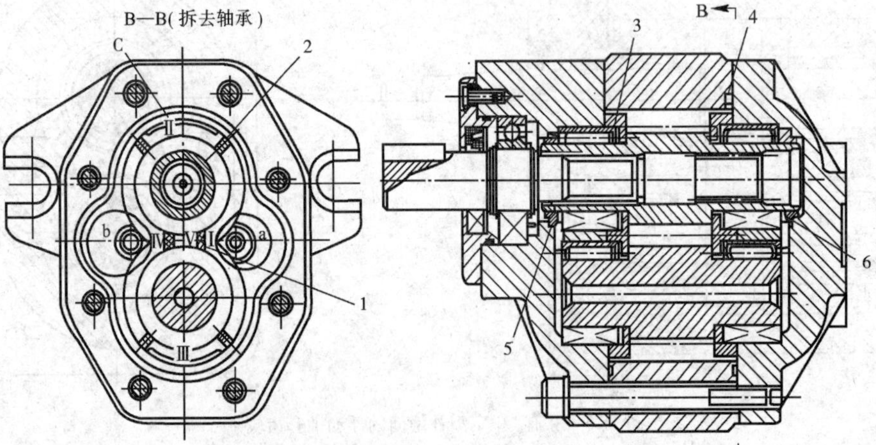

图 1-15　CB－L 型齿轮泵

1、2-密封条;3、4-浮动侧板;5、6-密封环

b)弹性侧板(或称挠性侧板)式补偿装置。弹性侧板式端面间隙的补偿原理与浮动轴套式相同。在侧板背面引入压力油,侧板在压力油的作用下产生弹性变形,起到端面间隙的补偿作用。

图 1-16 所示的 CB－F_B 型齿轮泵就采用了弹性侧板式的端面间隙补偿装置。

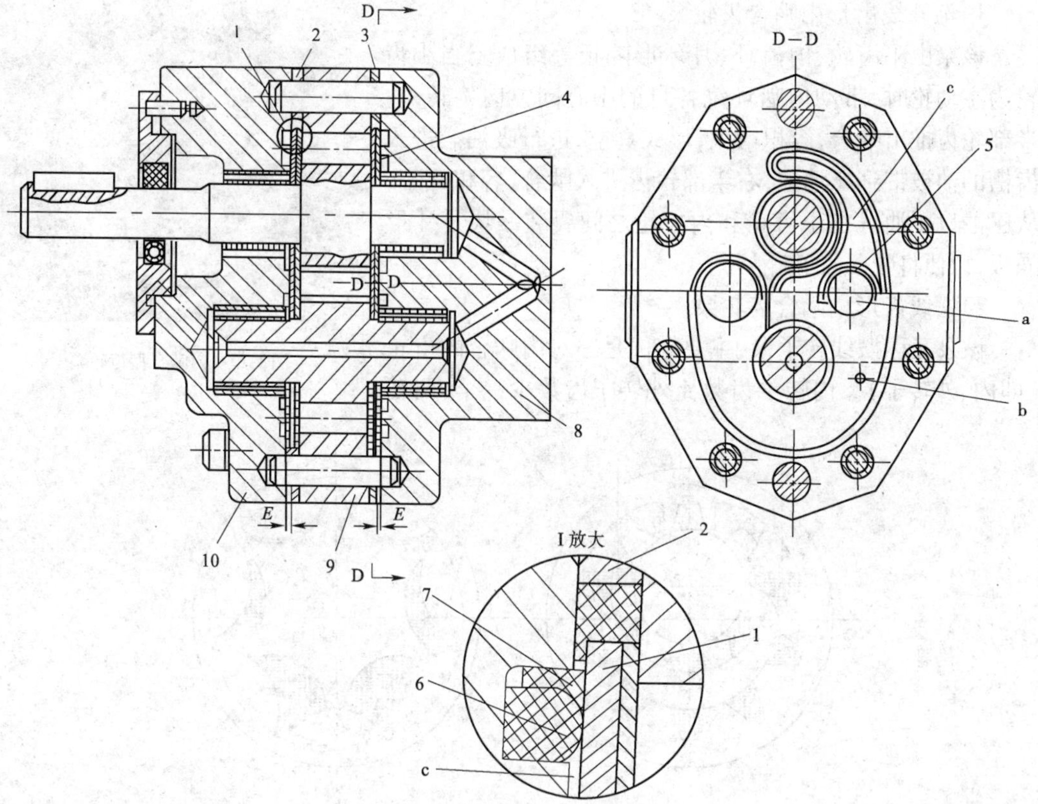

图 1-16　CB－F_B 型齿轮泵

1、4-侧板；2、3-垫板；5-密封圈；6-弓形密封圈；7-密封挡板；8-后泵盖；9-泵体；10-前泵盖；a-压油通道；b-小孔；c-密封圈；*E*-滑动轴承内端面与泵盖内端面之距

在齿轮端面和前、后泵盖间夹有侧板 1 和 4，侧板是在钢板的内侧烧结上 0.5～0.7mm 厚的磷青铜而制成的，具有较好的摩擦性能。侧板的外侧为泵盖，在泵盖的槽内嵌有弓形密封图 6 和密封挡圈 7，弓形密封圈处在齿轮泵的压油腔一侧，侧板的厚度为 2.4mm，比其外围的垫板厚度小 0.2mm。因此，在弓形密封圈内的侧板和泵盖之间形成了一个密封腔 c。在这个密封腔中，还有一个密封圈 5，将密封腔 c 和泵的压油通道 a 隔开。在侧板 1 和 4 上各有两个小孔 b 与泵的过渡区的压力油相通，因此在弓形密封腔内充满了有一定压力的油液，侧板在压力油的作用下产生弹性变形而紧贴在齿轮端面上，二者之间仅有一层油膜的厚度。当端面磨损后，侧板继续弹性变形来自动补偿端面间隙。弓形密封圈的形状是考虑侧板内侧的压力分布情况设计的，它使侧板外侧压紧力的作用线与其内侧反推力的作用线基本对准，以求达到良好的密封效果。压紧力的大小取决于弓形密封圈内的油压力，该压力为泵过渡区的压力，从吸油腔到压油腔的过渡区压力是逐渐分级增大的，因此，只要适当选择侧板上小孔 b 的位置，就可以获得大小合适的压紧力。

这种补偿装置的特点是；密封件结构复杂，侧板变形小，所以侧板 4 齿轮端面间的磨损不均匀，端面磨损后补偿性能欠佳。

2. 内啮合型齿轮泵

如图 1-17 所示，为内啮合型齿轮泵实物图。

内啮合齿轮泵有渐开线齿形和摆线齿形两种，其结构示意图如图 1-18 所示。

1）渐开线齿形内啮合齿轮泵

该泵由小齿轮、内齿环、月牙形隔板等组成。当小齿轮为主动轮时，带动内啮环绕各自的中心同方向旋转，左半部轮齿推出啮合，容积增大，形成真空，进行吸油。进入齿槽的油被带到压油腔，右半部轮齿进入啮合，容积减小，从压油口压油。在小齿轮和内齿轮之间要装一块月牙形隔板，以便将吸、压油腔隔开。

图 1-17　内啮合型齿轮泵

2）摆线齿形内啮合齿轮泵

该泵又称摆线转子泵，主要零件是一对内啮合的齿轮（即内、外转子）。内转子齿数比外转子齿数少一个，两转

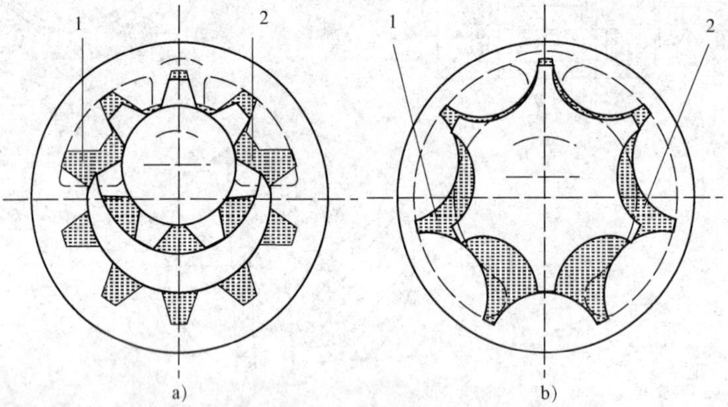

图 1-18　内啮合型齿轮泵结构
a）渐开线齿形；b）摆线齿形
1-吸油腔；2-压油腔

子之间有一偏心距。工作时内转子带动外转子同向旋转，所有内转子的齿都进入啮合，形成几个独立的密封腔。随着内外转子的啮合旋转，各密封腔的容积将发生变化，从而进行吸油和压油。内啮合齿轮泵具有结构紧凑、尺寸小、重量轻、运转平稳、噪声小、流量脉动小等优点。其缺点是齿形复杂，加工困难，价格昂贵。

（四）叶片泵

图 1-19 为叶片泵实物图，叶片泵具有运动平稳、噪声小、容积效率高等优点；缺点是对油液的污染较敏感、结构较齿轮泵复杂，叶片泵分为单作用叶片泵和双作用叶片泵。

1. 单作用叶片泵

1）单作用叶片泵的工作原理

如图 1-20 所示为单作用叶片泵的工作原理图。单作用叶片泵的定子内表面是一个圆形，转子与定子之间有一个偏心量 e，两端的配油盘上只有一个吸油窗口和一个压油窗口。当转子旋转一周时，每一个叶片在转子槽内往复滑动一次，每相邻两叶片间的油腔容积发生一次增大或缩小的变化，容积增大时通过吸油窗口吸油，容积减小时则通过压油窗口压油。由于这种泵在转子每转一转过程中，吸油压油各一次，故称单作用叶片泵。又因这种泵的转子受有不平衡的径向液压力，故又称非卸荷式叶片泵，也因此使泵工作压力的提高受到了限制。如果改变了定子和转子间的偏心距 e，就可以改变泵的排量，故单作用叶片泵常做成变量泵。

图 1-19　叶片泵实物图

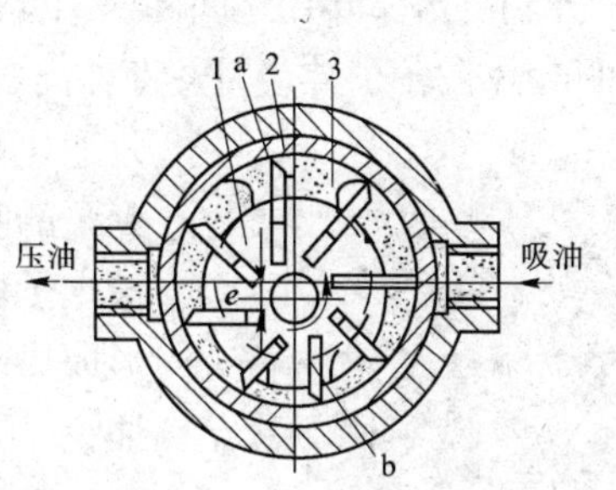

图 1-20　单作用叶片泵原理
1-转子;2-定子;3-油腔;a-扇叶

2)单作用叶片泵的排量和流量

如图 1-21 所示,当单作用叶片泵的转子每转一周时,两相邻叶片间的密封容积变化量为 $V_1 - V_2$,泵的排量 $V = V_1 - V_2$。经推导整理得泵的排量近似表达式为:

$$V = 2\pi beD \tag{1-6}$$

泵的理论流量为

$$q_t = 2\pi beD \tag{1-7}$$

泵的实际流量为

$$q_V = 2\pi beDn\eta_V \tag{1-8}$$

式中:b——叶片宽度;

e——转子与定子偏心距;

D——定子内径;

n——泵的转速;

η_V——泵的容积效率。

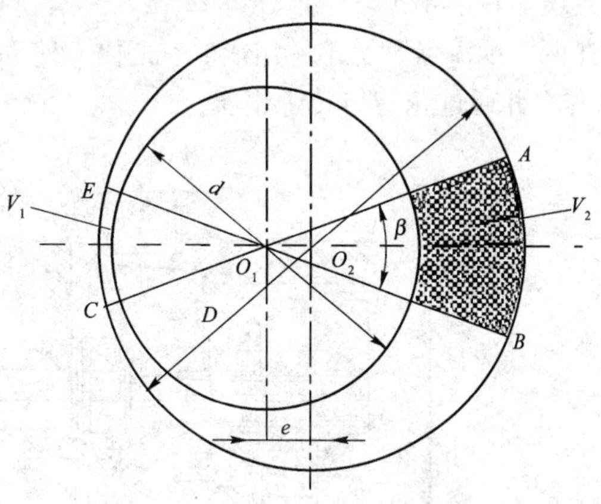

图 1-21　单作用叶片泵排量的计算

单作用叶片泵的定子内表面和转子外表面都为圆柱形,由于偏心安置,使容积变化不均匀,故流量是脉动的。泵内叶片数越多,流量脉动率越小,而且叶片为奇数时脉动率较小,故单作用叶片泵的叶片数一般为 13 或 15。

3)单作用叶片泵的结构特点

①定子和转子偏心安置。移动定子位置以改变偏心距,就可以调节泵的输出流量。偏心反向时,吸油压油方向也相反。

②叶片后倾。为了减少叶片和定子间磨损,叶片底部油槽采取在压油区通压力油、在吸油区与吸油腔相通的结构形式,因而,叶片的底部和顶部所受的液压力是平衡的。这样,叶片仅靠旋转时所受的离心力作用向外运动顶在定子内表面上。根据力学分析,叶片后倾一个角度更有利于叶片向外伸出,通常后倾角为 24°。

③径向液压力不平衡。由于转子及轴承上承受的径向力不平衡,所以该泵不宜用高压,其额定压力不超过 7MPa。

2. 双作用叶片泵

1)双作用叶片泵的工作原理

图 1-22 表示双作用叶片泵的工作原理。图中转子轴线与定子轴线重合,定子内表面由两端长半径的圆弧、两端短半径的圆弧和四段过渡曲线所构成。

当转子按图示方向转动时，由于离心力和叶片泵底部压力油的作用，叶片顶部紧贴定子内表面，在定子、转子、相邻叶片之间和两端面的配油盘形成若干个密封工作油腔。处于右上角和左下角处的叶片在转子转动时逐渐伸出，密封工作油腔的容积逐渐增大，形成局部真空，于是通过配油盘的吸油窗口、吸油管，将油箱中的油液吸入到泵的吸油腔。图 1-22 中右下角和左上角处的叶片逐渐被定子内表面推入槽内，密封工作油腔的容积逐渐减小，形成局部压力增大，将吸油腔带入的油液经压油窗口、配油盘、压油管输出。在吸油腔和压油腔之间也有一段封油区将吸、压油腔隔开。这种泵的转子每转一周，每个密闭工作油腔完成两次吸、压油过程，故称为双作用式叶片泵。

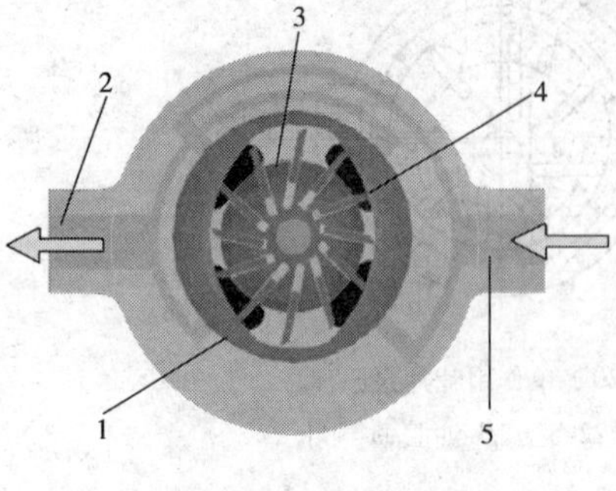

图 1-22　双作用叶片泵工作原理图

1-定子；2-压油口；3-转子；4-叶片；5-吸油口

图 1-23 所示为 YB 型双作用叶片泵的结构图。左泵体 6 和右泵体 9 上分别接一个进油口和一个出油口。两泵体内装有配油盘 2、7 和定子 5，并且用圆柱销 3 与泵体定位。转子 4 上均匀地开有 12 条叶片槽，叶片 11 在槽内可以沿径向自由滑动，它们一同安放在两个配流盘和定子所组成的空间内。传动轴 10 的两端分别支撑在滚针轴承 1 和滚珠轴承 8 内，并通过花键与转子相连。

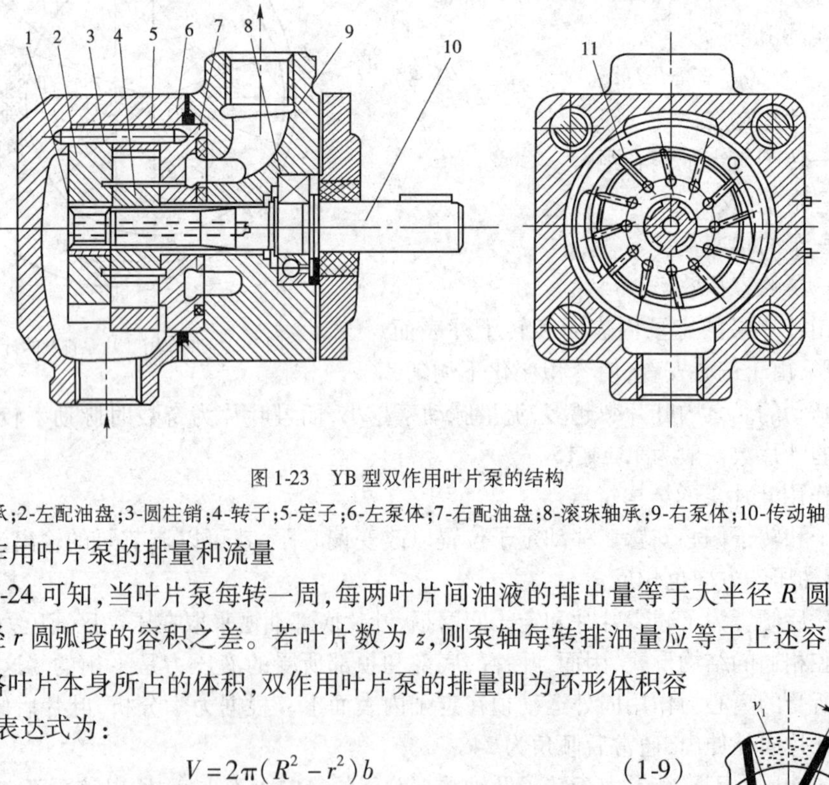

图 1-23　YB 型双作用叶片泵的结构

1-滚针轴承；2-左配油盘；3-圆柱销；4-转子；5-定子；6-左泵体；7-右配油盘；8-滚珠轴承；9-右泵体；10-传动轴；11-叶片

2）双作用叶片泵的排量和流量

由图 1-24 可知，当叶片泵每转一周，每两叶片间油液的排出量等于大半径 R 圆弧段的容积与小半径 r 圆弧段的容积之差。若叶片数为 z，则泵轴每转排油量应等于上述容积差的 $2z$ 倍。若忽略叶片本身所占的体积，双作用叶片泵的排量即为环形体积容积的 2 倍，表达式为：

$$V = 2\pi(R^2 - r^2)b \tag{1-9}$$

泵输出的实际流量则为：

$$Q_V = V_n \eta v = 2\pi(R^2 - r^2) bn\eta v \tag{1-10}$$

式中：b——叶片宽度。

若不考虑叶片宽度，则双作用叶片泵流量均匀无脉动。这是因为在转子转动时，压油窗口处的叶片使前后两个工作腔之间互相接通，形成

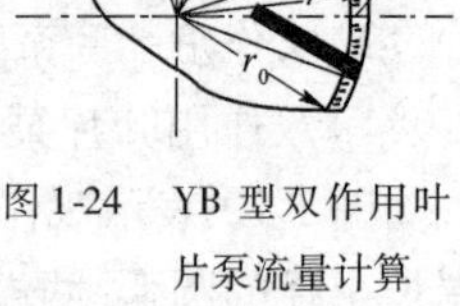

图 1-24　YB 型双作用叶片泵流量计算

了一个组合的密封工作腔。随着转子的均匀转动,位于大、小半径圆弧处的叶片均在圆弧上滑动,压油腔的体积不变,因此泵的瞬间流量也是均匀的。由于叶片有一定的厚度,根部又连通压油腔,在吸油区的叶片不断伸出,根部容积要由压力油来补充,减少了输出量,造成少量流量脉动,但脉动率较小。通过理论分析可知,流量脉动率在叶片数为 4 的整数倍且大于 8 时最小。故双叶片泵的叶片数通常取为 12。

3)双作用叶片泵的结构特点

YB 型双作用叶片泵是性能较好的双作用叶片泵,额定压力为 6.3 ~ 10.5MPa。其结构如图 1-25 所示。

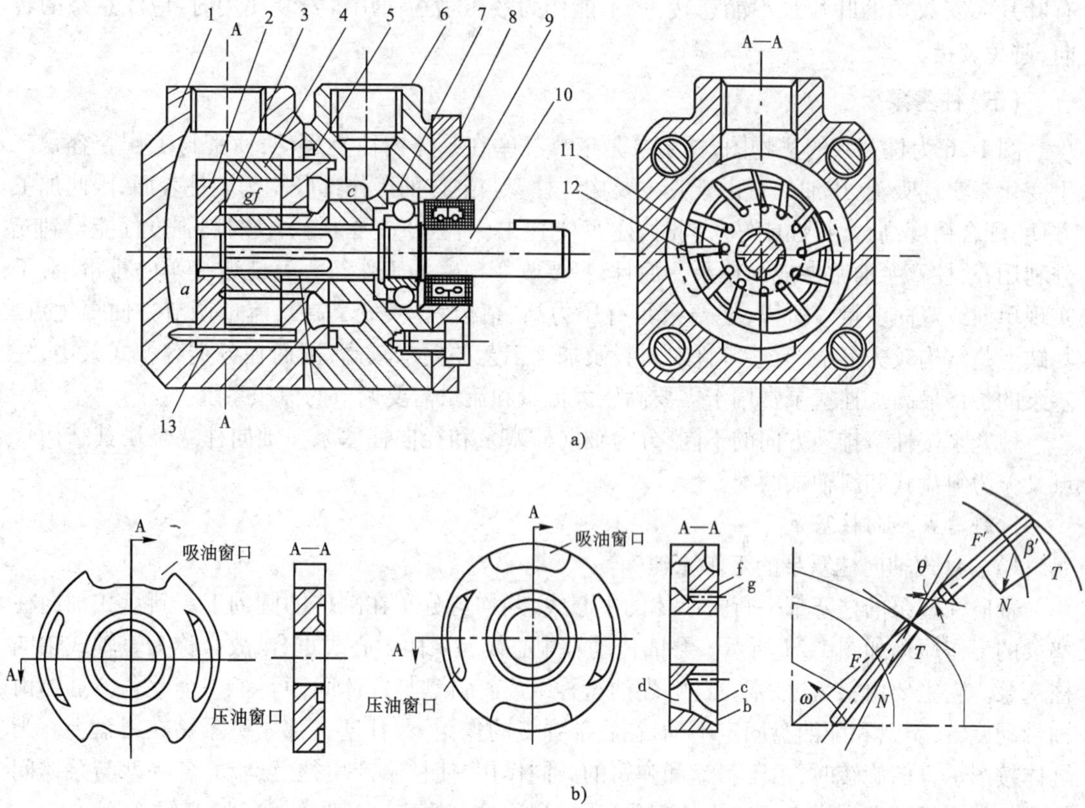

图 1-25　YB 型双作用叶片泵结构

a)结构图;b)叶片安放角

1、6-泵体;2、5-配油盘;3-滚针轴承;4-定子;7-滚珠轴承;8-端盖;9-密封圈;10-传动轴;11-转子;12-叶片;13-定位销

泵体由 1、6 左右两部分组成,用螺钉连成一体。泵体内安放定子 4、转子 11 及左右配油盘 2 和 5。两配油盘紧压在定子的两侧面上,并用圆柱销使这三个部件在泵体内定位,保证配油盘上吸压油窗口位置与定子内曲线段对准。转子上均匀地开有 12 条径向槽,槽内装有叶片 12,叶片与槽的配合间隙为 0.01 ~ 0.02mm。叶片可在槽内自由滑动。转子通过内花键与传动轴 10 相连接,传动轴两端分别支撑在滚针轴承 3 和滚珠轴承 7 上。工作时传动轴带动转子转动。

密封圈 9 安装在端盖上,防止油液泄漏和空气进入,工作时转子逆时针旋转。为了保证良好的工作性能,YB 型叶片泵在结构上采取如下措施。

①定子内表面过渡曲线采用等加速等减速曲线,使叶片径向加速按等加速等减速规律变

化，这种曲线可允许选用较大的 R/r 值，故在同样体积下，可以获得较大的流量。转子转速为常值，叶片数为偶数时，可获得均匀的瞬时流量。这种曲线的缺点是过渡曲线与两条圆弧曲线的连接点及过渡曲线的中点加速度发生突变，而造成“软冲现象”。通常在 3 个软冲点处有 3 道清晰的痕迹。

②在叶片底部引入压力油，以使叶片顶端与定子内表面紧密接触，保证泵的径向密封。

③叶片槽不是径向开设，而是按转子旋转方向前倾一个角度 θ（称为叶片安放角），如图 1-25b）所示。目的是为了减小在过渡曲线段定子内表面对叶片的切向分力 T，以使叶片减小摩擦磨损，避免发生叶片卡死现象。一般叶片安放角 θ 取 $10° \sim 14°$，YB 型叶片泵 $\theta = 13°$。具有叶片泵安放角的叶片泵不能逆转，也不能作为液压马达使用。安装使用时，应注意泵的转向，避免装错。

（五）柱塞泵

图 1-26 为柱塞泵的实物图，柱塞泵是依靠柱塞在泵体内往复运动，使密封工作腔容积产生变化来实现吸油、压油的。由于其主要构件柱塞与缸体的工作部分均为圆柱表面，因此加工方便，配合精度高，密封性能好。同时，柱塞泵主要零件处于受压状态，使材料强度性能得到充分利用，故柱塞泵通常做成高压泵。而且，只要改变柱塞的工作行程就能改变泵的排量，易于实现单向或双向变量。所以，柱塞泵具有压力高、结构紧凑、效率高及流量调节方便等优点。其缺点是结构较为复杂，有些零件对材料及加工工艺的要求较高，因而在各类容积式泵中，柱塞泵的价格最高。柱塞泵常用于需要高压大流量和流量需要调节的液压系统。

柱塞泵按柱塞排列方向的不同，分为轴向柱塞泵和径向柱塞泵。轴向柱塞泵按其结构特点又分为斜盘式和斜轴式两类。

1. 斜盘式轴向柱塞泵

1）斜盘式轴向柱塞泵的工作原理

轴向柱塞泵的柱塞都平行于泵体的中心线，并均匀分布在缸体的圆周上。斜盘式轴向柱塞泵的工作原理如图 1-27 所示。泵的传动轴中心线与泵体中心线重合，故又称为直轴式轴向柱塞泵。它主要由斜盘、柱塞、缸体、配油盘等组成。斜盘与缸体间倾斜了一个 γ 角。缸体由轴带动旋转，斜盘和配油盘固定不动，在底部弹簧的作用下，柱塞头部始终紧贴在斜盘上。当缸体按图示方向旋转时，由于斜盘和弹簧的共同作用，使柱塞产生往复运动，各柱塞与泵体间的密封腔容积便发生增大或减小的变化，通过配油盘上的窗口 a 吸油，通过窗口 b 压油。

图 1-26　柱塞泵

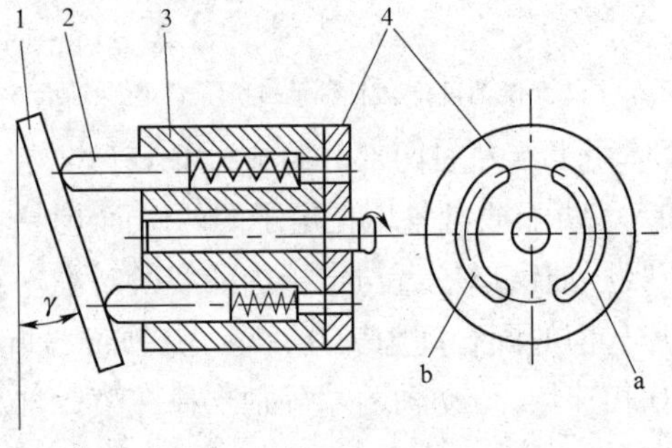

图 1-27　斜盘式轴向柱塞泵的工作原理

1-斜盘；2-柱塞；3-缸体；4-配油盘；a、b-配油孔

如果改变斜盘倾角 γ 的大小，就能改变柱塞的行程长度，也就改变了泵的排量。如果改变斜盘倾角的方向，就能改变吸、压油方向，这时就成为双向变量轴向柱塞泵。

2）斜盘式轴向柱塞泵的排量和流量

若柱塞数目为 z，柱塞直径为 d，柱塞孔的分度圆直径为 D，斜盘倾角为 γ，当缸体转动一转时，泵的排量为：

$$V = d2D(\tan\gamma)z \tag{1-11}$$

泵输出的实际流量为：

$$q_{\mathrm{v}} = \frac{\pi}{4}d2D(\tan\gamma)z\eta v \tag{1-12}$$

实际上，柱塞泵的输入油是脉动的。不同柱塞数目的柱塞泵，其输出流量的脉动率 σ 的大小见表 1-2。

由表 1-2 可以看出，柱塞数较多并为奇数时，脉动率 σ 较小，故柱塞泵的柱塞数一般都为奇数。从结构和工艺性考虑，常取 $z=7$ 或 $z=9$。

柱塞泵的流量脉动率　　表 1-2

柱塞数 z	5	6	7	8	9	10	11	12
脉动率 σ(%)	4.98	14	2.53	7.8	1.53	4.98	1.02	3.45

3）斜盘式轴向柱塞泵的结构要点

图 1-28 所示是目前使用比较广泛的一种斜盘式轴向柱塞泵的结构图。

（1）滑履结构

如果各柱塞以球形头部直接接触斜盘而滑动，柱塞头部与斜盘之间为点接触，则被称为点接触式轴向柱塞泵。泵工作的时候，柱塞头部接触应力大，极易磨损，故一般轴向柱塞泵都在柱塞头部装一滑履 7（图 1-28），改点接触为面接触，并且各相对运动表面之间通过小孔引入压力油，实现可靠的润滑，大大降低了相对运动零件表面的磨损，这样，就有利于泵在高压下的工作。

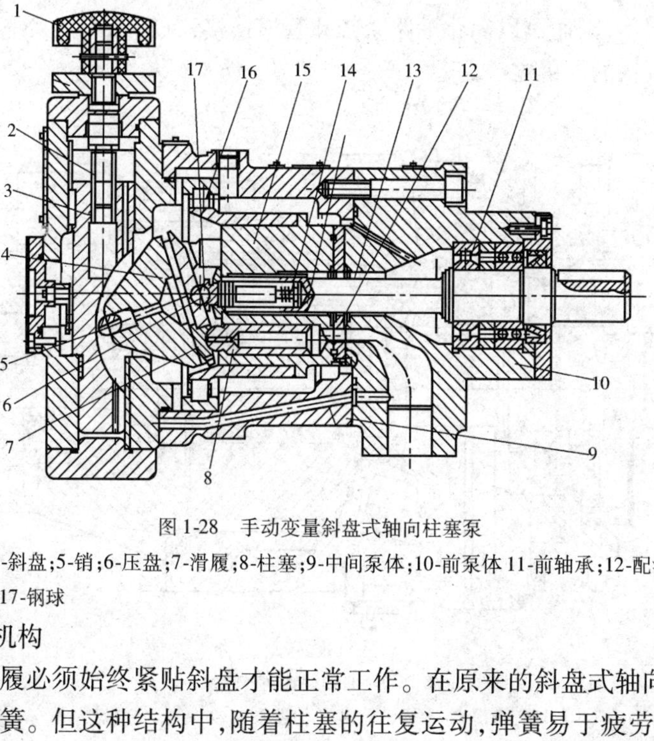

图 1-28　手动变量斜盘式轴向柱塞泵

1-手轮；2-螺杆；3-活塞 4-斜盘；5-销；6-压盘；7-滑履；8-柱塞；9-中间泵体；10-前泵体 11-前轴承；12-配油盘；13-轴；14-中心弹簧；15-缸体；16-大轴承；17-钢球

（2）中心弹簧机构

柱塞头部的滑履必须始终紧贴斜盘才能正常工作。在原来的斜盘式轴向柱塞泵是在每个柱塞底部加一个弹簧。但这种结构中，随着柱塞的往复运动，弹簧易于疲劳损坏。图 1-28 中改用一个中心弹簧 14,通过钢球 17 和压盘 6 将滑履压向斜盘 4,从而使泵具有较好的自吸能力。这种结构中的弹簧只受静载荷,不易疲劳损坏。

(3)缸体端面间隙的自动补偿

如图 1-28 所示,使缸体紧压配油盘端面的作用力,除中心弹簧 14 的推力外,还有柱塞孔底部台阶面上所受的液压力,此液压力比弹簧力大得多,而且随泵的工作压力增大而增大。由于缸体始终受力紧贴着配油盘,就使端面间隙得到了自动补偿,提高了泵的容积效率。

(4)变量机构

在变量轴向柱塞泵中,均设有专门的变量机构,用来改变斜盘倾角 γ 的大小以调节泵的排量。轴向柱塞泵的变量方式有多种,其变量机构的结构形式亦多种多样,这里只简要介绍手动变量机构的工作原理。

在图 1-28 中,手动变量机构设置在泵的左侧。变量时,转动手轮 1,螺杆 2 随之转动,因导键的作用,变量活塞 3 便上下移动,通过销 5 使支撑在变量壳体上的斜盘 4 绕其中心转动,从而改变了斜盘倾角 γ。手动变量机构结构简单,但手操纵力较大,通常只能在停机或泵压较低的情况下才能实现变量。

(5)通轴与非通轴结构

斜盘式轴向柱塞泵有通轴与非通轴两种结构形式。图 1-28 所示泵是一种非通轴型轴向柱塞泵。非通轴型泵的主要缺点之一是用大型滚珠轴承来承受斜盘施加给缸体的径向力,其受力状态不佳,轴承寿命较低,且噪声大,成本高。

图 1-29 所示为通轴型轴向柱塞泵(简称通轴泵)的一种典型结构。与非通轴泵的主要不同之处在于:通轴泵的主轴采用了两端支撑,斜盘通过柱塞作用在泵体上的径向力可以由主轴承受,因而取消了缸体边缘的大轴承;该泵无单独的配油盘,而是通过泵体和后泵盖端面直接配油。通轴泵结构的另一个特点是泵的外伸端可以安装一个小型辅助泵(通常为内齿轮泵),供闭式系统补油之用,因而可以简化油路系统和管道连接,有利于液压系统的集成化。这是近年来通轴泵发展较快的原因之一。

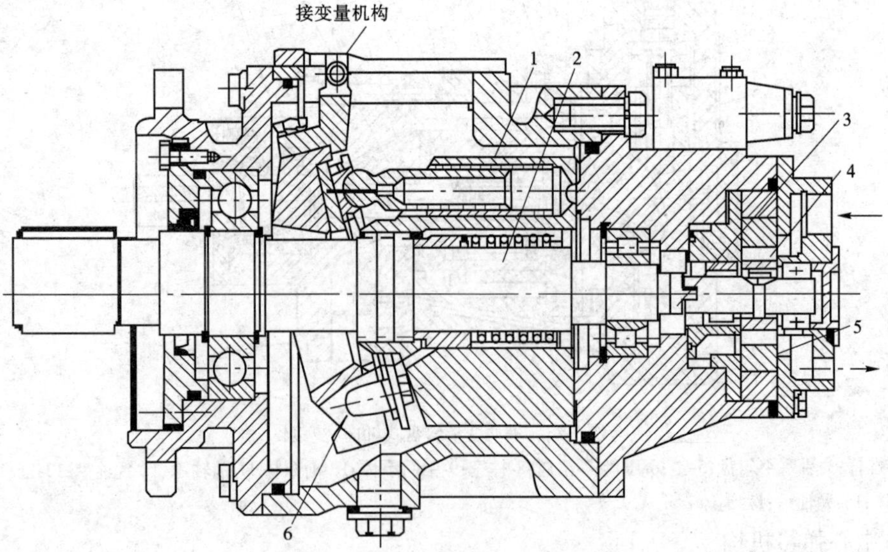

图 1-29 通轴型轴向柱塞泵

1-缸体;2-轴;3-联轴器;4、5-辅助泵内、外转子;6-斜盘

4)斜轴式轴向柱塞泵

图1-30所示为斜轴式轴向柱塞泵的工作原理图。传动轴1与缸体4的轴线倾斜一个角度 γ,故称为斜轴式泵。

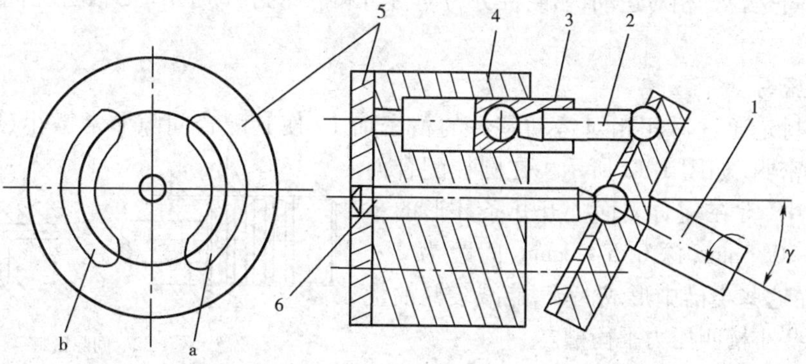

图1-30 斜轴式轴向柱塞泵的工作原理

1-传动轴;2-连杆;3-柱塞;4-缸体;5-配流盘;6-中心轴;a、b-吸压油窗口

传动轴与缸体之间传递运动的连接件是一个两端为球头的连杆,依靠连杆的锥体部分与柱塞内壁的接触带动缸体旋转。配油盘固定不动,中心轴6起支撑缸体的作用。

当传动轴沿图示方向旋转的时候,连杆就带动柱塞连同缸体一起转动,柱塞同时也在孔内作往复运动,使柱塞孔底部的密封腔容积不断发生增大和减小的变化,通过配油盘5上的窗口a和b实现吸油和压油。

与斜盘式泵相比较,斜轴泵由于在柱塞及缸体所受的径向力较小,故结构轻度较高,因而允许的倾角 γ_{max} 较大,变量范围较大。一般斜盘式泵的最大斜盘角度为20°左右,斜轴式泵的最大倾角可达到40°。但斜轴式泵是靠摆动缸体来改变倾角从而实现变量的,因而体积较大。

目前,斜盘式和斜轴式柱塞泵的应用都很广泛。

2. 径向柱塞泵

径向柱塞泵的工作原理如图1-31所示,它主要由定子、转子(缸体)、柱塞、配流轴等组成。柱塞径向均匀布置在转子中。转子和定子之间有一个偏心量 e。配油轴固定不动,上部和下部各做成一个缺口,此两缺口又分别通过不同的部件的两个轴向孔与泵的吸、压油口连通。当转子按图示方向旋转时,上半周的柱塞在离心力作用下外伸,通过配油轴吸油;下半周的柱塞则受定子内表面的推压作用而缩回,通过配油轴压油。移动定子改变偏心距的大小,便可改变柱塞的行程,从而改变排量。若改变偏心距的方向,则可改变吸、压油的方向。因此,径向柱塞泵可以做成单向或双向变量泵。

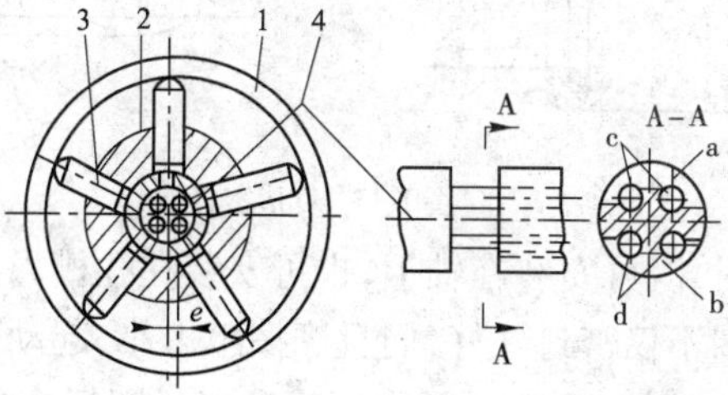

图1-31 径向柱塞泵的工作原理

1-定子;2-转子;3-柱塞;4、a、b-配油轴;c、d-配油孔

径向柱塞泵的优点是流量大,工作压力较高,便于做成多排柱塞的形式,轴向尺寸小,工作可靠等。其缺点是径向尺寸大,自吸能力差,且配油轴受到径向不平衡液压力的作用,易于磨损,泄漏间隙不能补偿。这些缺点限制了它的应用和发展。

(六)液压密封元件

在液压系统中,某些零件之间存在耦合关系。其耦合间隙可能是平面间隙,也可能是环形间隙。构成耦合关系的零件有的相对固定,有的相对运动。由于耦合零件之间存在间隙,不仅高压区的油液会经此间隙向低压区转移形成外漏和内漏,而且空气中的尘埃或异物会乘隙而入。这将导致液压系统的油液泄漏的后果,因此必须采取有效的密封措施。按构成耦合面的两个零件之间是否有相对运动,密封件分为动密封和静密封;按工作原理,分为间隙密封和接触密封。

1. 间隙密封

间隙密封是通过对相相对运动零件的精密加工,使其配合间隙非常微小(0.01～0.05mm)而实现密封。如图1-32所示。在圆柱配合面的间隙密封中,常在配合表面上开几条环形的小槽(宽0.3～0.5mm,深0.5～1mm,间距为2～5mm)。油在这些小槽中形成涡流,能减缓漏油量等作用。这些小槽叫压力平衡槽。

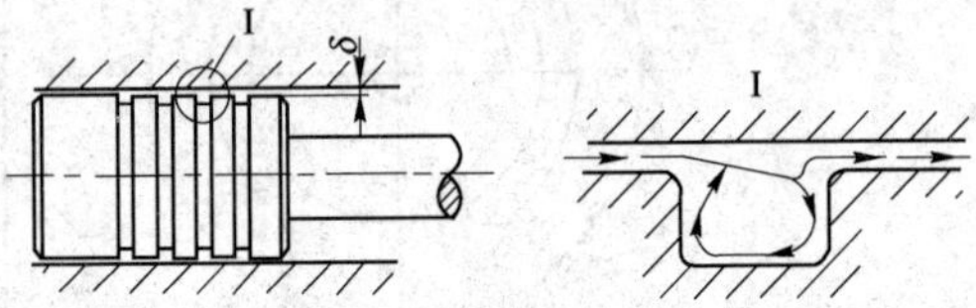

图1-32　间隙密封

间隙密封结构简单,摩擦阻力小,磨损小,润滑性能好,是一种结构简单紧凑的密封方式,在液压泵、液压马达、各种液压阀中得到广泛的应用。其缺点是密封效果差,密封性能随工作压力的升高而变差。尺寸较大的液压缸,要达到间隙密封所需要的加工精度比较困难,也不够经济。因此间隙密封在液压缸中仅用于尺寸较小、压力较低、运动速度较高的活塞与缸体内孔间的密封。

2. 接触密封

接触密封常用的密封件是密封圈。它既可以用于静密封,也可以用于动密封。密封件常以其截面形状命名,有O形、Y形、V形等。此外,还有防尘圈、油封、组合密封垫圈等密封装置。

1) O形密封圈

O形密封圈的主要材料为合成橡胶。如图1-33所示为其安装前的常态形状,右图所示为其安装后的截面示意。它属于应用最广泛的密封件之一。其密封性好、结构简单、动摩擦阻力小、成本低、使用方便。可用于静密封,也可用于动密封,且可同时对两个方向起密封作用。缺点是用作动密封时,起动摩擦阻力较大,寿命相应缩短。

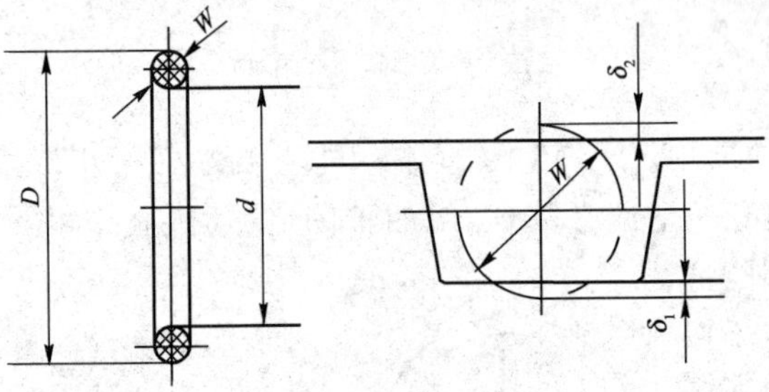

图1-33　O形密封圈

2) Y形密封圈

Y形密封圈一般用于圆柱环形间隙的密封,既可安装在轴上,也可安装在孔槽内。如图1-34所示为3种Y形密封圈示意图。Y形密封圈不仅密封性好,而且摩擦阻力小,起动摩擦阻力与停车时间的长短和工作压力的高低关系不大,工作时运行平稳。Y形密封圈适合在工作压力<20MPa、运动速度<0.5m/s的条件下的矿物油中工作。

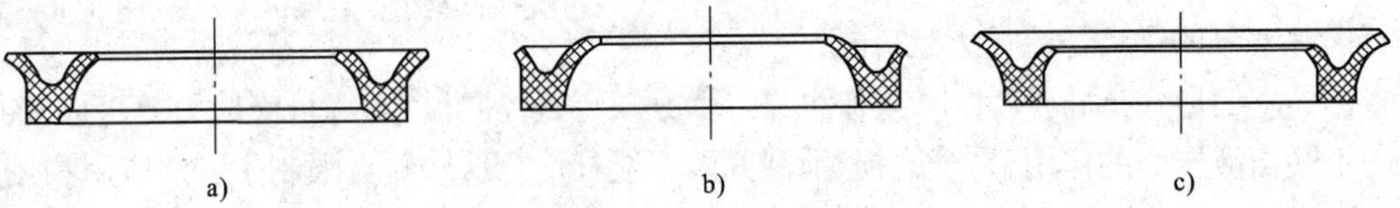

图1-34　Y形密封圈

a)轴孔通用;b)孔用;c)轴用

3）V 形密封圈

V 形密封圈的材料可以是橡胶或夹织物橡胶。V 形圈需与压环和支撑环在一起使用。如图 1-35 所示为这三部分的示意图。其中压环和支撑环的材料可以是金属、夹布橡胶或合成树脂。V 形圈的个数则视工作压力的大小选取，并通过调整压紧力达到最佳密封效果。夹织物橡胶 V 形圈的最高工作压力可达 50MPa。

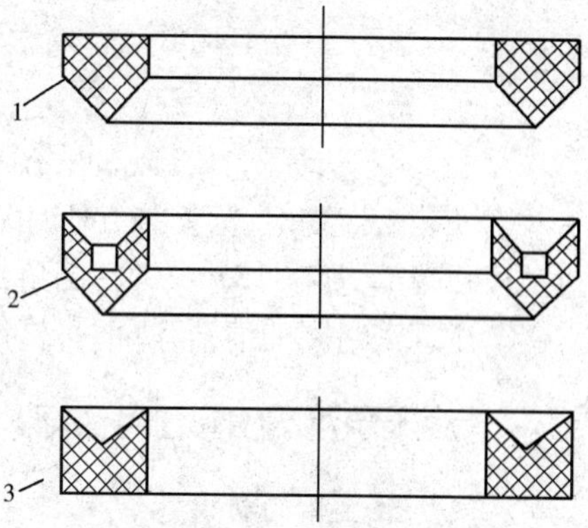

图 1-35　V 形密封圈

1-压环；2-V 形环；3-支撑环

V 形密封圈可以在活塞承受偏心载荷或在偏心状态下运动时很好地密封，但运动摩擦阻力及结构尺寸较大，不宜用于耦合件相对运动速度较大的场合。此外，为保证良好的密封性能，对压环和支撑环的制造精度和强度要求较高，对支撑环与缸体孔之间的间隙及缸体孔的表面粗糙度要求较高。

4）密封圈使用注意事项

使用密封圈时要注意以下几点：

①当密封圈用于圆柱环形间隙密封时，若密封圈的安装沟槽开在轴上，取密封圈的公称外径与轴的外径相等；若密封圈的安装沟槽开在轴的耦合件上，取密封圈的公称内径与轴的外径相等。

②当 O 形密封圈用于平面密封时，如图 1-36 所示，O 形密封圈的外径 $D_1 \geqslant (d_1 + 2B)$。式中，d_1 为密封孔的孔径；B 为固定沟槽的最小宽度，B 的大小与 O 形密封圈的截面积直径有关。如图 1-36a）所示结构加工简单，但仅用于单向密封。若用于自吸式液压泵的进口或瞬时流速大于 10m/s 的管路，因管路可能为负压，O 形密封圈可能被吸入，而空气在大气压作用下将侵入管路，影响液压系统的正常工作。另外，此时密封圈直接承受管内液体出现的压力冲击，因而会降低其使用寿命。为避免出现以上问题，设计时可选用如图 1-36b）所示的沟槽内侧半封闭结构。

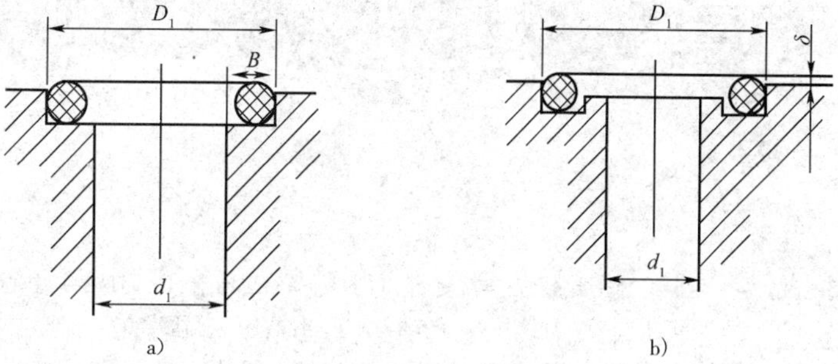

图 1-36　静密封 O 形密封圈的安装

a）单向密封；b）沟槽内侧半封闭结构

③当工作压力大于 10MPa 时，为防止 O 形密封圈被挤入间隙，可在 O 形密封圈的承压面设置挡圈，如图 1-37 所示。挡圈的材料为聚四氟乙烯、尼龙等，其硬度高于 O 形密封圈。

④因 Y 形和 V 形密封圈仅单方向作用，若需要双向密封，则需要设置两个密封圈，两密封圈背向安装，开口一侧面向高压区。

⑤一般情况下，Y 形密封圈可有用支撑环，但在介质工作压力变化较大时，相对滑动速度较高的场合，要使用支撑环以固定密封圈。

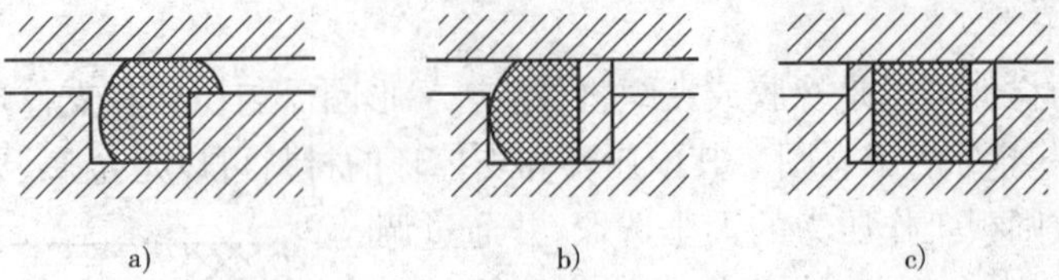

图 1-37　动密封 O 形密封圈的安装

a)无挡圈;b)单承压面设置挡圈;c)双承压面设置挡圈

⑥安装密封圈时,为安装方便且不致切坏密封圈,应在密封圈所通过的各部位,如缸筒和活塞杆的端部,加工 15°~30°的倒角,倒角应有足够的长度。

⑦注意密封圈的清洁,防止安装时带入铁屑、尘土、棉纱等杂物。

二、液压泵泄漏检修任务实施

1. 液压泵主体的拆卸

1)分解图

图 1-38 为轴向柱塞泵主体部分分解立体图。

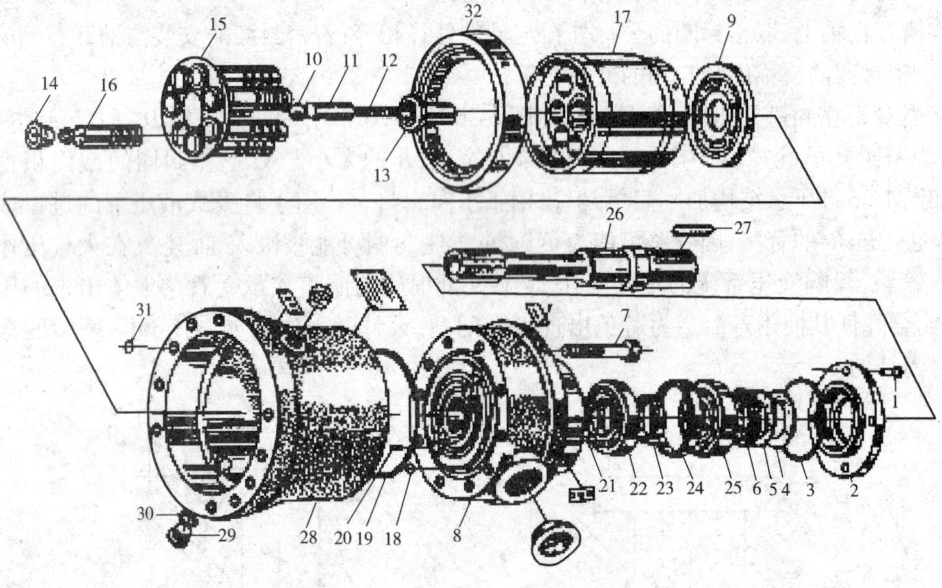

图 1-38　CY14-1B 型泵主体部分分解

1-端盖螺钉;2-端盖;3-密封圈;4、5、6-组合密封圈;7-连接螺钉;8-外壳体;9-配油盘;10-钢球;11-中心内套;12-中心弹簧;13-中心外套;14-滑靴;15-回油盘;16-柱塞;17-缸体外镶钢套;18-小密封圈;19-密封圈;20-配油盘定位销钉;21-轴用挡圈;22、25-轴承;23-内隔圈;24-外隔圈;26-传动轴;27-键;28-中壳体;29-放油塞;30、31-密封圈;32-滚柱轴承

2)拆卸步骤

①松开主体部分与变量部分的连接螺钉,卸下变量部分,注意变量头(斜盘)及止推板不要滑落,事先在泵下用木板或胶皮接住预防。变量部卸下后要妥善放置并防尘。

②连同回油盘 15 取下柱塞 16 与滑靴 14 组件。如柱塞卡死在缸体中而研伤缸体,则一般难以修复,此泵报废,换新泵。

③从回油盘 15 中取出 7 个柱塞与滑靴 14 组件。

④从传动轴 26 花键端孔中取出钢球 10、中心内套 11、中心弹簧 12 及中心外套 13 组装件,并分解成单个零件。

⑤取出缸体与缸体外镶钢套 17 组合件,两者为过盈配合不分解。

⑥取出配油盘 9。

⑦拆下传动键 27。

⑧卸掉端盖螺钉 1 及端盖 2 及密封圈 3、4、5、6。

⑨卸下传动轴 26 及轴承组件 21、22、23、24、25。

⑩卸下连接螺钉 7,将外壳体 8 与中壳体 28 分解,注意外泵体上配油盘的定位销不要取下,准确固定装配位置。

⑪卸下滚柱轴承 32。

3)液压泵主体修理

(1)缸体的修复

缸体与外套的结构如图 1-39 所示。通常用青铜制造,外套用轴承钢制造。

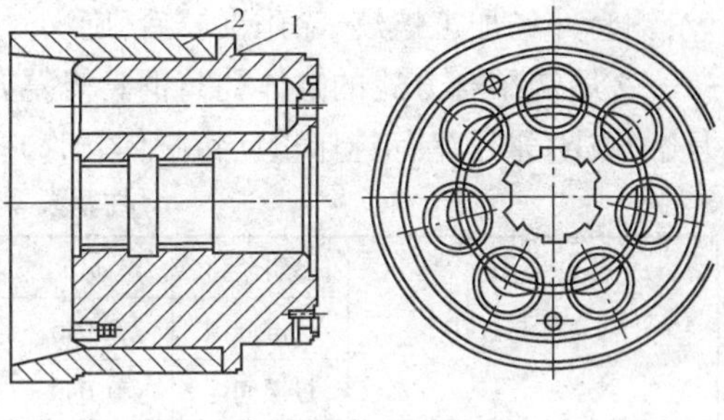

图 1-39 缸体与外套的结构

1-缸体;2-外套

缸体易磨损部位是与柱塞配合的柱塞孔内圆柱面和与配油盘接触的端面,端面磨损后可先在平面磨床上精磨端面,然后再用氧化铬抛光,轻度磨损时研磨便可。

(2)配油盘的修理

配油盘的结构如图 1-40 所示。

CY14 - B 型泵在工作过程中,经常出现泵升不起压或压力提不高,泵打不出油或流量不足等故障,这些故障有相当部分是因为用油不清洁,使配油盘磨损、咬毛甚至出现烧盘,引起配油盘与缸体配油平面、配油盘与泵体配油面之间配合不贴切,降低密封性能而造成泄漏所致。

对于拉毛、磨损不太严重的配油盘,可采取手工研磨的方法来加以修理解决。研磨过程中,研磨的压力和速度对研磨效率和质量甚有影响。对配油盘研磨时,压力不能太大,若压力太大,被研磨掉的金属就多,工作表面粗糙度大,有时甚至还会压碎磨料而划伤研磨表面。

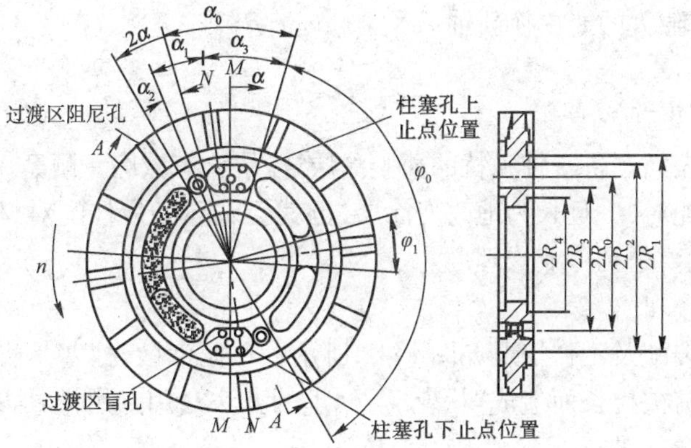

图 1-40 配油盘的结构

配油盘研磨加工的磨料多为粒度号数为 W_{10}(相当旧标准 M_{10})的氧化铝系或金刚石系微粉。研磨时,可以此磨料直接加润滑油,一般用 10 号机械油即可。在精研时,可用 1/3 机油加 2/3 煤油混合使用,也可用煤油和猪油混合使用(猪油含动物性油酸,能改善表面粗糙度)。

(3)摩擦副的检查与修复

表 1-3 为柱塞泵零件的更换标准(参见图1-41),当表中所列的各种间隙超差时,可按下述

方法修复:

①缸体镶装铜套的,可以采用更换铜套的方法修复。首先把一组柱塞杆外径修整到统一尺寸,再用1000号以上的砂纸抛光外径。缸体安装铜套的三种方法:a)缸体加温热装或铜套低温冷冻挤压,过盈装配;b)采用乐泰胶黏着装配,这种方法要求铜套外径表面有沟槽;c)缸孔攻丝,铜套外径加工螺纹,涂乐泰胶后,旋入。

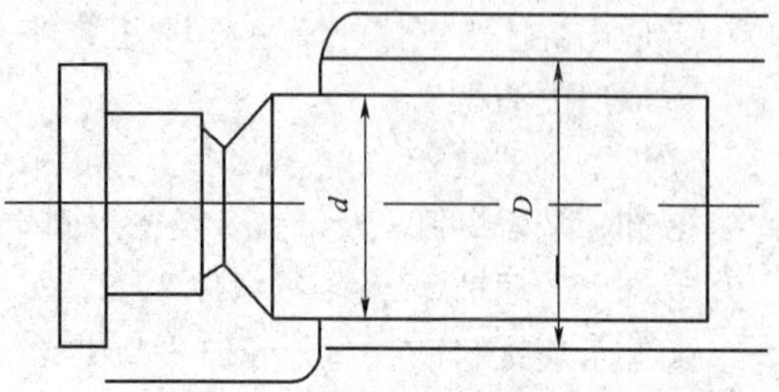

图1-41 柱塞杆与缸孔间隙 $D-d$

②熔烧结合方式的缸体孔与铜套修复方法如下:a)采用研磨棒以手工或机械方法研磨修复缸孔;b)采用坐标镗床重新镗缸体孔;c)采用铰刀修复缸体孔。

柱塞泵零件更换标准(mm) 表1-3

柱塞杆与缸孔	柱塞杆直径	$\phi16$	$\phi21$	$\phi25$	$\phi30$	$\phi35$	$\phi40$
	标准间隙	0.015	0.025	0.025	0.030	0.035	0.040
	极限间隙	0.040	0.050	0.060	0.070	0.080	0.090
柱塞杆球头与滑靴球	标准间隙	0.010	0.010	0.015	0.015	0.020	0.020
	极限间隙	0.30	0.30	0.30	0.35	0.35	0.35

③采用"表面工程技术",方法如下:a)电镀技术:在柱塞表面镀一层硬铬;b)电刷镀技术:在柱塞表面刷镀耐磨材料;c)热喷涂或电弧喷涂:喷涂高碳马氏体耐磨材料;d)激光熔敷:在柱塞表面熔敷高硬度耐磨合金粉末。

④缸体无铜套的缸体材料大都是球墨铸铁的,在缸孔内壁上制备非晶态薄膜或涂层。因为缸体孔内壁有了这种特殊物质,所以才能组成硬—硬配对的摩擦副。如果盲目地研磨缸体孔,把缸体孔内壁这层表面材料研掉,摩擦副的结构性能也就改变了。被去掉涂层的摩擦副,如果强行使用,就会使摩擦面温度急剧升高,柱塞杆与缸孔发生胶合。

(4)检查缸套滚柱轴承及传动轴上的两轴承磨损情况

若磨损严重、游隙大的要更换新轴承。

(5)检查各密封圈

破损、变形者要更换。

另外在柱塞杆表面制备一种独特的薄膜涂层,涂层含有减磨+耐磨+润滑功能,这组摩擦副实际还是硬—软配对,一旦人为地改变涂层,也就会破坏了最佳配对材料的摩擦副,修理这些特殊的柱塞泵,就要送到专业修理厂。

2. 柱塞与滑靴修理

柱塞与滑靴的装配及工作情况如图1-42所示。在压油区,柱塞是将滑靴推向止推板,而在吸油区是滑靴球窝被拉长而造成"松靴"。修理的办法是用专用模具再次压合,这需要专用模具或到高压泵生产厂进行。

柱塞表面轻度损伤是拉伤、摩擦滑痕,对此类轻度损伤只需用极细的油石研去伤痕,重度咬伤一般难于修复,价格昂贵,不如换新泵。

3. 液压泵主体的装配

修理后的柱塞泵装配步骤及注意事项如下(参见图1-38):

①用煤油或汽油清洗干净全部零件。

②将密封圈19装入外壳体8的槽中。

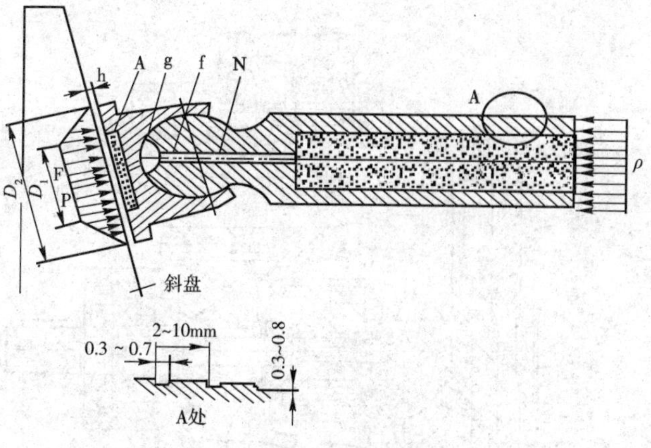

图 1-42　柱塞与滑靴的装配及工作情况

③将外壳体 8 及中壳体 28 用连接螺钉 7 合装。

④将滚柱轴承 32 装入中壳体 28 孔中。

⑤将传动轴 26 及轴承组件 21、22、23、24、25 装入外壳体 8 中。

⑥将密封圈 3 装入端盖 2，将密封组件 3、4、5、6 装入端盖 2。

⑦将端盖 2 与外壳体 8 合装，用端盖螺钉 1 紧固。

⑧将配油盘 9 装入外壳体端面贴紧，用定位销定位（注意定位销不要装错）。

⑨将缸体装入中壳体中，注意与配油盘端面贴紧。

⑩将中心内套 11、中心弹簧 12 及中心外套 13 组合后装入传动轴内孔。

⑪在钢球 10 上涂抹清洁黄油黏在弹簧中心内套 11 的球窝中，防止脱落。

⑫将连接螺钉 7 套滑靴 14 与柱塞 16 组件装入回油盘孔中。

⑬将滑靴、柱塞、回油盘组件装入缸体孔中，注意钢球不要脱落。

⑭装上传动键 27。

4. 液压泵变量部检修

1）主体部分的结构

图 1-43 为 PCY 型恒压变量轴向柱塞泵结构，其左半部为变量部分。

2）拆卸步骤

①拆下变量头组件，卸下止推板，如止推板背面一般不易磨损，可不拆销轴。

②拆下恒压变量阀，将阀体、阀芯、调节弹簧及调节杆分解。

③拆下上法兰，取出弹簧及变量活塞。

3）简单修理

①止推板的修理。止推板的易磨损面为与滑靴的接触面，此表面也可在平板上研磨修复，磨损划伤印痕较深时可在平面磨床上精磨后再研磨。

②恒压阀芯的修理。如有拉毛、滑伤，可用细油石和细纱布修磨掉滑痕。

③检查恒压变量调节弹簧是否扭曲变形，如变形更换新弹簧。

④变量活塞一般不易磨损，如有磨痕、修磨即可。

⑤检查变量活塞上部弹簧是否扭曲变形，变形严重的更换新弹簧。

4）装配

①用煤油或柴油清洗干净全部零件。

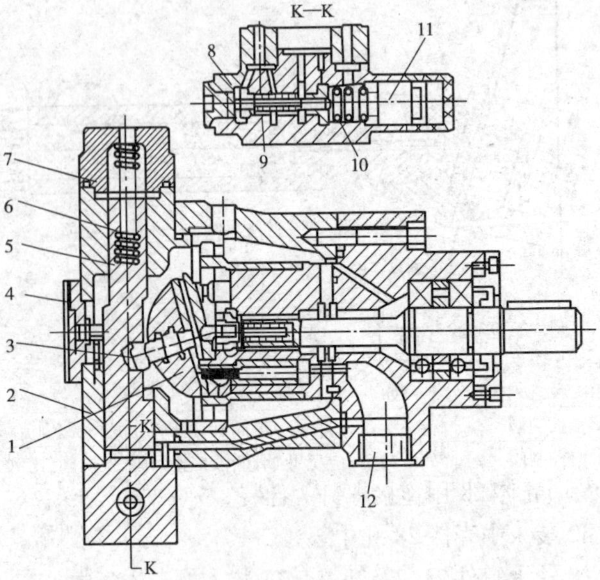

图 1-43 PCY 型恒压变量轴向柱塞泵的结构

1-止推板;2-变量壳体;3-销轴;4-刻度盘;5-变量活塞;6-弹簧;7-上法兰;8-恒压阀体;9-恒压阀芯;10-调节弹簧;11-调节杆;12-进口或出口

②将变量活塞装入变量壳体。

③将恒压变量控制阀组装后与变量壳体合装。将变量弹簧装入变量壳体上腔,装上法兰。

④将变量头销轴装入变量活塞。

⑤将止推板装入变量头销轴。

⑥将变量壳体与中泵体间的大密封圈装入密封槽。

5)总装

①把主体部与变量部准备好。

②把主体部与变量部之间的两个小胶圈装入中泵体孔槽。

③把变量部与主体部合装,注意止推板要与各滑靴平面贴合,装上各连接螺钉。

6)拆装注意事项

①在拆装、修理过程中要确保场地、工具清洁,严禁污物进入油泵。

②拆装、清洗过程中,禁用棉纱、破布擦洗零件,应该用毛刷、绸布,防止棉丝头混入液压系统。

③柱塞泵为高精度零件组装而成,拆装过程中要轻拿轻放,勿敲击。

④装配过程中各相对运动件都要涂与泵站工作介质相同的润滑油。

单元 2 液压阀泄漏检修

一、液压阀的基本知识

(一)液压阀的简介与分类

在液压系统中,除需要液压泵供油和液压执行元件来驱动工作装置外,还要配备一定数量的液压控制阀来对液流的流动方向、压力的高低以及流量的大小进行预期的控制，以满足负载的工作要求。因此，液压控制阀是直接影响液压系统工作过程和工作特性的重要元件。各类液压控制阀虽然形式不同，控制的功能各有所异，但都具有共性。首先，在结构上，所有的阀都由阀体、阀芯（座阀或滑阀）和驱使阀芯动作的元部件（如弹簧、电磁铁）等组成。其次，在工作原理上，所有阀的阀口大小，阀进、出油口间的压差以及通过阀的流量之间的关系都符合孔口流量公式（$q = kA\Delta p^m$），只是各种阀控制的参数各不相同而已。因而，根据其内在联系、外部特征、结构和用途等方面的不同，可将液压阀按不同的方式进行分类，见表1-4。

液压控制阀的分类　　表1-4

分类方法	种　　类	详细分类
按用途分	压力控制阀	溢流阀、减压阀、顺序阀、比例压力控制阀、压力继电器等
	流量控制阀	节流阀、调速阀、分流阀、比例流量控制阀等
	方向控制阀	止回阀、液控止回阀、换向阀、比例方向控制阀
按操纵方式分	人力操纵阀	手把及手轮、踏板、杠杆
	机械操纵阀	挡块、弹簧、液压、气动
	电动操纵阀	电磁铁控制、电—液联合控制
按连接方式分	管式连接	螺纹式连接、法兰式连接
	板式及叠加式连接	单层连接板式、双层连接板式、集成块连接式、叠加阀
	插装式连接	螺纹式插装、法兰式插装

液压传动系统对液压控制阀的基本要求为：

①动作灵敏、使用可靠，工作时冲击和振动要小，使用寿命长。

②油液通过液压阀时压力损失要小，密封性能好，内泄漏要小，无外泄漏。

③结构简单紧凑，安装、维护、调整方便，通用性好。

随着工业现代化技术的发展，机械设备的液压传动系统为完成各种不同的控制功能有不同的组成形式，有些液压传动系统甚至很复杂。但无论何种机械设备的液压传动系统，都是由一些液压基本回路组成，所谓全局为局部之总和，因而熟悉和掌握液压基本回路的功能，有助于更好地分析、使用和设计各种液压传动系统。

1. 阀口流量公式及流量系数

对于各种滑阀、锥阀、球阀、节流孔口，通过阀口的流量均可用下式表示：

$$q = C_q A \sqrt{\frac{2\Delta p}{\rho}}$$

式中：C_q——流量系数；

A——阀口通流面积；

Δp——阀口前、后压差；

ρ——液体密度。

1）滑阀的流量系数

设滑阀开口长度为 x（见图1-44），阀芯与阀体（或阀套）内孔的径向间隙为 Δ，阀芯直径为 d，则阀口通流面积为

$$A = W\sqrt{x^2 + \Delta^2} \tag{1-13}$$

式中，W 为滑阀开口周长，又称过流面积梯度，它表示阀口过流面积随阀芯位移的变化率。对于孔口为全周边的圆柱滑圆，$W = \pi d$。若为理想滑阀（即 $\Delta = 0$），则有 $A = \pi dx$。

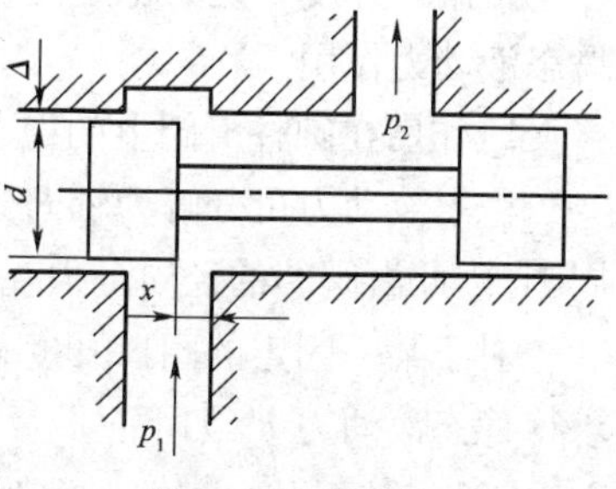

图1-44　圆柱滑阀

对于孔口为部分周长时(如:孔口形状为圆形、方形、弓形、阶梯形、三角形、曲线形等),为了避免阀芯受侧向作用力,都是沿圆周均布几个尺寸相同的阀口,此时只需将相应的过流面积 A 的计算式代入式(1-13),即可相应地算出通过阀口的流量。

式(1-13)中的流量系数 C_q 与雷诺数有关。当 $R_e>260$ 时,C_q 为常数;若阀口为锐边,则 $C_q=0.6\sim0.65$;若阀口有不大的圆角或很小的倒角,则 $C_q=0.8\sim0.9$。

圆柱滑阀的雷诺数 R_e 表示为

$$R_e=\frac{4mv}{\mu} \tag{1-14}$$

式中:v——油液流经滑阀阀口的平均速度;

μ——油液的运动黏度;

m——滑阀阀口处液流的平均深度,$m=Wx[2(W+x)]$。当 $W=\pi d>>x$,$m=x/2$,于是 $R_e=2x/\upsilon$。

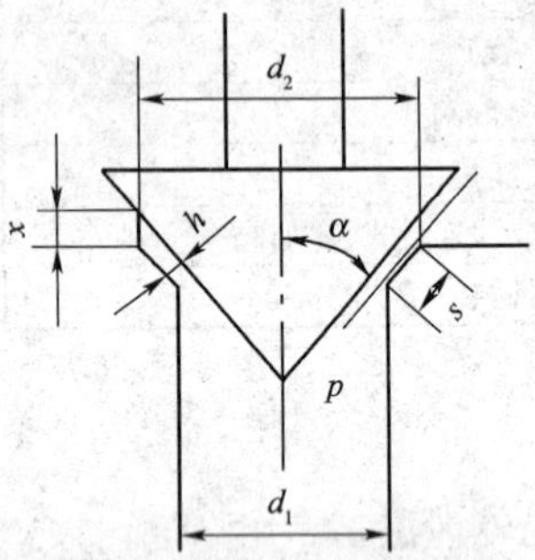

图 1-45　锥阀

2)锥阀的流量系数

如图 1-45 所示,具有半锥角 α 且倒角宽度为 s 的锥阀阀口,其阀座平均直径为 $d_m=(d_1+d_2)/2$,当阀口开度为 x 时,阀芯与阀座间过流间隙高度为 $h=x\sin\alpha$。在平均直径 d_m 处、阀口的过流面积为

$$A=\pi d_m x\sin\alpha\left(1-\frac{x}{2d_m}\sin 2\alpha\right) \tag{1-15}$$

一般,$x<<d_m$,则

$$A=\pi d_m x\sin\alpha \tag{1-16}$$

把阀芯和阀座间圆锥形状缝隙展开成扇形平面,即可看作两平行圆板间径向流动的一部分,其雷诺数定义为

$$R_e=\frac{v_m h}{\upsilon}=\frac{v_m x\sin\alpha}{\upsilon}=\frac{q}{\pi d_\upsilon}$$

式中:v_m——阀口平均流速。

如此求得考虑了黏性摩擦、流动惯性和起始效应的锥阀阀口流量系数为

$$C_q=\left[\frac{12d_m\ln(d_2/d_1)}{R_e h\sin\alpha}+\frac{54}{35}\left(\frac{d_m}{d_2}\right)^2+0.18\left(\frac{d_m}{d_1}\right)^2\right]^{-1/2} \tag{1-17}$$

当 R_e 很大时,$C_q=0.77-0.82$。

2. *液动力*

液流经过阀口时,出于流动方向和流速的改变,阀芯上会受到附加的作用力。

在阀口开度一定的稳定流动情况下,液动力为稳态液动力。当阀口开度发生变化时,还有瞬态液动力作用。

1)作用在圆柱滑阀上的稳态液动力

稳态液动力可分解为轴向分力和径向分力。由于一般将阀体的油腔对称地设置在阀芯的周围,因此沿阀芯的径向分力互相抵消了,只剩下沿阀芯轴线方向的稳态液动力 F_x。

对于某一固定的阀口开度 x 来说,根据动量定理(参见图 1-46 中虚线所示的控制体积)可求得稳态液动力 F_x 如下:

①(完整阀腔)v_2 流出阀口时(见图 1-46a))的稳态液动力为

$$F_x = -\rho q(v_2\cos\theta - v_1\cos 90^\circ) = -\rho q v_2\cos\theta \tag{1-18}$$

可见,F_x 的方向与 $v_2\cos\theta$ 的方向相反,即 F_x 指向阀口关闭的方向。

②(完整阀腔)v_2 流入阀门时(见图1-46b))的稳态液动力为

$$F_x = -\rho q(v_1\cos 90^\circ - v_2\cos\theta) = \rho q v_2\cos\theta \tag{1-19}$$

可见,F_x 的方向与 $v_2\cos\theta$ 的方向一致,即 F_x 仍指向阀口关闭的方向。

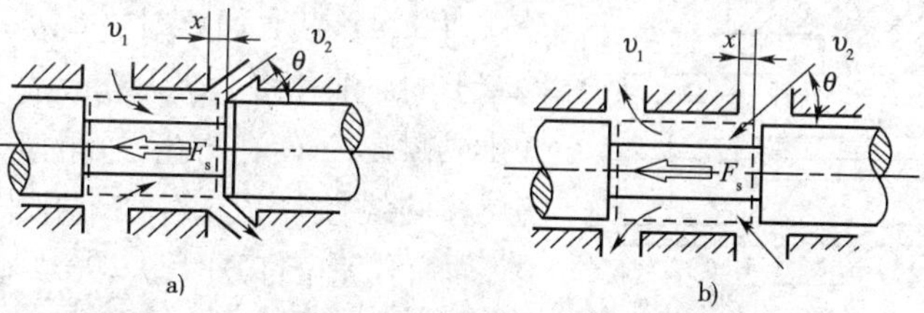

图1-46　作用在具有完整阀腔圆柱滑阀上的稳态液动力

a)v_2 流出;b)v_2 流入

③(不完整阀腔)v_2 流出时(见图1-47a))的稳态液动力为该图中阴影部分为控制容积:

$$F_x = -\rho q(v_2\cos\theta - v_1)$$

因 $v_1 << v_2$,故可忽略 pgv_1,这样

$$F_x = -\rho q v_2\cos\theta \tag{1-20}$$

可见,F_x 的方向与 $v_2\cos\theta$ 方向相反,即 F_x 仍指向阀口关闭的方向。

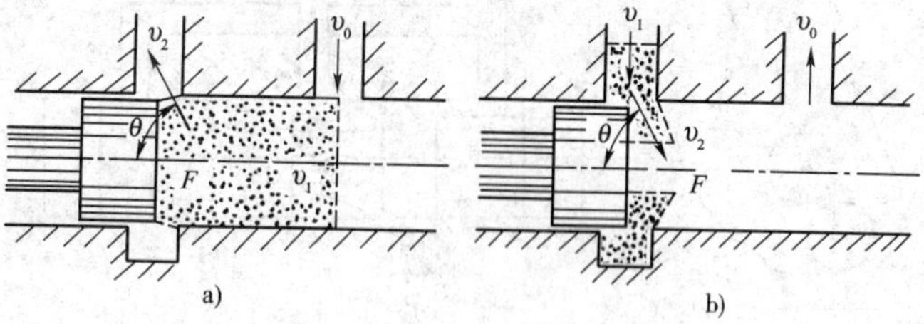

图1-47　作用在具有不完整阀腔圆柱滑阀上的阻态液动力

a)v_2 流出;b)v_2 流入

④(不完整阀腔)v_2 流入时(见图1-47b))的稳态液动力为该图中阴影部分控制容积:

$$F_x = -\rho q v_2\cos\theta \tag{1-21}$$

可见,F_x 的方向与 $v_2\cos\theta$ 方向相反,即 F_x 仍指向阀口开启的方向。

⑤稳态液动力动力 F_x 的通用表达式及其方向的判定为

$$F_x = \pm\rho q v_2\cos\theta \tag{1-22a}$$

考虑到 $v_2 = C_v\sqrt{\frac{2}{\rho}\Delta p}$,$q = C_q W x\sqrt{\frac{2}{\rho}\Delta p}$,所以上式又可写成

$$F_x = \pm(2C_q C_v W\cos\theta)x\Delta p \tag{1-22b}$$

考虑到阀口的流速较高,雷诺数较大,流量系数 C_q 可取为常数,且令液动力系数 $K_s = 2C_q C_v W\cos\theta =$ 常数,则上式又可写成

$$F_x = \pm Kx\Delta p \tag{1-22c}$$

当压差 Δp 一定时,由上式可知,稳态液动力与阀口开度 x 成正比。此时液动力相当于刚度为 $K_s\Delta p$ 的液压弹簧的作用。因此,$K_s\Delta p$ 被称为液动力刚度。

式(1-22a)、式(1-22b)、式(1-22c)为稳态液动力的通用表达式,F_x 的方向(即式中的 ± 号)的判定:对完整阀腔而言,无论液流方向如何,F_x 的方向总是力图使阀口趋于关闭;对不完

整阀腔而言，F_x 的方向总是与液流 $v_2\cos\theta$ 的方向相反。

2）滑阀上稳态液动力的补偿

对于高压大流量的阀，将因稳态液动力的数值很大，而使滑阀操纵困难。因此.必须采取措施进行补偿。常用的补偿方法有如下几种。

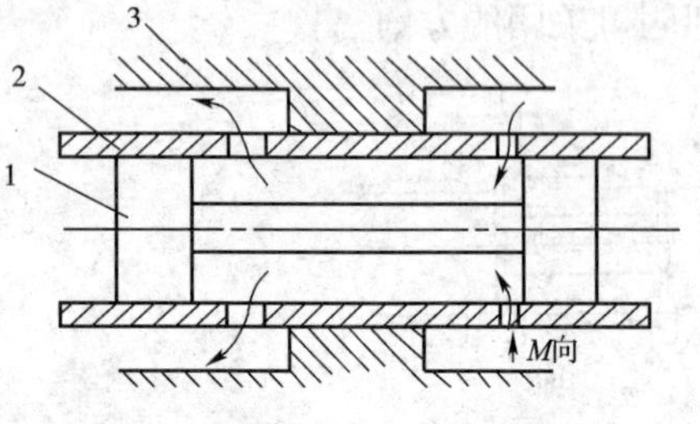

图 1-48　开多个径向小孔补偿稳态液动力

1-阀芯；2-阀套；3-阀体

①开多个径向小孔（图 1-48）。稳态液动力的计算公式（1-22a）表明，如果射流角 $\theta = 90°$，则此力为零。将阀套上的通油孔由一个大孔改成多个直径为 d 的小孔，并排成螺旋状，使孔与孔之间的重叠量为 S，以保证流量与位移的线性关系。对一个孔来说，在小开口时，$\theta < 90°$，而窗孔完全打开时，$\theta = 90°$。这样，只有还未完全开启的一个孔的液流会产生液动力，从而使之大大减小。

②利用压力降来补偿稳态液动力（图 1-49）。增大阀芯两端颈部直径 d_2，使环状通道面积减小，液流流经环状通道时产生压力降，其液压力反作用于阀芯的凸肩上，该液压力的方向与稳态液动力的方向相反。根据试验，当 $(d^2 - d_1^2)(d^2 - d_2^2) = 4$ 时，可以补偿稳态液动力的一半。此法简单，但只在大流量时才有效。

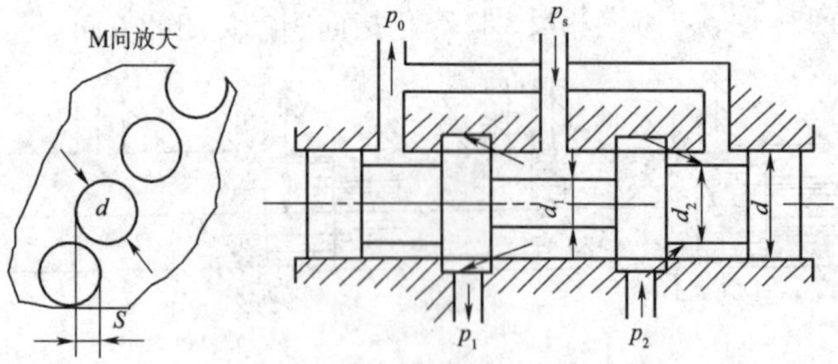

图 1-49　利用压力降补偿稳态液动力

③特型腔法补偿稳态液动力（图 1-50）。图 1-50a）所示为负力窗口结构，因油腔的回油在阀芯两端颈部锥面上发生动量变化，使从阀腔流出的液流所具有的轴向动量设计得比流入动量大，而产生一个开启力（负力）；另外，在阀腔中还产生一股顺时针方向的回流，也使负力有所增加。此负力可抵消一部分由矩形凸肩节流窗口所产生的使阀芯关闭的稳态液动力。如果两端颈部的锥角选择恰当，补偿效果会很高。与此类似，还可采用图 1-50b）所示的回油凸肩来补偿稳态液动力，特别在大流量时这种补偿办法更有效。

④斜孔法（图 1-51）。将阀的进口（或出口）作成斜孔，使液流进入（或流出）阀腔时带有一定的轴向分力，以抵消节流窗口处的部分稳态液动力。

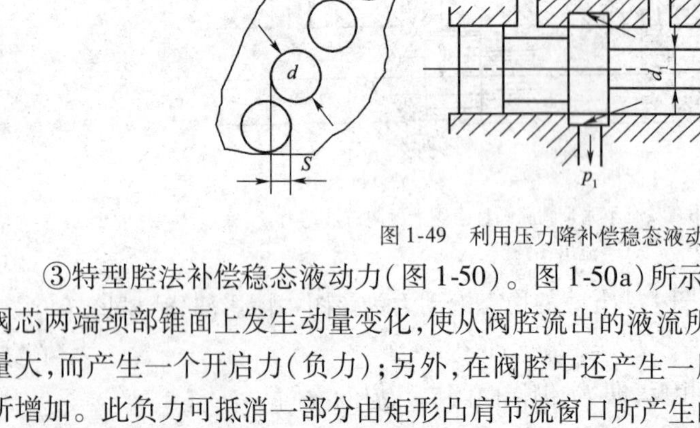

图 1-50　用特型腔法补偿稳态液动力

a）负力窗口；b）回油凸肩

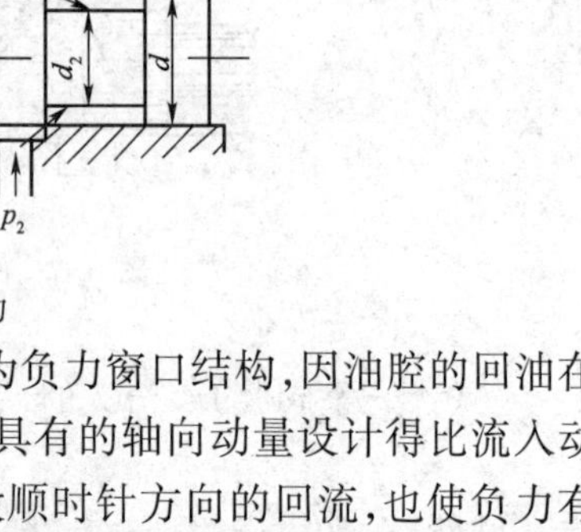

图 1-51　用斜孔法补偿稳态液动力

设计补偿结构时应避免稳态液动力被过补偿。过补偿时液动力将变为开启力，对阀的工作稳定性不利。

3）作用在圆柱滑阀上的瞬态液动力 F_i

瞬态液动力是滑阀在移动过程中（即开口大小发生变化时）阀腔中液流因加速或减速而作用于阀芯上的力（图1-52）。此力只与阀芯移动速度有关（即与阀口开度的变化率有关），与阀口开度本身无关。若流过阀腔的瞬时流量为 q，阀腔的截面积为 A_v，阀腔内加速或减速部分油液的质量为 m，阀芯的速度为 v，则有

$$F_i = m\frac{dv}{dt} = \rho A_v L\frac{dv}{dt} = \rho L\frac{d(A_y v)}{dt} = -\rho L\frac{dq}{dt}$$

而

$$\frac{dq}{dt} = C_q W\sqrt{\frac{2}{\rho}\Delta p}\frac{dx}{dt}$$

故得

$$F_i = C_q WL\sqrt{2\rho\Delta p}\frac{dx}{dt} = K_L\frac{dx}{dt} \tag{1-23}$$

显然，瞬态液动力 F_i 与滑阀的移动速度 dx/dt 成正比，因此它起到黏性阻尼力的作用。

瞬态液动力的方向，视油液流入还是流出阀腔而定：油液流出阀腔（图1-52a）），阀口开度加大时长度为 L 的那部分油液加速，开度减小时油液减速，两种情况下瞬态液动力的方向都与阀芯移动的方向相反，起阻止阀芯移动的作用，相当于一个正阻尼力，阻尼系数 K_L 取正值，油液流入阀腔（图1-52b）），阀口开度变化时，瞬态液动力的方向与阀芯移动的方向相同，起帮助阀芯移动的作用，相当于一个负阻尼力，阻尼系数 K_L 取负值。

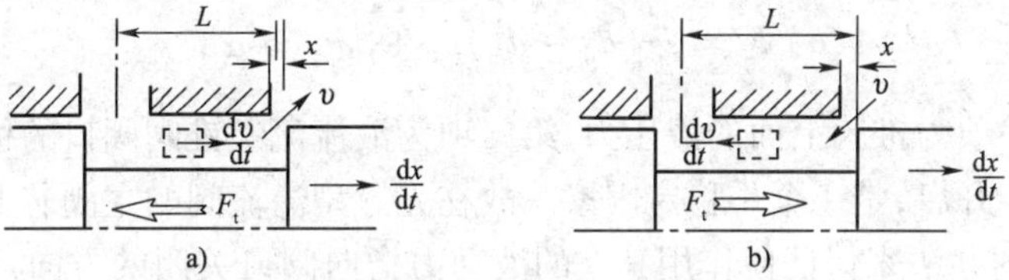

图1-52　滑阀的瞬态液动力

a）液流流出阀口；b）液流流入阀口

在阀芯所受的各种作用力中，瞬态液动力所占比重不大，在一般液压阀中通常可忽略不计。只当分析计算动态响应较高的阀（如伺服阀或高响应的比例阀）时，才予以考虑。

4）作用在锥阀上的液动力

（1）外流式锥阀（图1-53a））上作用的稳态轴向推力

假定锥阀入口处的流速为 v_1、压力为 p_1，锥阀出口处的流速为 v_2、压力为大气压（$p_2=0$），锥阀口的开口量为 x，半锥角为 α，阀座孔的断面面积为 $A=\pi d_m^2/4$，$d_m=(d_1+d_2)/2$。考虑到锥阀开度 x 不大，则可认为液流射流角 $\theta=\alpha$；一般倒角宽度 s 取得很小，故有 $s\approx 0$，$d_1\approx d_2\approx d_m$。在稳定流动时，利用动量定理可知，作用在锥阀上的稳态轴向推力为 $F=p_1A-\rho q(v_2\cos\alpha-v_1)$，因 $v_1<<v_2$，故可忽略 $\rho g v_1$，这样

$$F = p_1A - \rho q v_2\cos\alpha \tag{1-24a}$$

上式右端：第一项为锥阀底面的液压力；第二项为液流流经锥阀阀口的稳态液动力，此力的方向使阀芯趋于关闭，因 $q=C_q\pi d_m\sin\alpha\sqrt{2\Delta p/\rho}$，$v_2=C_v\sqrt{2\Delta p/\rho}$，则上式为：

$$F = p_1\frac{\pi d_m^2}{4} - C_qC_v\pi d_m x p_1\sin2\alpha = C_F\frac{\pi}{4}d_m^2 p_1 \tag{1-24b}$$

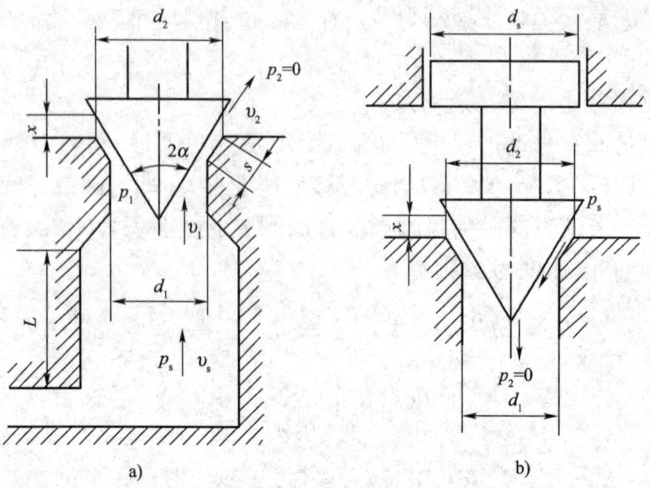

图 1-53 锥阀液动力

a）外流式；b）内流式

式中，C_F 为外流式锥阀轴向推力系数，一般

$$C_F = 1 - 4C_q C_v \frac{x}{d_m}\sin 2\alpha \tag{1-25}$$

（2）内流式锥阀（图 1-53b））上作用的稳态轴向推力

设 $p_2 = 0$，按上述相同方法导出其稳态轴向推力为

$$F = \frac{\pi}{4}(d_0^2 - d_m^2)p_1 + \rho q v_2 \cos\alpha \tag{1-26a}$$

上式右端第一项为锥阀上面的液压力；第二项为液流流经锥阀阀口的稳态液动力，此力的方向使阀芯进一步升启，是一个不稳定因素。故在先导型溢流阀的主阀芯上，常用在锥阀下端加尾碟（防振尾）的办法来保证使作用其上的液动力指向阀口关闭的方向，以增加主阀芯工作的稳定性。

式（1-26a）还可写成

$$F = \frac{\pi}{4}(d_0^2 - d_m^2)p_1 C_F \tag{1-26b}$$

式中：C_F——内流式锥阀轴向推力系数。

$$C_F = 1 + 4C_q C_v \frac{d_m}{d_0^2 - d_m^2} x \sin 2\alpha \tag{1-27}$$

5）作用在滑阀上的液压卡紧力

如果阀芯与阀孔都是完全精确的圆柱形，而且径向间隙中不存在任何杂质、径向间隙处处相等，就不会存在因泄漏而产生的径向不平衡力。但事实上，阀芯或阀孔的几何形状及相对位置均有误差，使液体在流过阀芯与阀孔间隙时产生径向不平衡力，称之为侧向力。出于这个侧向力的存在，从而引起阀芯移动时的轴向摩擦阻力，称之为卡紧力。如果阀芯的驱动力不足以克服这个阻力，就会发生所谓的卡紧现象。

阀芯上的侧向力如图 1-54 所示。图中 p_1 和 p_2 分别为高、低压腔的压力。图 1-54a）所示为阀芯因加工误差而带有倒锥（锥部大端在高压腔），同时阀芯与阀孔轴心线平行但不重合而向上有一个偏心距 e。如果阀芯不带锥度，在缝隙中压力呈三角形分布（图中点画线所示）。现因阀芯有倒锥，高压端的缝隙小，压力下降较快，故压力分布呈凹形，如图 1-54a）中实线所示;而阀芯下部间隙较大,缝隙两端的相对差值较小,所以 b 比 a 凹得较小。这样,阀芯上就受到一个不平衡的侧向力,且指向偏心一侧,直到二者接触为止。图 1-54b)所示为阀芯带有顺锥(锥部大端在低压腔),这时阀芯如有偏心,也会产生侧向力,但此力恰好是使阀芯恢复到中心位置,从而避免了液压卡紧。图 1-54c)所示为阀芯(或阀体)因弯曲等原因而倾斜时的情况,由图可见,该情况的侧向力较大。

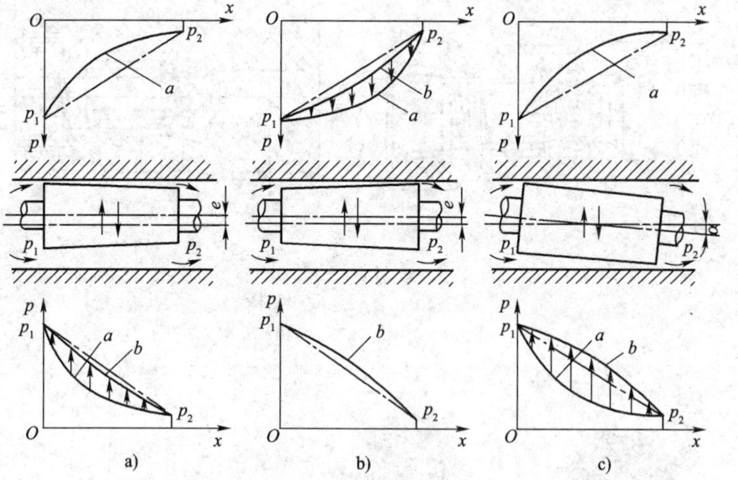

图 1-54　滑阀上的侧向力

a)倒锥;b)顺锥;c)倾斜

如图 1-54a)所示,根据流体力学对偏心环形间隙流动的分析,侧向力的计算公式为:

$$F = \frac{\pi dlt(p_1 - p_2)}{4e}\left[\frac{2\Delta + t}{\sqrt{(2\Delta + t)^2 - 4e^2}} - 1\right] \tag{1-28}$$

式中,d、l、t 分别为滑阀的直径、长度及大小端半径差;Δ 为 $e=0$ 时滑阀大端径向间隙,当 $e=\Delta$ 时,阀芯出现卡紧现象,此时的侧向力为

$$F = \frac{\pi dl}{4}(p_1 - p_2)(t/\Delta)\left[\frac{2 + (t/\Delta)}{\sqrt{4(t/\Delta) + (t/\Delta)^2}}\right] \tag{1-29}$$

当 $t/\Delta=0.9$ 时,液压侧向力有最大值,即

$$F_{max} = 0.27ld(p_1 - p_2) \tag{1-30}$$

则移动滑阀需要克服的液压卡紧力为

$$F_i \leqslant 0.27fld(p_1 - p_2) \tag{1-31}$$

式中:f——摩擦系数,介质为液压油时,取 $f=0.04 \sim 0.08$。

为了减小液压卡紧力,可采取以下措施:

①在倒锥时,尽可能地减小 t/Δ,即严格控制阀芯或阀孔的锥度。

②在阀芯凸肩上开均压槽。均压槽可使同一圆周上各处的压力油互相沟通,并使阀芯在中心定位。开了均压槽后,引入液压卡紧力修正系数 K,可将式(1-31)修正为

$$F_i \leqslant 0.27Kfld(p_1 - p_2) \tag{1-32}$$

开一条均压槽时,$K=0.4$;开三条等距槽时,$K=0.063$;槽通常取宽度为 0.3 ~ 0.5mm,深度为 0.8 ~ 1mm。槽的边缘应与孔垂直,并呈锐缘,以防脏物挤入间隙。槽的位置尽可能靠近高压腔;如果没有明显的高压腔,则应均匀地开在阀芯表面上。

3. 方向控制阀

方向控制回路中的方向控制阀是对执行元件的起动、停止和换向进行控制,保证执行元件

按照要求进行工作。

1)普通止回阀

①作用。控制油液的单向流动(正向导通,反向截止)。

②性能要求。正向流动阻力损失小,反向时密封性好,动作灵敏。

③结构及符号(图1-55、图1-56、图1-57)。

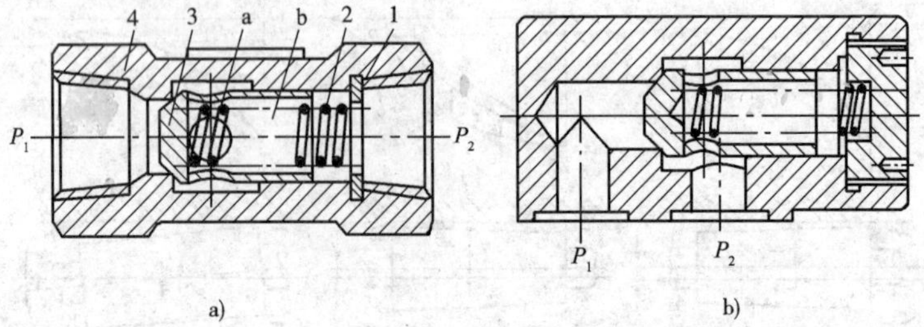

图1-55　普通止回阀结构

a)管式连接;b)板式连接

P_1-进油口;P_2-出油口;1-弹簧座;2-弹簧;3-锥阀芯;4-壳体

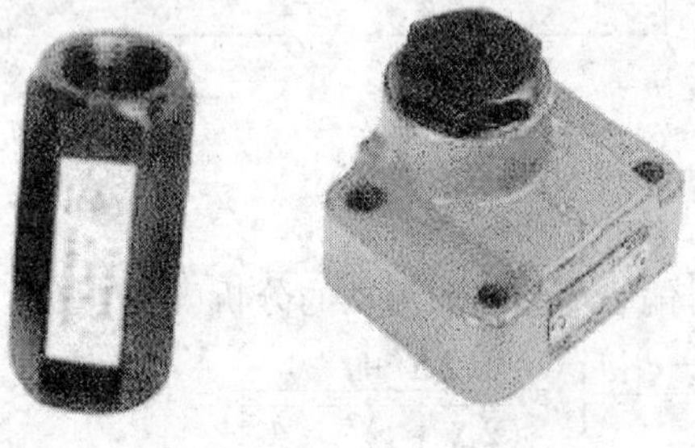

图1-56　普通止回阀的实物

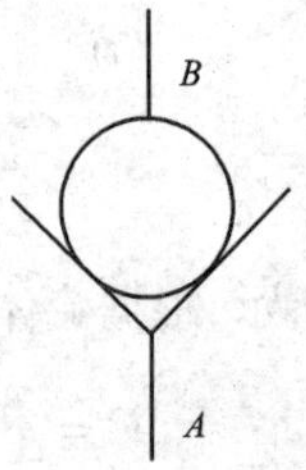

图1-57　图形符号

④工作原理。左端进油,压力油作用在阀芯左端,克服右端弹簧力使阀芯右移,阀口开启,油液从右端流出;若右端进油,压力油与弹簧同向作用,将阀芯紧压在阀座孔上,阀口关闭,油液被截止不能通过。

⑤参数。普通止回阀的弹簧主要用来克服阀芯的摩擦阻力和惯性力,使阀芯可靠复位,为了减小压力损失,弹簧刚度较小,一般止回阀的开启压力为0.03～0.1MPa。如换上刚度较大的弹簧,使阀的开启压力达到0.2～0.6MPa,便可当背压阀使用 。

⑥普通止回阀的应用。

a)常被安装在泵的出口,一方面防止压力冲击影响泵的正常工作,另一方面防止泵不工作时系统油液倒流经泵回油箱。

b)被用来分隔油路以防止高低压干扰。

c)与其他的阀组成单向节流阀、单向减压阀、单向顺序阀等,使油液一个方向流经止回阀,另一个方向流经节流阀等。

d)安装在执行元件的回油路上,使回油具有一定背压。作背压阀的止回阀应更换刚度较大的弹簧,其正向开启压力为0.3～0.5MPa。

2)液控止回阀

液控止回阀是一种通过控制压力油打开阀芯实现液流反向流通的止回阀。它在普通止回阀的基础上多了一个控制口,当控制口 X 未接压力油时,该阀相当于一个普通止回阀;若控制口接压力油,则油液可双向流动。

(1)液控止回阀的原理

如图 1-58 所示,$p_X = 0$,A 到 B 通,B 到 A 不通;$p_X \neq 0$,A 到 B 通,B 到 A 通。液控止回阀的结构如图 1-59 所示。

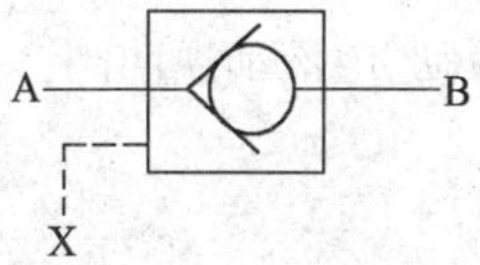

图 1-58　液控止回阀符号

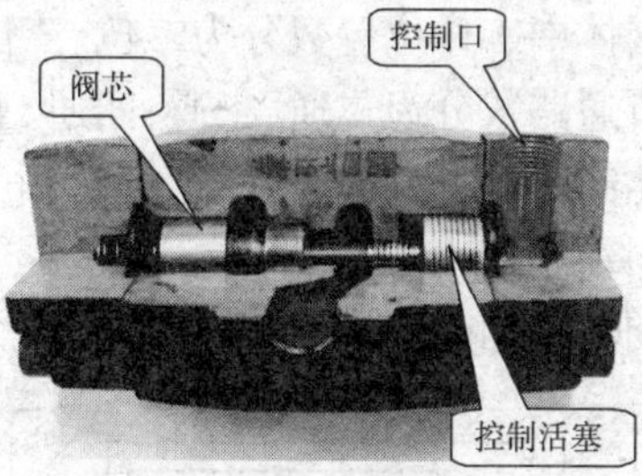

图 1-59　液控止回阀结构

根据控制活塞上腔的卸油方式不同,又分为内卸式和外卸式。如图 1-60 所示。

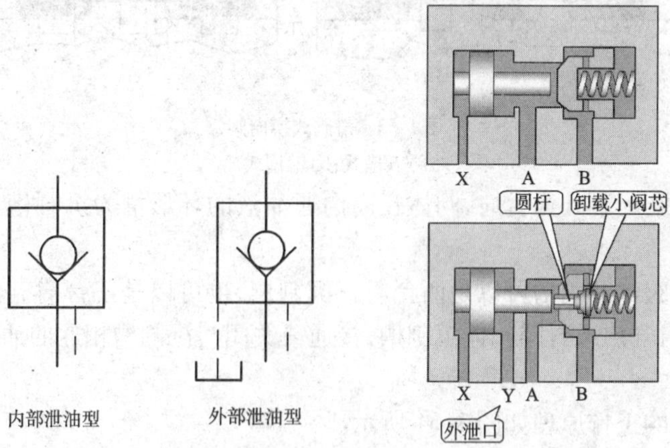

图 1-60　内泄式及外泄式液控止回阀原理

(2)液控止回阀的应用

用于保压回路和锁紧回路:如图 1-61、图 1-62 所示。需要指出,控制压力油油口不工作时,应使其通回油箱,否则控制活塞难以复位,止回阀反向不能截止液流。

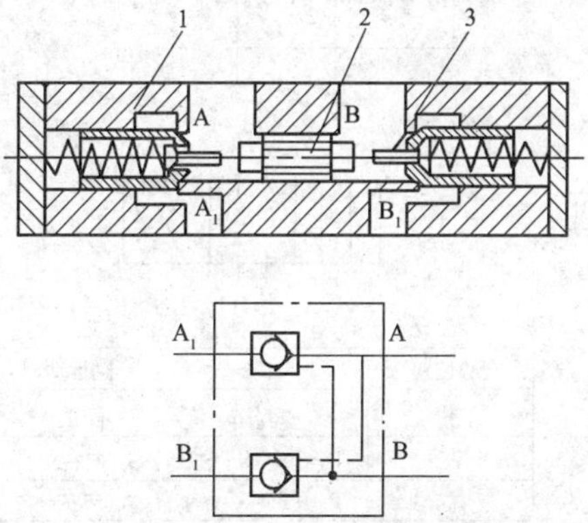

图 1-61　双向液压锁

1-壳体;2-阀芯;3-柱塞

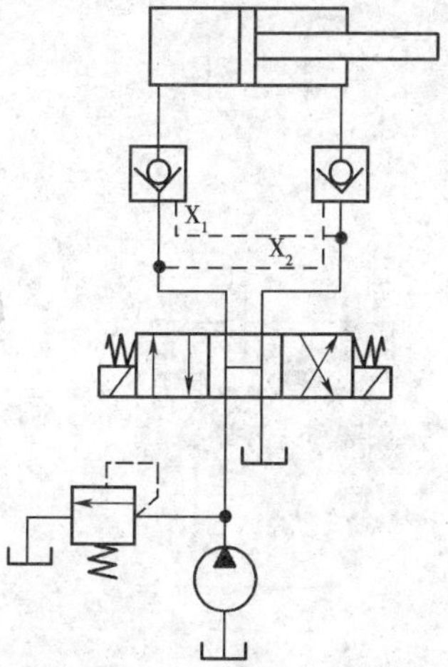

图 1-62　锁紧回路

3)换向阀

换向阀是通过改变阀芯在阀体内的相对位置,使阀体各油口连通或断开。

(1)换向阀的分类

①按阀芯的形式分为滑阀和转阀。

②按阀芯在阀体中工作位置数分为二位、三位等。

③按阀体油口通路数分为二通、三通、四通、五通等。

④按移动阀芯的操纵方式分为手动、机动、电磁、液动、电液动换向阀。

(2)滑阀式换向阀

滑阀式换向阀结构如图 1-63 所示。

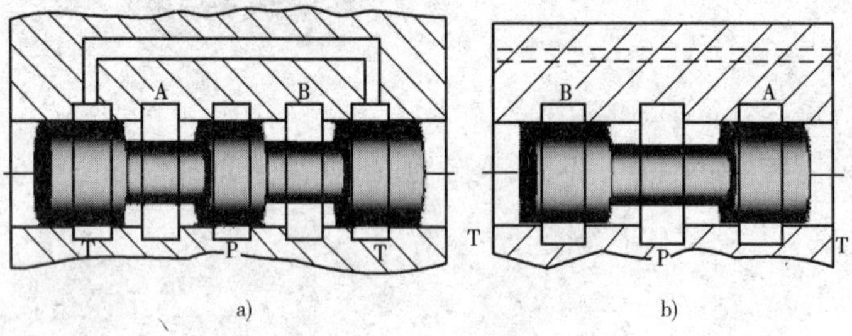

图 1-63　滑阀式换向阀

a)五槽式;b)三槽式

①阀芯与阀体孔配合处为台肩,阀体孔内沟通油液的环形槽为沉割槽。阀体在沉割槽处有对外连接油口。

②阀芯台肩和阀体沉割槽可以是两台肩三沉割槽,也可以是三台肩五沉割槽。当阀芯运动时,通过阀芯台肩开启或封闭阀体沉割槽,接通或关闭与沉割槽相通的油口。

(3)工作原理

滑阀式换向阀的工作原理如图 1-64 所示。

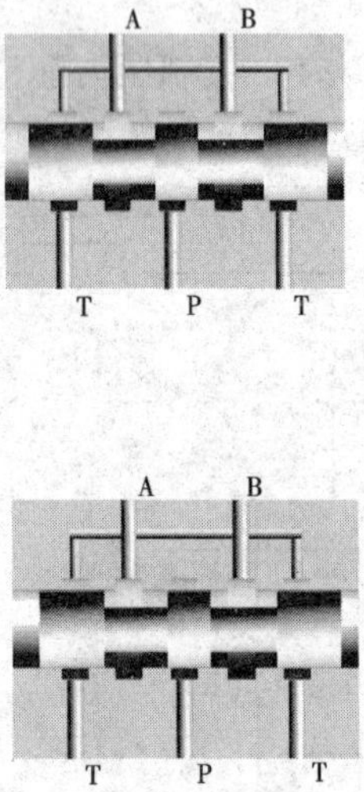

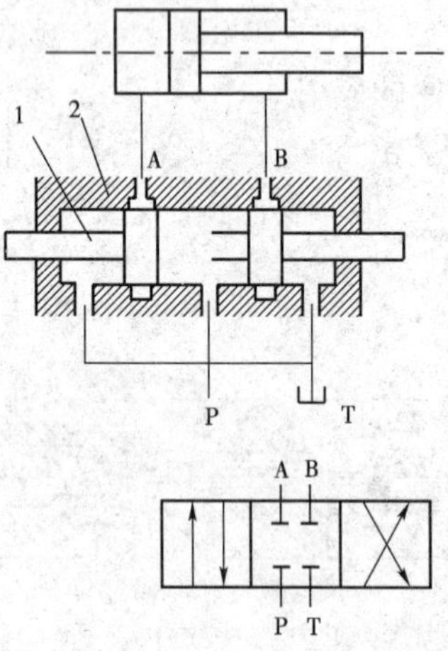

阀心位置	油口	缸运动
中	全封闭	停止
左	P→A, B→T	向右
右	P→B, A→T	向左

图 1-64　滑阀式换向阀工作原理

1-阀芯;2-阀体

(4)转阀式换向阀

工作原理及职能符号如图 1-65 所示,利用阀芯与阀体的相对转动换向。

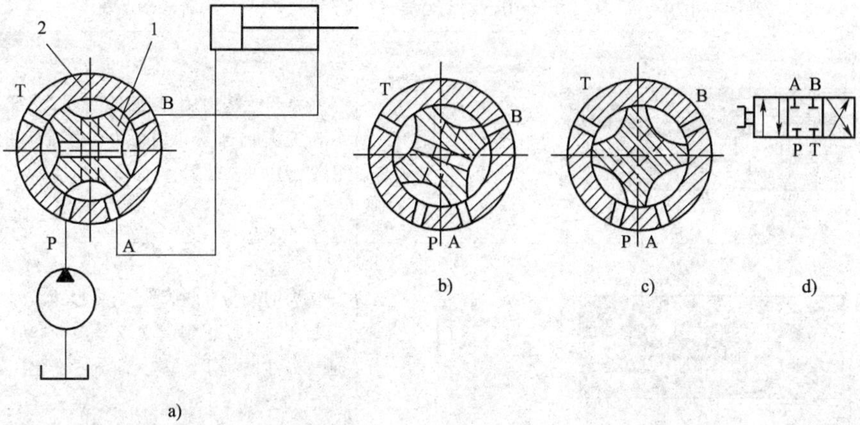

图 1-65　转阀式换向阀原理及符号

a)液压缸工作;b)回油;c)截止;d)职能符号

(5)换向阀职能符号的含义(表 1-5)

如图 1-65d)所示,以三位四通换向阀为例说明。

①方格表示滑阀的工作位置,几格即几位。

②箭头和方格的交点表示油的通路,交点数表示通路数。

③截断符号“┴”和“┬”与方格的交点表示油路被封闭。

④靠近弹簧的一格或者两端控制符号相同的对称格,表示常态下换向阀的工作位置。

⑤靠近外加控制信号的一格,表示控制信号作用下换向阀的工作位置。

⑥通常 P 接液压泵出口,T 接油箱,A、B 分别接液压缸左右两腔。

位、通及图形符号对照表　　表 1-5

位和通	结构原理图	图 形 符 号
二位二通	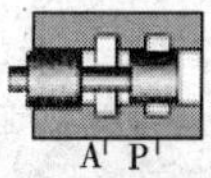 左位 右位	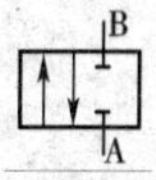
二位三通	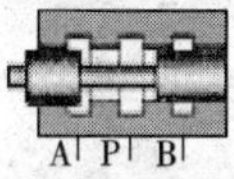 左位 右位	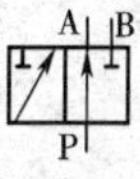
二位四通	 左位 右位	
二位五通	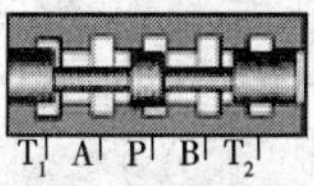 左位 右位	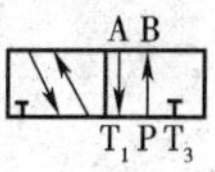
三位四通	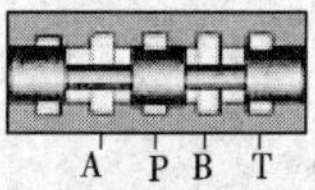 左位 中位 右位	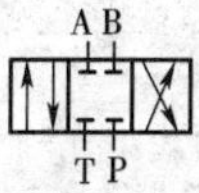
三位五通	 左位 中位 右位	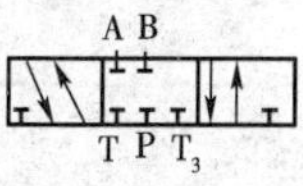

(6)换向阀的中位机能(表1-6)

换向阀的中位机能 表1-6

机能形号	结构原理图	中位图形符号	机能特点和作用
O	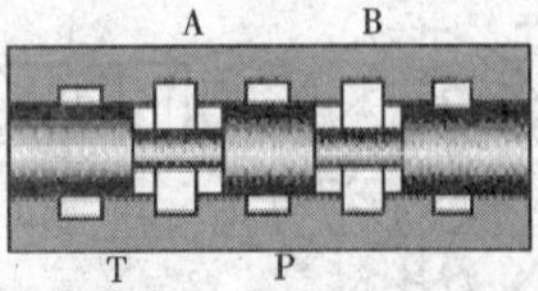		各油口全部封闭,缸两腔封闭,系统不卸荷,液压缸充满油,从静止到起动平稳;制动时运动惯性引起液压冲击较大;换向位置精度高
P	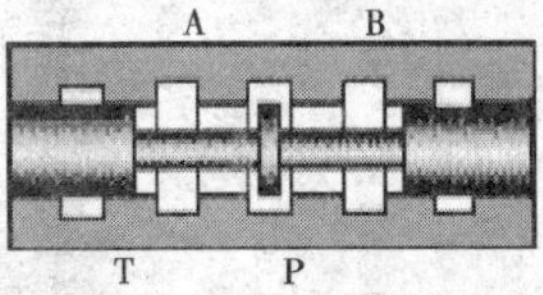		压力油P与缸两腔连通,可形成差动回路,回油口封闭。从静止到起动较平稳;制动时缸两腔均通压力油,故制动平稳换向位置变化比H型的小,应用广泛
H	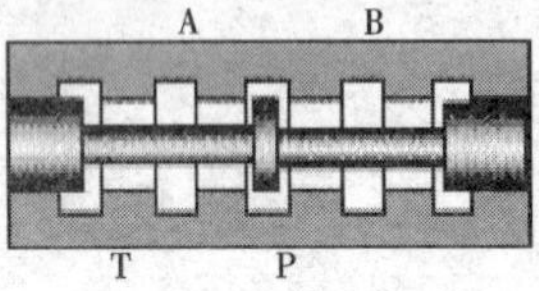		各油口全部连通,系统卸荷,缸成浮动状态,液压缸两腔接油箱,从静止到起动有冲击;制动时油口互通,故制动较O型平稳;但换向位置变动大
Y	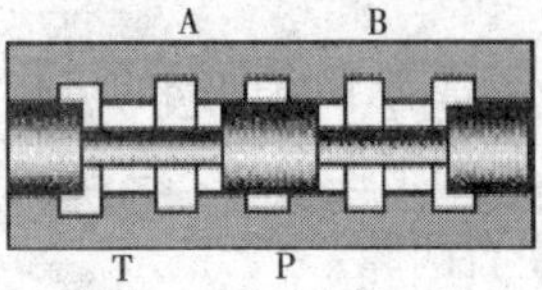		油泵不卸荷,缸两腔通回油,缸成浮动状态。由于缸两腔接油箱,从静止到起动有冲击,制动性能介于O型与H型之间
K	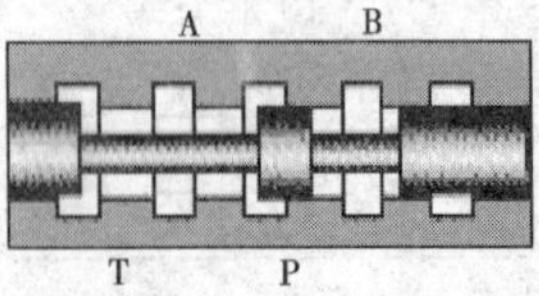		油泵卸荷,液压缸一腔封闭,一腔接回油。两个方向换向时性能不同
M	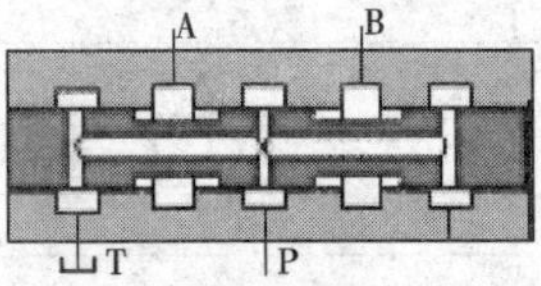		油泵卸荷,缸两腔封闭,从静止到起动较平稳;制动性能与O型相同;可用于油泵卸荷液压缸锁紧的液压回路中
X	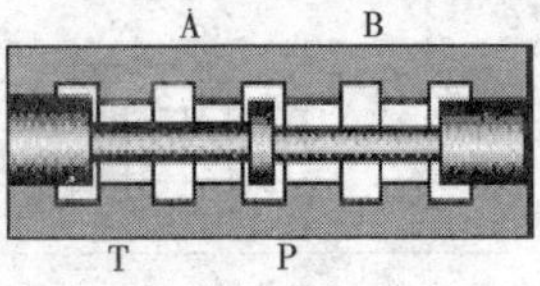		各油口半开启接通,P口保持一定的压力;换向性能介于O型和H型之间

分析和选择三位换向阀的中位机能时,通常应考虑如下几点:

①系统保压：P 口堵塞时，系统保压，液压泵用于多缸系统。

②系统卸荷：P 口通畅的与 T 口相通，系统卸荷。

③换向平稳与精度：A、B 两口堵塞，换向过程中易产生冲击，换向不平稳，但精度高；A、B 口都通 T 口，换向平稳，但精度低。

④起动平稳性：阀在中位时，液压缸某腔通油箱，起动时无足够的油液起缓冲，起动不平稳。

⑤液压缸浮动可在任意位置上停止。

(7)电磁换向阀

电磁换向阀是以电磁铁为动力实现换向的阀，阀芯运动借助于电磁力和弹簧力的共同作用。如图 1-66 所示。

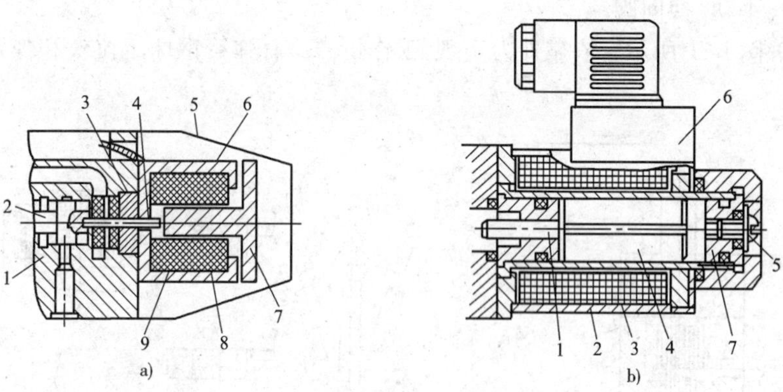

图 1-66　电磁换向阀

a)干式电磁阀；b)湿式电磁阀

1-阀体；2-阀芯；3-密封圈；4-推动杆；5-外壳；6-分磁环；7-衔铁；8-定铁芯；9-线圈

直流电磁铁：工作可靠、换向平稳、寿命长。

交流电磁铁：电路简单、吸合力大、噪声大、可靠性差。

①二位三通电磁换向阀。如图 1-67 所示。电磁铁不带电，阀芯在右端弹簧的作用下，处于左极端位置(右位)，油口 P 与 A 通，B 不通；电磁铁得电产生一个电磁吸力，通过推杆推动阀芯右移，则阀左位工作，油口 P 与 B 通，A 不通。

结构及职能符号如图 1-68 所示。

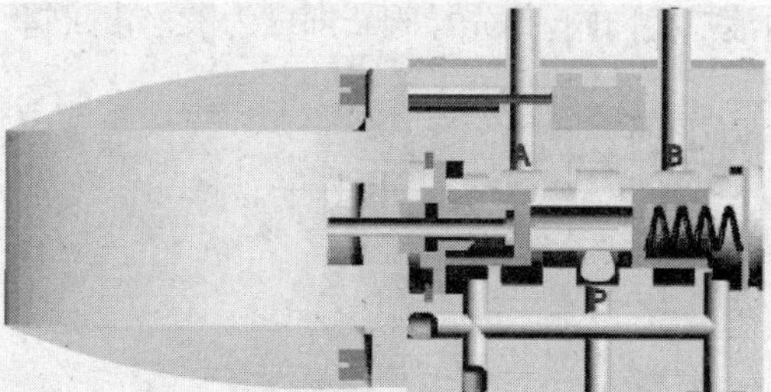

图 1-67　二位三通电磁换向阀

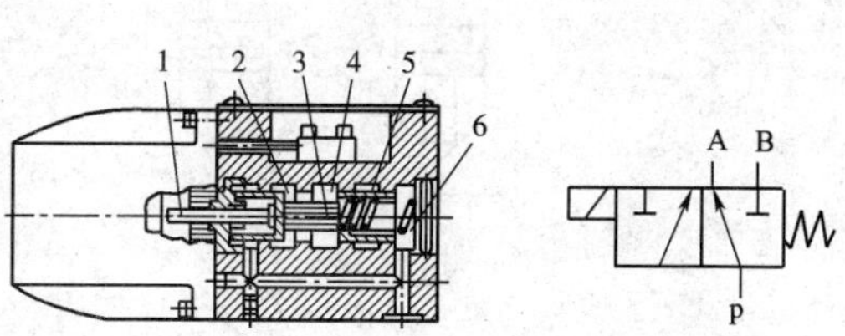

图 1-68　二位三通电磁换向阀结构及符号

1-推杆；2、4-阀槽；3-阀芯；5-弹簧；6-底座

②三位三通电磁换向阀。如图 1-69 所示。

a)如果将两端电磁铁与弹簧对中机构组合，又可组成三位的电磁换向阀，电磁铁得电分别为左右位，不得电为中位（常位）。

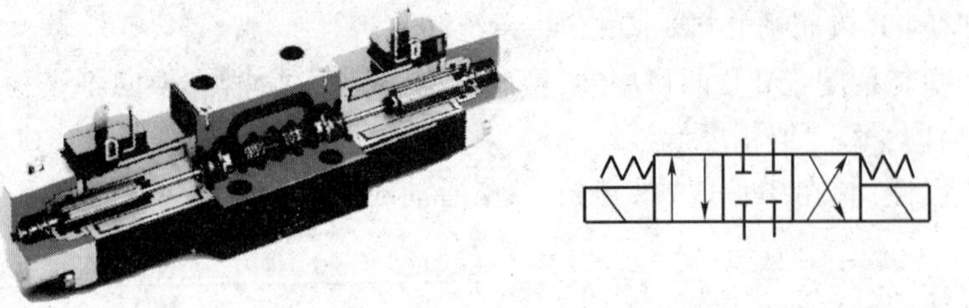

图 1-69　三位三通电磁换向阀

b）电磁吸力有限，电磁换向阀最大通流量小于 100 L/min。对液动力较大的大流量阀则应选用液动换向阀或电液换向阀。

（8）机动（手动）换向阀

如图 1-70、图 1-71 所示。依靠外力实现，工作可靠。有弹簧钢球定位式和弹簧自动复位式两种。

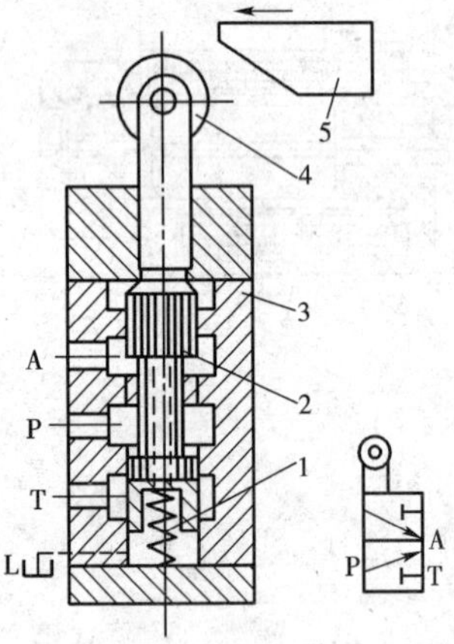

图 1-70　二位三通机动换向阀

1-弹簧；2-阀芯；3-外壳；4-滚轮；5-挡铁

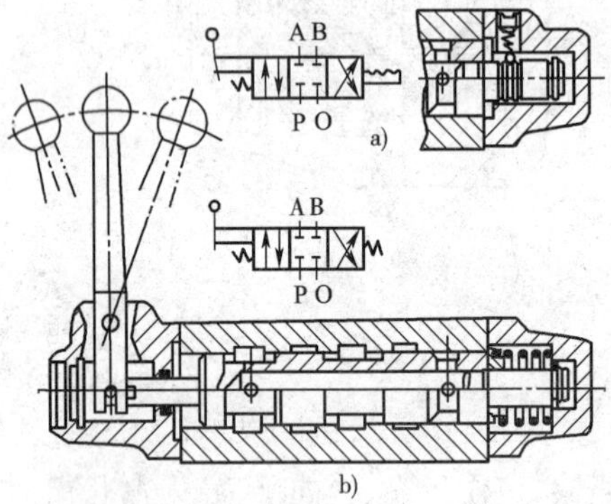

图 1-71　三位四通手动换向阀

a）弹簧钢球定位结构；b）弹簧自动复位结构

（9）逻辑方向阀

①逻辑止回阀。如图 1-72 所示，将控制口 X 与 A 或 B 相通，即成为普通止回阀，其导通方向随连接方法而异。在控制盖板上接一个二位二通液控换向阀（作先导阀），即成为液控止回阀。

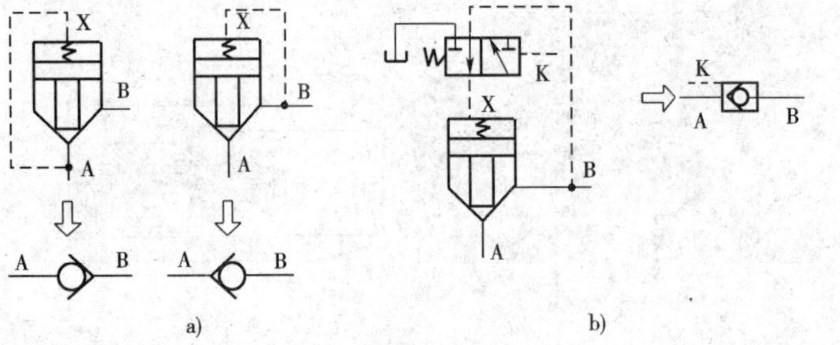

图 1-72　逻辑止回阀

a）普通止回阀；b）液控止回阀

②二位二通逻辑换向阀。用一个二位三通电磁换向阀作先导阀来控制 X 腔的压力，即相当于二位二通电液换向阀（见图 1-73a）），仍只能单向切断液流。若在控制油路中增加一个锥

阀(图 1-73b)),锥阀的作用相当于两个止回阀,当电磁阀断电时,锥阀可保证 A 口和 B 口中压力较高者经梭阀和电磁先导阀进入 X 腔,使锥阀可靠地关闭,实现液流的双向切断。

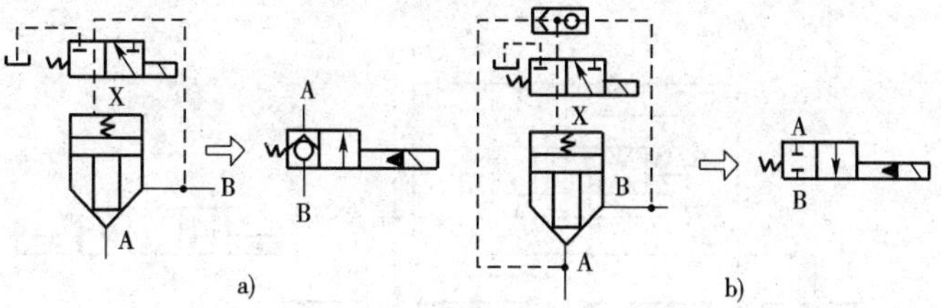

图 1-73 二位二通逻辑换向阀

a)单向切断;b)双向切断

③二位三通逻辑换向阀。如图 1-74a)所示,将两个逻辑阀中单元合起来,用二位四通电磁换向阀作先导阀,当电磁铁断电时,A 与 T 通,P 封闭;当电磁铁通电时,P 与 A 通,T 封闭。相当于一个二位三通电液换向阀。

④三位三通逻辑换向阀。如图 1-74b)所示,用三位四通电磁换向阀作先导阀控制两个逻辑阀单元,当电磁阀处于中位时,P、A、T 均不通;当电磁铁 1YA 通电时,A 与 T 通,P 封闭;当电磁铁 2YA 通电时,P 与 A 通,T 封闭。相当于三位三通电液换向阀。

⑤四位三通逻辑换向阀。如图 1-74c)所示,用两个二位二通电磁换向阀作先导阀控制两个逻辑阀单元,相当于一个四位三通电磁换向阀。

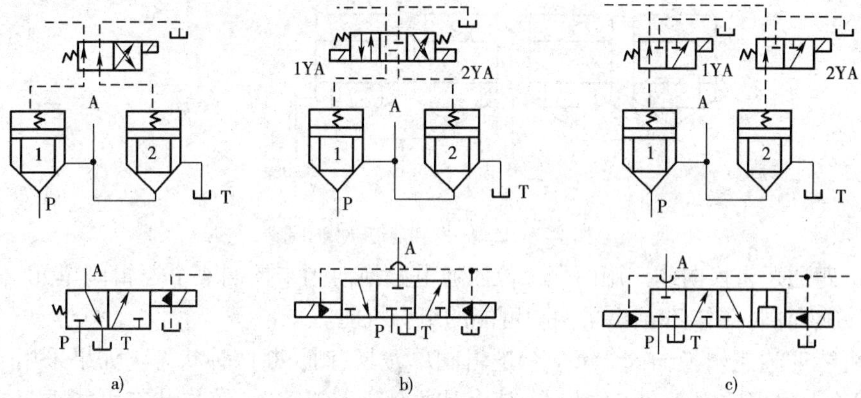

图 1-74 三通逻辑换向阀

a)二位三通逻辑换向阀;b)三位三通逻辑换向阀;c)四位三通逻辑换向阀

⑥二位四通逻辑换向阀。如图 1-75 所示,用一个二位四通电磁换向阀作先导阀控制 4 个逻辑阀单元,就相当于二位四通电液换向阀。

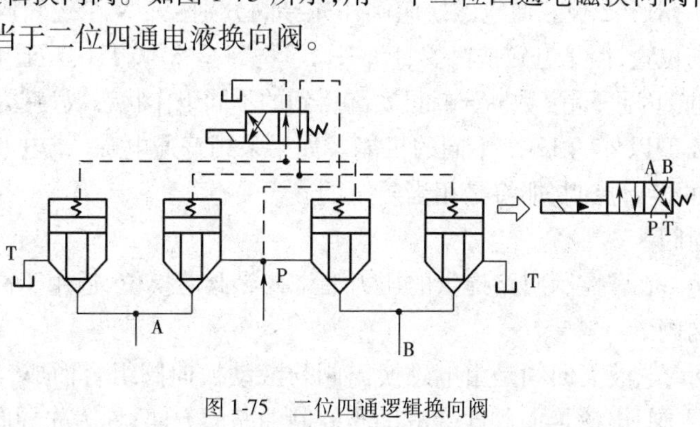

图 1-75 二位四通逻辑换向阀

⑦三位四通逻辑换向阀。如图 1-76 所示，以 P 型二位四通电磁换向阀为先导阀（另加二个换向阀）来控制 4 个逻辑阀单元，相当于 O 型三位四通电液换向阀。

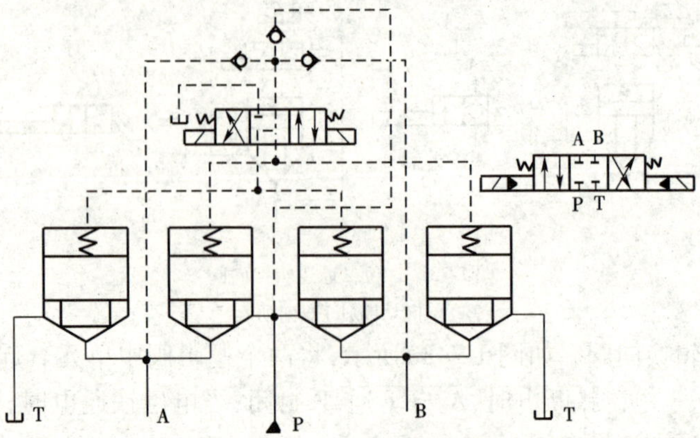

图 1-76　O 型三位四通逻辑换向阀

将图 1-76 中的 3 个止回阀拿掉，就相当于一个三位四通电液换向阀，如图 1-77 所示。

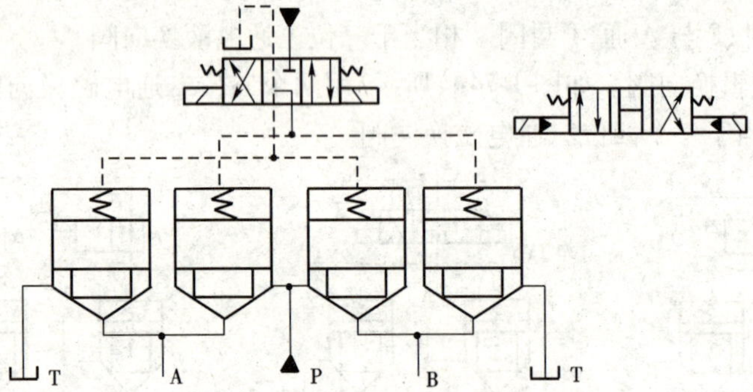

图 1-77　H 型三位四通逻辑换向阀

⑧四位四通逻辑换向阀。用两个二位四通电磁换向阀来控制 4 个逻辑阀单元，相当于四位四通电液换向阀。图1-78给出了两种可能的组合机能。

⑨多机能四通逻辑换向阀。每一个逻辑阀单元具有通、断两种状态。如果采用 n 个逻辑阀单元，理论上可以实现 2 个工作状态，其中某些（假设有 m 个）工作状态可能重复或没有意义，则实际得到的工作状态数为

$$Z = 2^n - m$$

在图 1-79 中，用 4 个二位三通电磁换向阀作先导阀分别控制 4 个逻辑阀单元（$n=4$），理论上能实现 16 个换向位置，但是电磁铁“1、2、4”、“1、2、3”、“4、2、3”、“4、1、3”通电时及“1、2、3、4”断电时，都具有 H 机能，因此，重复数 $m=4$，可实际得到的不同工作状态数为：$Z=2^4-4=12$

即可得到除 M 型以外的 12 个不同的机能。如果采用普通电磁（或电液）换向阀来实现上述 12 个换向位置的换向控制，那将是相当复杂的。

（10）液动换向阀

如图 1-80 所示，依靠控制回路提供的压力油来操纵阀芯换位，适用于高压大流量系统。

（11）电液换向阀

如图 1-81 所示，电液换向阀是由电磁换向阀与液动换向阀组合而成，液动换向阀实现主油路的换向，称为主阀；电磁换向阀改变液动阀控制油路的方向，称为先导阀。

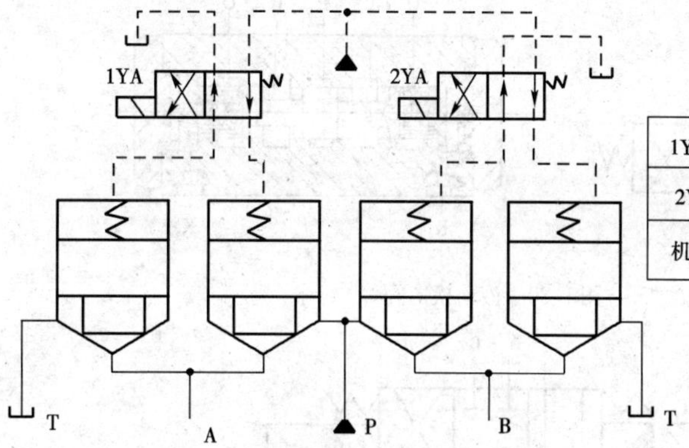

1YA	+	−	+	−
2YA	+	+	−	−
机能				

a)

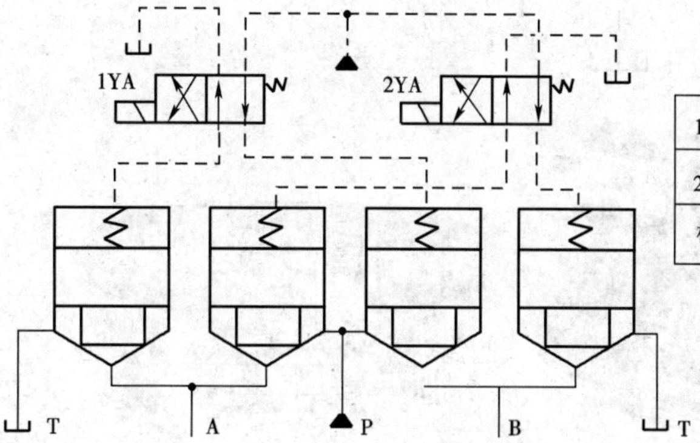

1YA	+	−	+	−
2YA	+	+	−	−
机能				

b)

图 1-78　四位四通逻辑换向阀

a)方案一;b)方案二

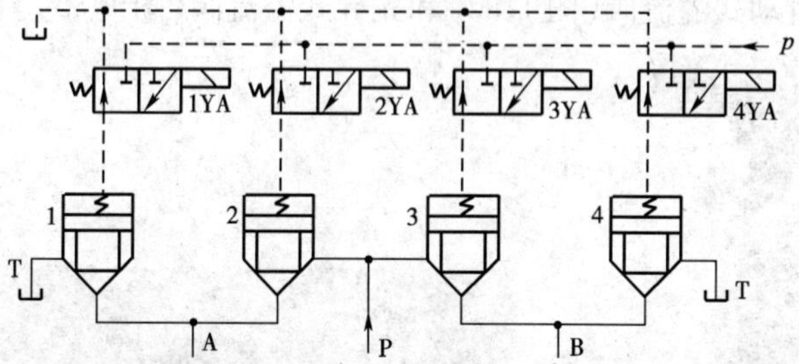

序号	1	2	3	4	5	6	7	8	9	10	11	12	13	14	15	16
1YA	−	−	+	+	−	−	+	+	−	−	+	+	−	+	−	+
2YA	−	−	−	−	+	+	+	+	−	−	−	+	+	−	+	+
3YA	−	−	−	−	−	−	−	+	+	+	+	−	+	+	+	+
4YA	−	+	−	+	−	+	−	−	−	+	−	+	−	+	+	+
机能																

图 1-79　多机能四通逻辑换向阀

4. 压力控制阀

压力控制阀是用来控制液压系统中油液压力或通过压力信号实现控制的阀类。通过液压力与弹簧力进行比较来实现对油液压力的控制。

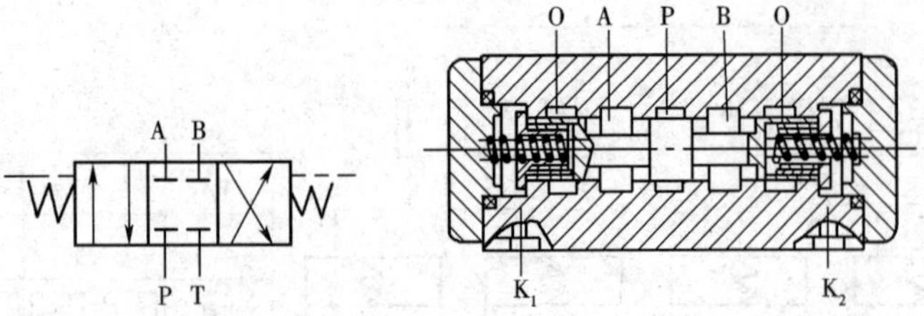

图 1-80　液动换向阀

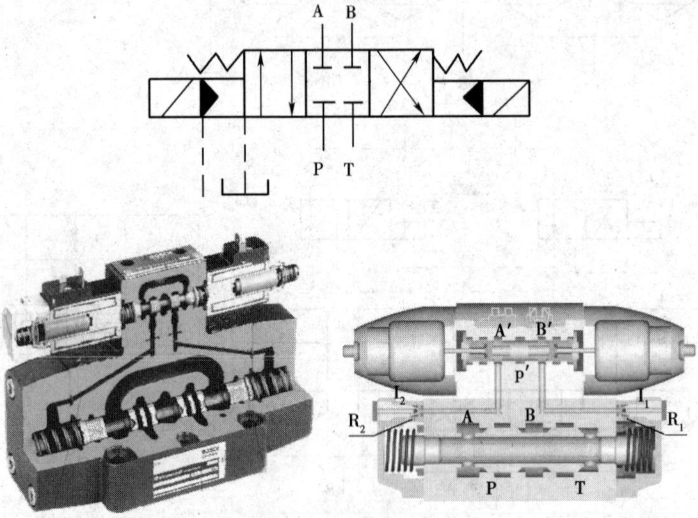

图 1-81　电液换向阀

1) 溢流阀

溢流阀可以分为直动式溢流阀(图 1-82)和先导式溢流阀(图 1-83)。

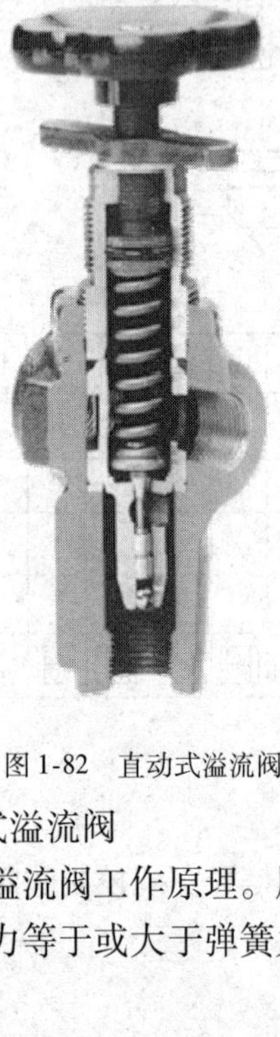

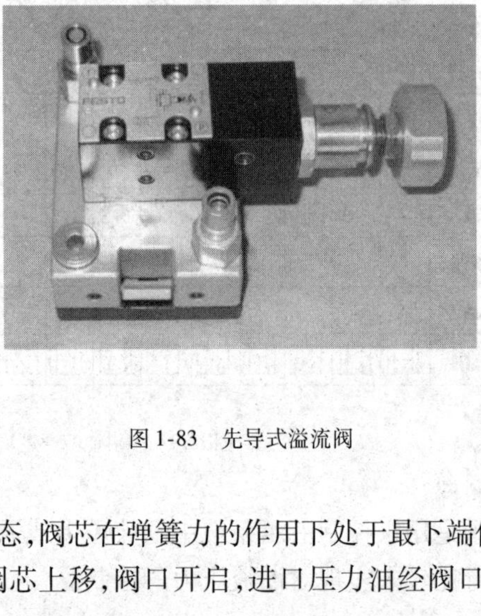

图 1-82　直动式溢流阀　　　　图 1-83　先导式溢流阀

(1) 直动式溢流阀

①直动式溢流阀工作原理。原始状态,阀芯在弹簧力的作用下处于最下端位置,进出油口隔断。当液压力等于或大于弹簧力时,阀芯上移,阀口开启,进口压力油经阀口溢回油箱。此

时阀芯受力平衡，阀口溢流满足压力流量方程。

②直动式溢流阀结构。如图 1-84 所示，直动式溢流阀由阀芯、阀体、弹簧、上盖、调节杆、调节螺母等零件组成。阀体上进油口旁接在泵的出口，出口接油箱。

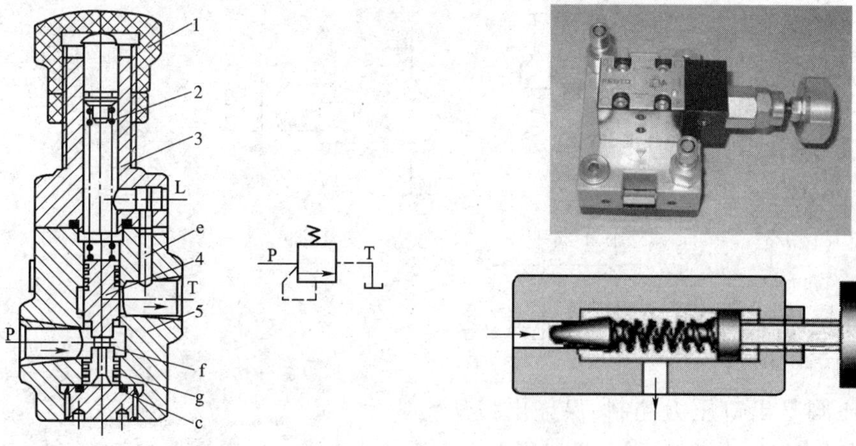

图 1-84 直动式溢流阀

1-阀芯；2-阀体；3-阀盖；4-弹簧；5-调节手柄

(2)先导式溢流阀

如图 1-85 所示，结构上由先导阀和主阀组成。先导阀实际上是一个小流量直动式溢流阀，其阀芯为锥阀。主阀芯上有一阻尼孔，且上腔作用面积略大于下腔作用面积，其弹簧只在阀口关闭时起复位作用。

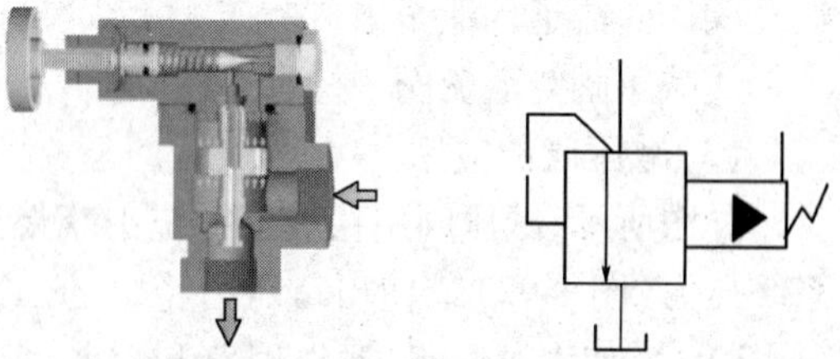

图 1-85 先导式溢流阀结构及符号

①先导式溢流阀工作原理。如图 1-86 所示，油液从进油口 P 进入，经阻尼孔 7 进入主阀弹簧腔，并作用在先导阀锥阀芯上。当进油压力低于先导阀弹簧调定力时，阀内无油液流动。当压力升高到先导阀的弹簧力时，先导阀口打开，主阀弹簧腔的油液流过先导阀口并经阀体上的通道(内泄油口)和回油口 6 流回油箱。此时，主阀芯在压力差的作用下克服弹簧阻力上移，P 与 O 油口连通，实现溢流稳压。外控口 K 接一直动式溢流阀可实现远程调压。

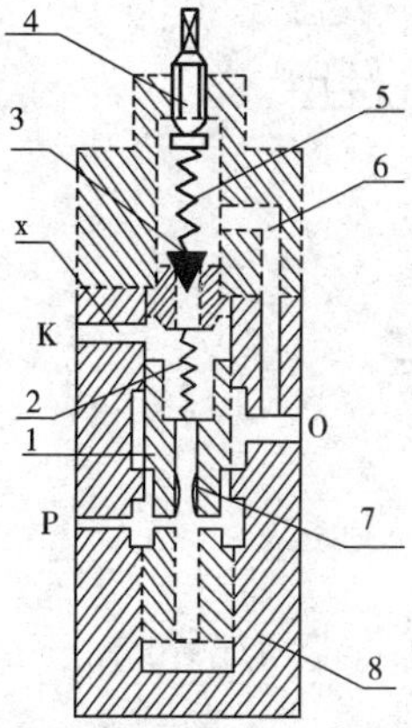

图 1-86 先导式溢流阀工作原理

1-阀套；2-阀座；3-阀芯；4-调压杆；5-弹簧；6-回油口；7-阻尼孔；8-阀体

②先导式溢流阀的应用。

a)如图 1-87 所示，溢流阀旁接在泵的出口，用来保证系统压力恒定，起溢流稳压作用，称为调压阀。

b)如图 1-88 所示，溢流阀接在执行元件的出口，用来保证系统运动的平稳性，称为背压阀。

c)如图 1-89 所示，电磁溢流阀还可以在执行机构不工作时使泵卸载。

d)如图 1-90 所示，溢流阀旁接在泵的出口，用来限制系统压力的最大值，对系统起过载保护作用，称为安全阀。

2)减压阀

减压阀是利用液流流过缝隙产生压力损失，使其出口压力低于进口压力的压力控制阀。按调节要求不同,有定值减压阀、定差减压阀、定比减压阀。其中定值减压阀应用最广。

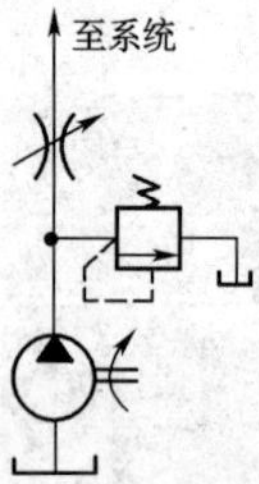

图 1-87

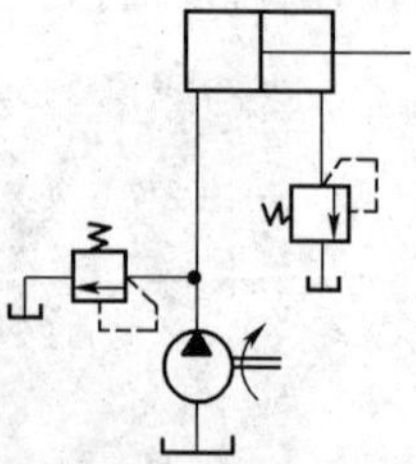

图 1-88

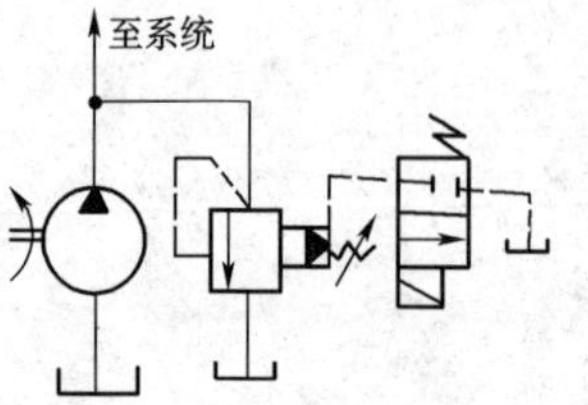

图 1-89

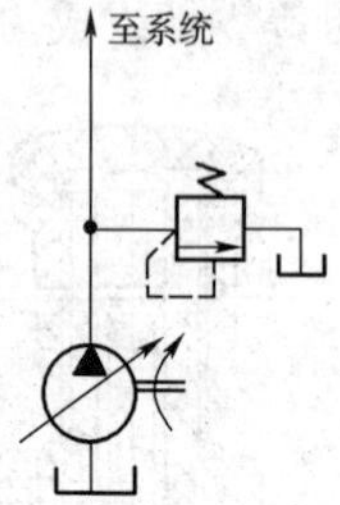

图 1-90

(1)工作原理

如图1-91 所示为减压阀的工作原理。

(2)减压阀的特点

①减压阀是出口压力控制,保证出口压力为定值;溢流阀是进口压力控制,保证进口压力为定值。

②减压阀阀口常开;溢流阀阀口常闭。

③减压阀有单独的泄油口;溢流阀弹簧腔的泄漏油经阀体内流道内泄至出口。

④减压阀与溢流阀一样有遥控口。

(3)减压阀的应用

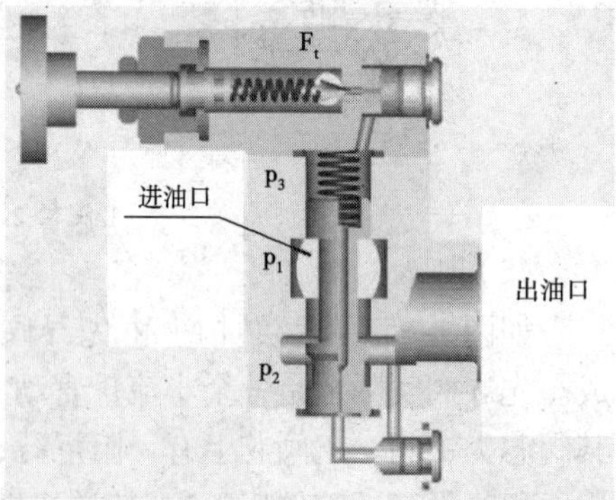

图1-91　减压阀工作原理

如图所示,减压阀用在液压系统中获得压力低于系统压力(图1-92)或使出口压力稳定的二次油路上(图1-93),如夹紧回路、润滑回路和控制回路。必须说明,减压阀出口压力还与出口负载有关,若负载压力低于调定压力时,出口压力由负载决定,此时减压阀不起减压作用。

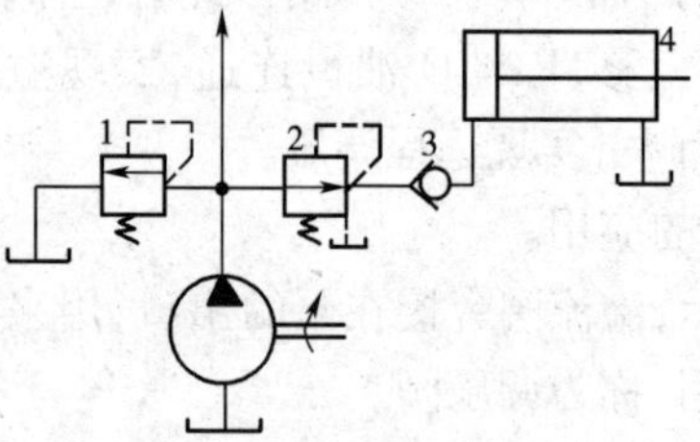

图1-92　减压回路

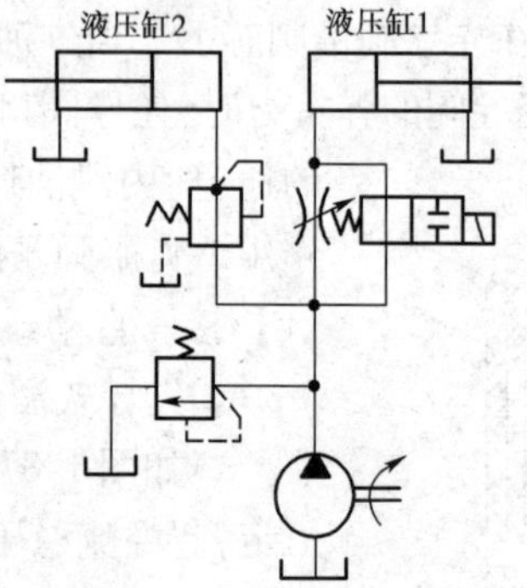

图1-93　出口压力稳定回路

3)顺序阀

顺序阀是一种利用压力控制阀口通断的压力阀。按结构可分为直动式和先导式;按控制油来源不同分内控和外控,按弹簧腔泄漏油引出方式不同分内泄和外泄。

如图1-94、图1-95 所示,分别为直动式顺序阀和先导式顺序阀。

(1)顺序阀的四种结构及符号

通过改变上盖或底盖的装配位置可得到内控外泄、内控内泄、外控外泄、外控内泄四种结构类型(图1-96)。

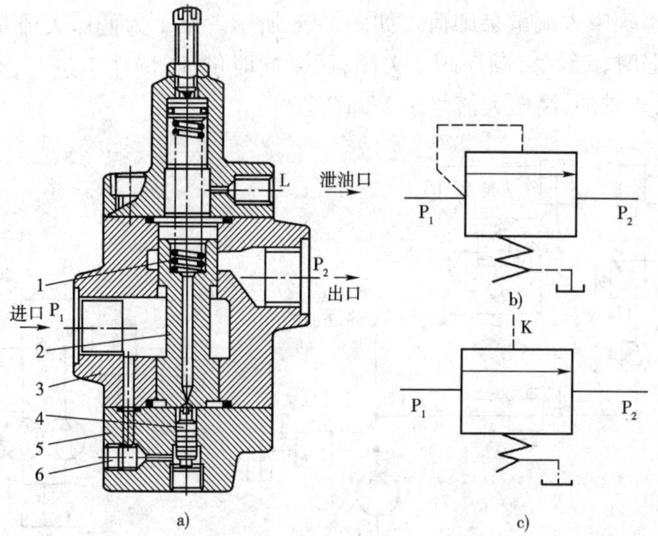

图 1-94　直动式顺序阀

a)结构图;b)内部控制;c)外部控制

1-调压弹簧;2-阀套;3-阀体;4-控制活塞;5-阀座;6-外控油口

(2)顺序阀的应用

①控制多个执行元件顺序动作。如图 1-97 所示。其进口压力先要达到阀的调定压力,而出口压力取决于负载。当负载压力高于阀的调定压力时,进口压力等于出口压力,阀口全开;当负载压力低于调定压力时,进口压力等于调定压力,阀的开口一定。

②作背压阀。串联在执行元件的回油路上,使回油具有一定压力,保证执行元件运动平稳。

③与止回阀组成平衡阀。用于支撑立式液压缸及执行机构的重量,防止液压缸因自重下落。

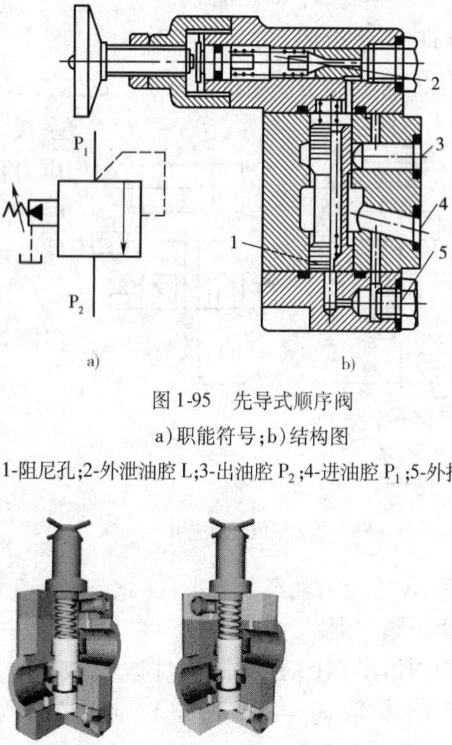

图 1-95　先导式顺序阀

a)职能符号;b)结构图

1-阻尼孔;2-外泄油腔 L;3-出油腔 P_2;4-进油腔 P_1;5-外控口 K

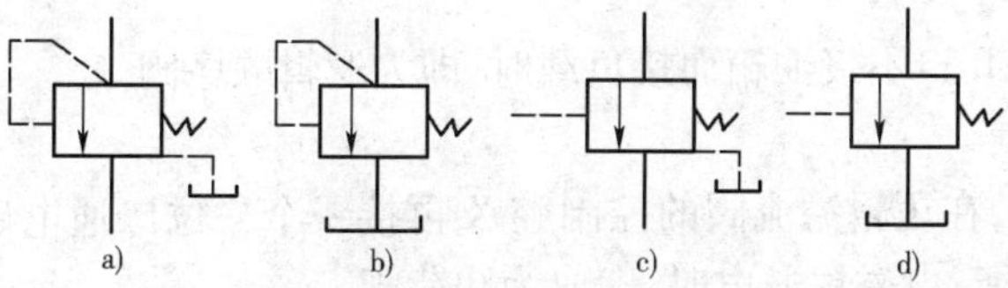

图 1-96　顺序阀的四种结构形式及符号

a)内控外泄 ;b)内控内泄;c)外控外泄;d)外控内泄

④控制双泵系统中大流量泵卸荷。如图 1-98 所示。泵 1 为低压大流量泵,泵 2 为高压小流量泵。快速进退时,p 较低,顺序阀 3 关闭,两泵同时供油;慢速工进时,p 较高,顺序阀 3 开启,高压小流量泵 2 供油,高压大流量泵 1 卸荷。

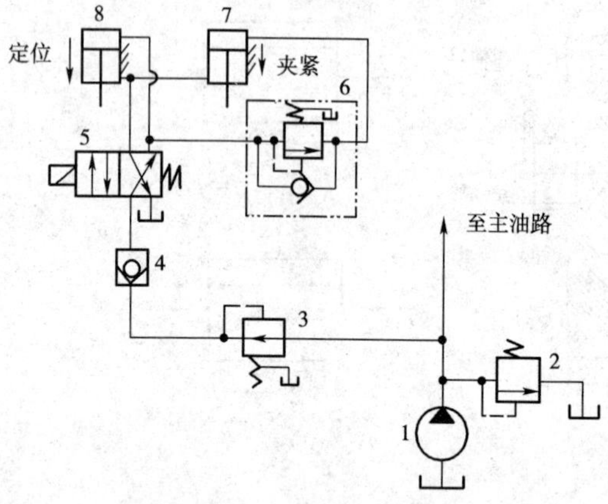

图 1-97　顺序动作回路

1-液压泵;2-溢流阀;3-减压阀;4-止回阀;5-电磁换向阀;6-调压阀;7、8-液压缸

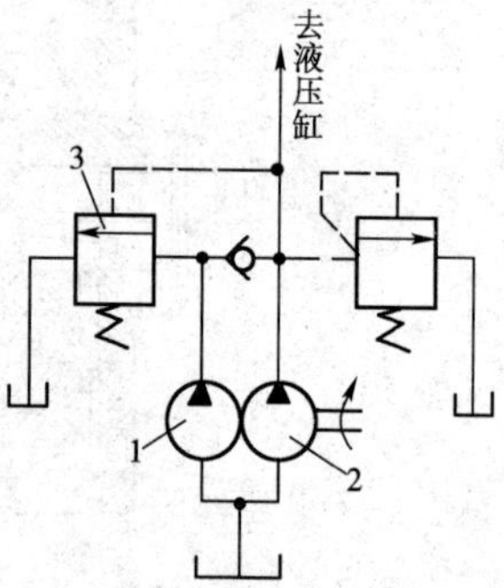

图 1-98　双泵系统

1-大流量泵;2-小流量泵;3-顺序阀

4)压力继电器

压力继电器是一种将液压系统的压力信号转换为电信号输出的元件。按结构特点分为柱塞式、弹簧管式和膜片式。压力油作用在柱塞下端,液压力直接与弹簧力比较。当液压力大于或等于弹簧力时,柱塞向上移压微动开关触头,接通或断开电气线路。反之,微动开关触头复位。

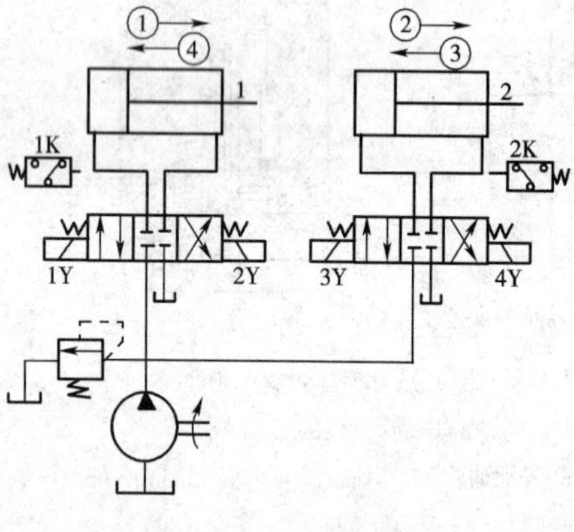

图 1-99　压力继电器的应用

①工作原理。当压力达到调定值时,发电信号使电路接通。

②调节方式。螺钉 2 调整发电信号压力。

③压力继电器的应用如图 1-99 所示。

5)逻辑压力阀

(1)逻辑溢流阀

图 1-100a)所示为逻辑溢流阀的工作原理图,B 口通油箱,A 的压力油经节流小孔(此节流小孔也可直接放在锥阀阀芯内部)进入控制腔 X,并与先导压力阀相通。

必须指出,对于压力阀(包括溢流阀、顺序阀和减压阀)而言,为了减少 B 口压力对调整压力的影响,常取 $a_A = A_A/A_X = 1$(或 0.9)。

(2)逻辑顺序阀

如图 1-100a)中的 B 口不接油箱而接负载时,即为逻辑顺序阀。

(3)逻辑卸荷阀

如图 1-100b)所示,在逻辑溢流阀的控制腔 X 再接一个二位二通电磁换向阀。当电磁铁断电时,具有溢流阀功能;电磁铁通电时,即成为卸荷阀。

(4)逻辑减压阀

如图 1-100c)所示,减压阀中的逻辑阀单元为常开式滑阀结构,B 为一次压力 p_1 的进口,A

为出口，A 腔的压力油经节流小孔与控制腔 X 相通，并与先导阀进口相通。由于控制油取自 A 口，因而能得到恒定的二次压力 p_2。相当于定压输出减压阀。

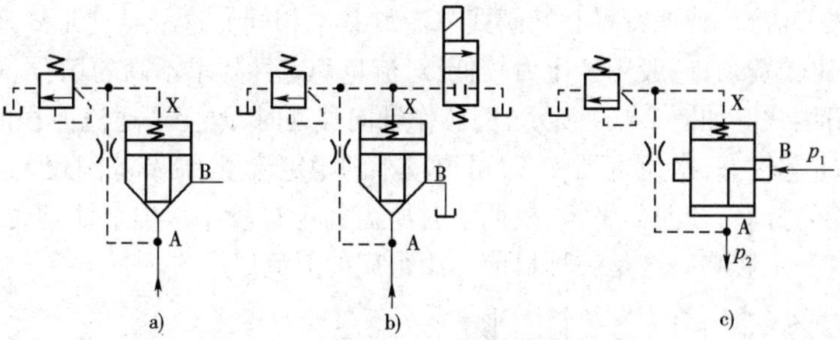

图 1-100　逻辑压力阀

a）溢流阀、顺序阀；b）卸荷阀；c）减压阀

5. 流量控制阀

流量控制阀是通过改变阀口大小来改变液阻实现流量调节的阀。普通流量控制阀包括节流阀、调速阀。

1）节流阀

（1）流量控制原理

如图 1-101 所示。流经薄壁小孔的流量 $q = cdA(2\Delta p/\rho)\ 1/2$；流经细长孔的流量 $q\ =(\pi d\ 4/128\mu l\ )\Delta p$。

综合两式得通用节流方程：$q = KA\Delta pm$，若 C、Δp、m 为定值，则流量 q 便只取决于过流断面积 A，一旦调定 A，流量不再发生变化，实际中，有许多因素影响着流量的稳定性。

（2）影响流量稳定性的因素

①负载变化的影响。负载变化，引起工作压力变化，导致节流阀前后压差 Δp 发生变化，从而引起流量变化。

②温度变化的影响。温度变化引起油液黏度产生变化，使流量系数 C 发生变化，流量也随之变化。

③油液的清洁度。油液中的杂质使阀口面积 A 发生变化，影响流量的稳定性. 同时油液中的杂质，在节流口表面形成阻塞，流量发生波动。

（3）常用节流口的形式

①针阀式。如图 1-102 所示，图中为针阀式节流元件。当针阀阀芯作轴向移动时，即可改变环形节流口的通流面积。其优点是结构简单、制造容易。但节流通道较长，水力直径小，易堵塞，温度变化对流量稳定性影响较大，一般用于对性能要求不高的场合。

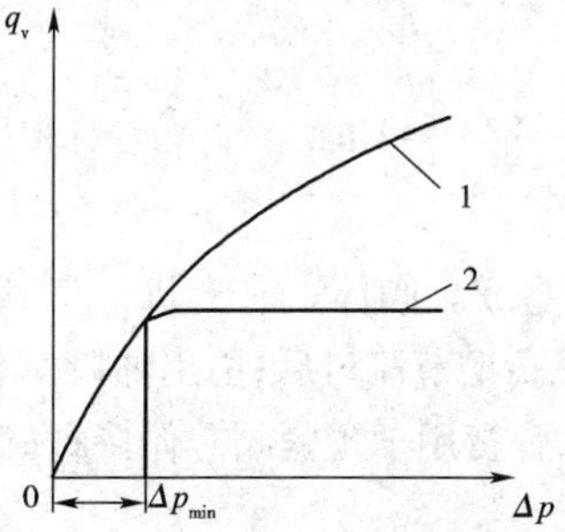

图 1-101　流量阀的流量—压差特性曲线

1-普通节流阀；2-调速阀

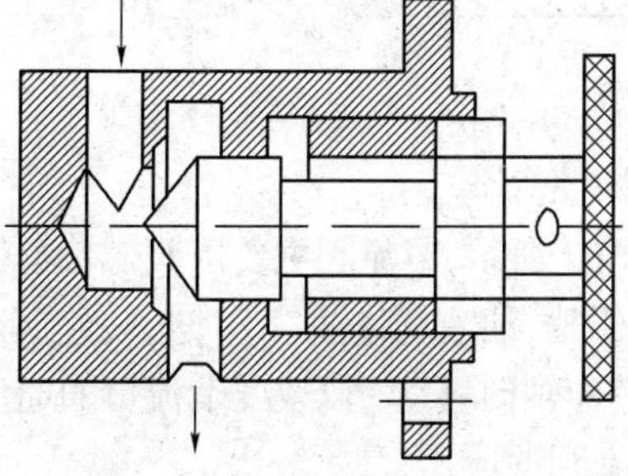

图 1-102　针阀式节流口

②偏心槽式。如图 1-103 所示,图中为偏心槽式结构。阀芯上开有截面为三角形的偏心槽,转动阀芯即可改变通流面积的大小。其节流口的水力直径较针阀式节流口大,因此其防堵性能优于针阀式节流口,其他特点和针阀式节流口基本相同。这种结构形式阀芯上的径向力不平衡,旋转时比较费劲,一般用于压力较低、对流量稳定性要求不高的场合。

③轴向三角槽式。如图 1-104 所示,阀芯作轴向移动时,改变了通流面积的大小。这种节流口结构简单,工艺性好,水力直径中等,可得较小的稳定流量,调节范围较大。由于几条三角槽沿周围方向均匀分布,径向力平衡,故调节时所需的力也较小。但节流通道有一定长度,油温变化对流量有一定影响。这是一种目前应用很广的节流口形式。

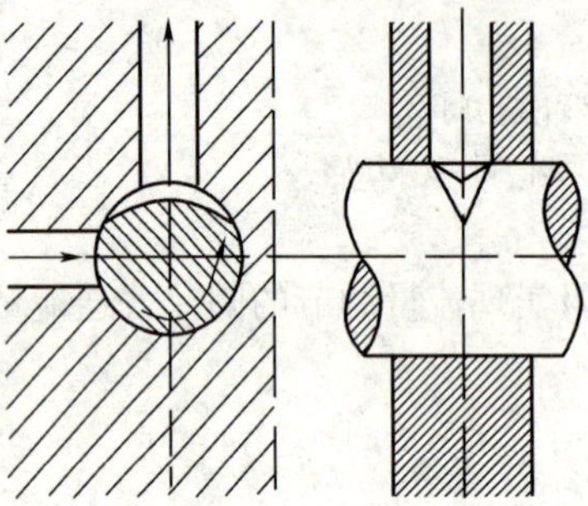

图 1-103　偏心槽式节流口

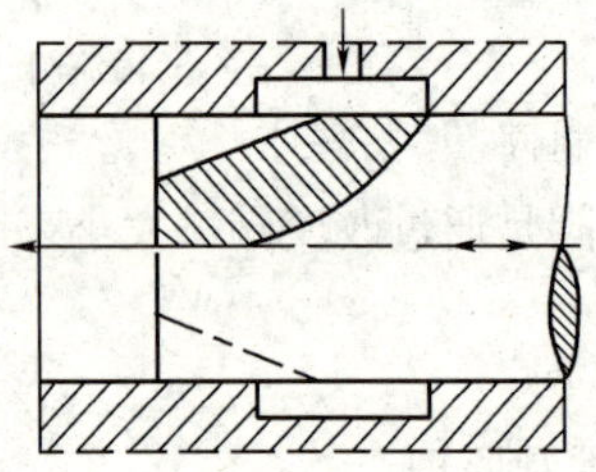

图 1-104　轴向三角槽式节流口

④周向隙缝式。如图 1-105 所示,在阀芯圆周方向上开有一狭缝,旋转阀芯就可改变通流面积的大小。所开狭缝在圆周上的宽度是变化的,尾部宽度逐渐缩小,在小流量时其通流截面是三角形,水力直径较大,因此有较小的稳定流量。节流口是薄壁结构,油温变化对流量影响小。但阀芯所受径向力不平衡。这种节流阀应用于低压小流量系统时,能得到较满意的性能。

⑤轴向隙缝式。如图 1-106 所示,在阀芯衬套上先铣出一个槽,使该处厚度减薄,然后在其上沿轴向开有节流口。当阀芯轴向移动时,就改变了通流面积的大小。开口很小时通流面积为正方形,水力直径大,不易堵塞,油温变化对流量影响小。这种结构的性能与周向隙缝式节流口的相似。

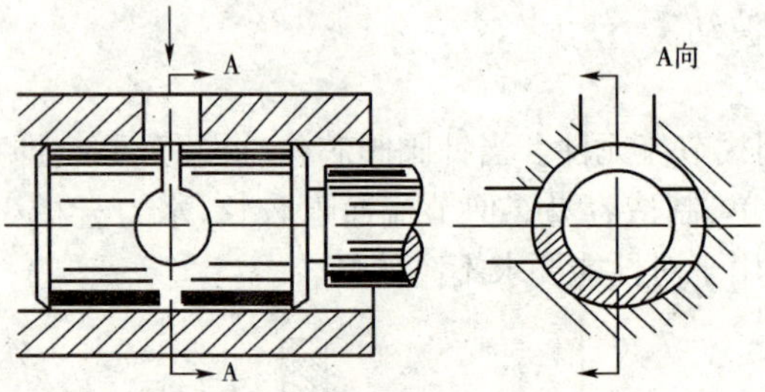

图 1-105　周向隙缝式节流口

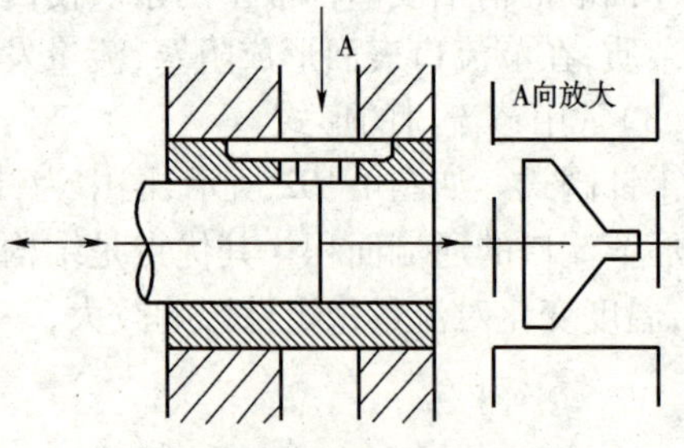

图 1-106　轴向隙缝式节流口

(4)结构原理

如图 1-107 所示,节流阀主要由阀芯、阀体和螺母组成。阀体上开有进油口和出油口;阀芯上开有三角尖槽,油液从进油口 P_1 进入,经阀芯上的三角槽节流口后,由出油口 P_2 流出。调节手轮,可使阀芯作轴向移动 ,以改变节流口的通流面积。弹簧用于预紧阀芯保持阀口开度不变。

(5)节流阀的应用

①节流调速。如图 1-108a)所示,当节流阀前后压差 Δp 一定时,改变 AT 可改变流经节流阀的流量。

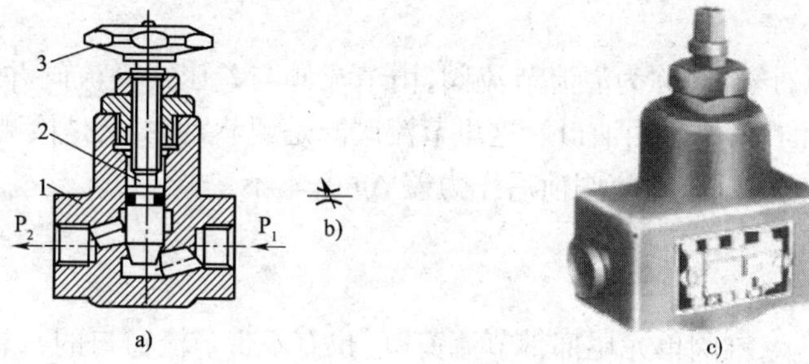

图 1-107　节流阀结构与实物

a)结构图;b)职能符号;c)实物图

1-阀体;2-调节螺杆;3-调节手柄

②负载阻尼作用。如图 1-108b)所示,流量一定时改变 AT 可改变阀前后压力差。

③压力缓冲作用。如图 1-108c)所示,当流量等于零时,按动节流元件可延缓压力突变的影响。

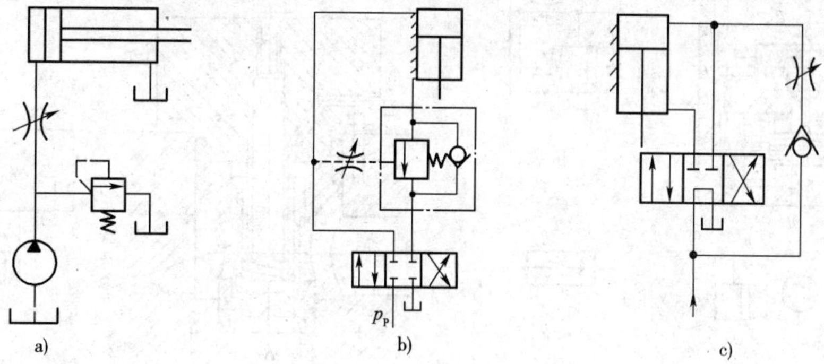

图 1-108　节流阀的应用

a)节流调速;b)负载阻尼作用;c)压力缓冲作用

2)调速阀

(1)结构原理

如图 1-109 所示。调速阀是由定差减压阀与节流阀串联而成。压力油 p_1 先经定差减压阀,然后经节流阀流出。节流阀进、出口压力油 p_2、p_3 经阀体流道被引至定差减压阀阀芯的两端,(p_2-p_3)与定差减压阀的弹簧力进行比较,因定差减压阀阀口的压力补偿作用,使得(p_2-p_3)基本不变。

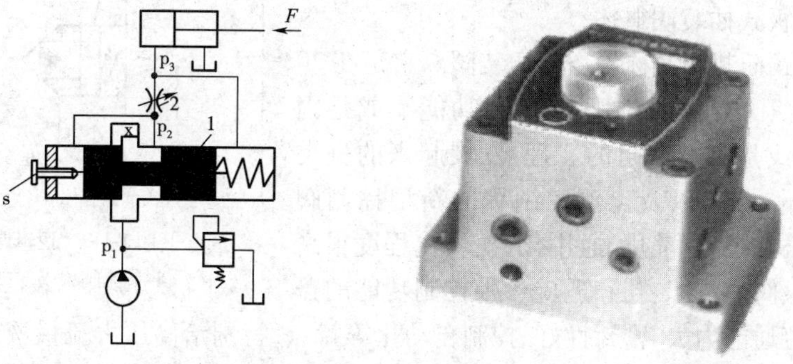

图 1-109　调速阀工作原理与实物图

a)工作原理;b)实物图

1-定差减压阀;2-节流阀;s-行程限位螺钉

(2)溢流调速阀

如图 1-110 所示,该阀又称为溢流节流阀,由节流阀与差压式溢流阀并联而成,阀体上有一个进油口、一个出油口、一个回油口。这里节流阀既是调节元件,又是检测元件;差压式溢流阀是压力补偿元件,它保证了节流阀前后压力差 Δp 基本不变。

3)逻辑流量阀

(1)逻辑节流阀

如图 1-111a)所示,锥阀单元尾部带节流窗口(也有不带节流窗口的),锥阀的开启高度由行程调节器(如调节螺杆)来控制,从而达到控制流量的目的。根据需要,还可在控制口 X 与阀芯上腔之间加设固定阻尼孔(节流螺塞)a,如图 1-111b)所示。

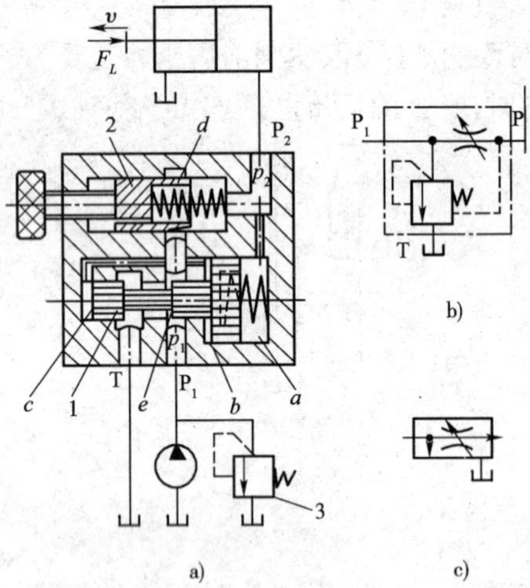

图 1-110 溢流调速阀的原理及符号

a)原理图;b)职能符号;c)简化职能符号

1-安全阀;2-节流阀;3-溢流阀

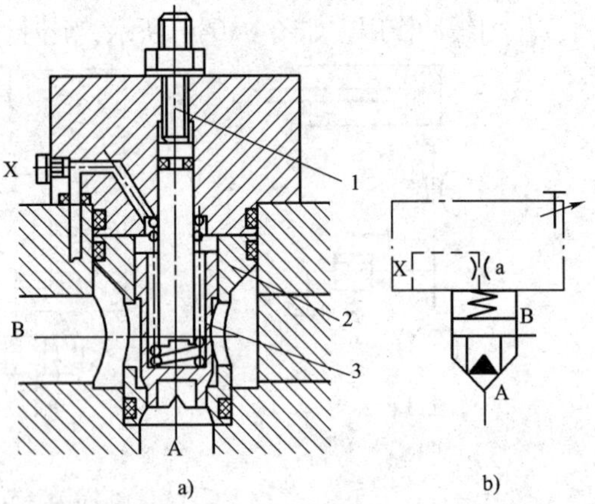

图 1-111 逻辑节流阀

a)结构图;b)符号图

1-调节螺杆;2-阀套;3-锥阀芯

(2)逻辑调速阀

如图 1-112 所示,定差减压阀阀芯两端分别与节流阀进出口相通,从而保证节流阀进出口压差不随负载变化,成为调速阀。

6. 二通盖板式插装阀

1)二通盖板式插装阀概述

二通盖板式插装阀又称为逻辑插装阀。它是在 20 世纪 70 年代,根据各类控制阀阀口在功能上或是固定、或是可调、或是可控液阻的原理,发展起来的一类覆盖压力、流量、方向以及比例控制等的新型控制阀类。它的基本构件为标准化、通用化、模块化程度很高的插装式阀芯、阀套、插装孔和适应各种控制功能的盖板组件,具有流通能力大、密封性好、控制自动化等特点,特别给高压大流量液压系统设计、制造、运行带来诸多便利与良好的经济效益,迅速发展成高压大流量领域主导控制阀品种。

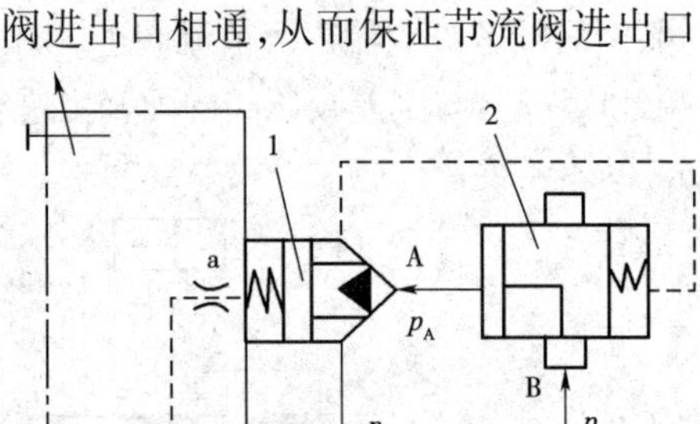

图 1-112 逻辑调速阀

1-节流阀;2-定差减压阀

盖板式二通插装阀与普通液压阀相比较,具有下述特点:

①通流能力大,特别适用于大流量的场合,其最大通径可达 200~250mm,通过的流量可达 10000L/min。

②密封性好,泄漏小,油液流经阀的损失小。

③阀芯动作灵敏,抗污染能力强。

④结构简单,易于实现标准化。

2)盖板式二通插装阀的基本结构与工作原理

(1)盖板式二通插装阀基本结构

盖板式二通插装阀通常是由插装单元、光导元件、控制盖板和插装块体四部分组成,如图1-113 所示。

插装单元是盖板式二通插装阀的主阀(或称功率元件),将其插装在插装块体（或称集成块)中,通过它的开启、关闭动作和开启量的大小来控制液流的通断或压力的高低、流量的大小,以实现对液压执行机构的方向、压力和速度的控制。

插装单元的工作状态由各种先导元件控制,先导元件是盖板式二通插装阀的控制级。常用的控制元件有电磁球阀和滑阀式电磁换向阀等。先导元件除了以板式连接或叠加式连接安装在控制盖板上以外,还经常以插入式连接方式安装在控制盖板内部,有时也安装在阀体上。

控制盖板不仅起盖住和固定插装件的作用,还起着连接插装件与先导元件的作用;此外,它还具有各种控制机能,与先导元件一起共同构成插装阀的先导部分。

插装阀体上加工有插装单元和控制盖板等的安装连接孔口和各种流道。由于插装阀主要采用集成式连接形式,一般没有独立的阀体,在一个阀体中往往插有多个插装件,所以有时也称之为集成块体。

(2)盖板式二通插装阀的工作原理

图 1-114 所示盖板式二通插装阀的插装单元由阀芯、阀套、弹簧和密封件组成。图中 A、B

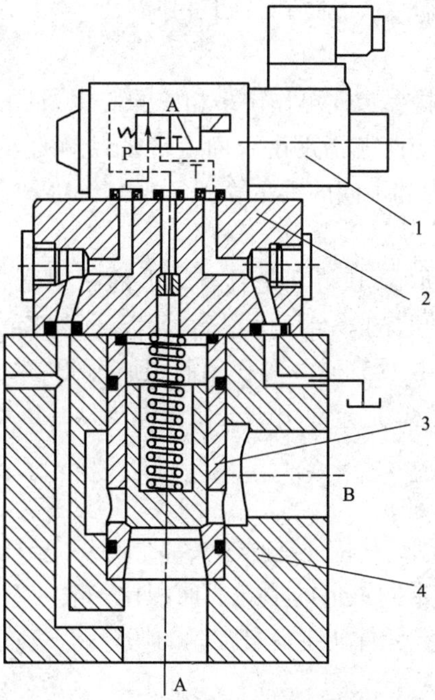

图 1-113　盖板式二通插装阀的组成

1-先导元件;2-控制盖扳;3-插装单元;4-插装块体

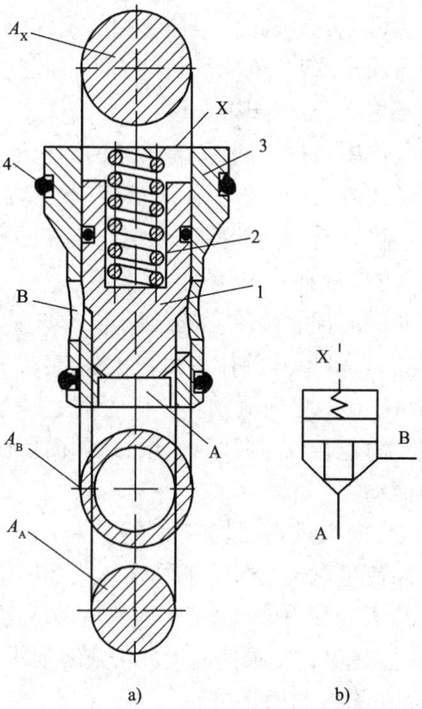

图 1-114　盖板式二通插装阀插装单元基本结构形式

a)结构;b)职能符号

1-阀芯;2-弹簧;3-阀套;4-密封件

为主油路接口，X 为控制油腔，三者的油压分别为 P_A 和 P_B 和 P_X，各油腔的有效作用面积分别为 A_A、A_B，由图可见

$$A_x = A_A + A_B \tag{1-33}$$

面积比为：

$$a_{AX} = \frac{A_A}{A_X} \tag{1-34}$$

根据阀的用途不同，面积比 α_{AX} 有 $\alpha_{AX} < 1$ 和 $\alpha_{AX} = 1$ 两种情况。

盖板式二通插装阀的工作状态是由作用在阀芯上的合力的大小和方向来决定的。当不计阀芯的重量和摩擦阻力时，阀芯所受的合力 $\sum F$ 为：

$$\sum F = p_x A_X - p_A A_A - p_B A_B + F_1 + F_2 \tag{1-35}$$

式中：F_1——弹簧力；

F_2——阀芯所受稳态液动力。

由式(1-34)所示，当 $\sum F > 0$，即

$$P_X > \frac{P_A A_A + p_B A_B - F_1 - F_2}{A_X} \tag{1-36}$$

时，阀口关闭。

当 $\sum F < 0$，即

$$P_X < \frac{P_A A_A + p_B A_B - F_1 - F_2}{A_X} \tag{1-37}$$

时，阀口开启。

由此可见，盖板式二通插装阀的工作原理是依靠控制腔（X 腔）的压力大小来启闭的。控制腔压力满足式(1-36)时，阀口关闭；控制腔压力满足式(1-37)时，阀口开启。

3）插装单元的结构形式

根据使用条件不同，插装单元的结构形式和结构参数还可作许多相应的变化，如在结构上有滑阀形式的、常开式的，阀芯上带节流塞的，阀套与阀芯滑动配合面上带密封圈的等。在结构参数上可具有不同的面积比 a_{AX}，不同的开启压力和不同的锥角等。

(1)方向阀插装单元

方向阀的插装装单元的结构形式如图 1-113 所示，其特征是具有较大的面积比，一般为1∶1∶1左右。由于 B 腔作用面积很小，当 B→A 流动时的开启压力很高，所以通常只允许工作流向为 A→B 的单向流动。如将而积比改为 1∶2或 1∶1.5，使 B 腔作用面积加大，B→A 流动时的开启压力也相应下降了，所以，这种面积比的插装单元允许用于工作流向为 A→B 和 B→A 的双向流动。

(2)方向流量阀插装单元

方向流量阀插装单元的结构形式如图 1-114 所示、其特征是阀芯头部带有一个节流塞，或称缓冲凸头。图中节流塞为三角槽的圆柱形，也有带同锥形的形式。面积比一般为 1∶2或 1∶1.5。该插装单元要求换向无冲击或者要求用作节流元件实现流量控制的场合。

(3)压力控制插装单元

压力控制插装单元的结构形式如图 1-115 所示。

图 1-115a)所示插装单元的特征是具有最大的面积比 1∶1，阀芯上无节流塞。这种形式的插装单元主要用来组成溢流阀、顺序阀、卸荷阀及电磁溢流阀等压力控制阀。

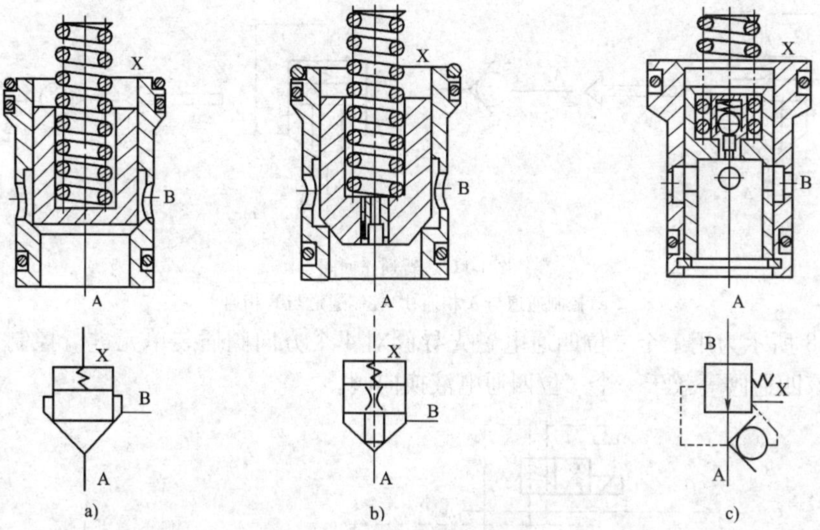

图 1-115　压力控制插装单元

a)面积比为 1∶1；b)面积比为 1∶1.05；c)减压阀插装单元及符号

图 1-115b)所示插装单元的特征是其有较大的面积比，一般为 1∶1.05 ~ 1∶1.1；阀芯上带有阻尼螺塞，沟通了 A 腔与 X 腔。组成先导压力阀时不需再放置阻尼螺塞，应用比较方便，A 腔通过 X 腔与 B 腔之间有泄漏。该插装单元主要用来组成多种压力控制阀，也常用来实现二位二通开关机能。

图 1-115c)所示为减压阀插装单元、其特征是采用了滑阀式结构，面积比为 1∶1，常开型。减压工作油流方向为 B→A。阀芯中还有一个单向元件。允许 A→X 单向流动，可保持插装单元在常开状态，还可防止 A 腔压力超过 X 腔压力，使减压阀失控。该插装单元的主要用途是构成减压阀。用螺塞代替单向元件后经常在二通流量阀中作差压阀使用。

4)盖板式二通插装阀控制组件

(1)方向控制组件

图 1-116 所示的基本型止回阀组件是典型的控制盖板加方向阀插装单元。在控制盖板内有一控制通道 h，内设置一节流螺栓 f，以调节通道的液阻值。控制通道可单独接外控压力油。也可直接与主油口 A 或 B 相通，控制通道与 A 或 B 相通的图形符号如图 1-117 所示。

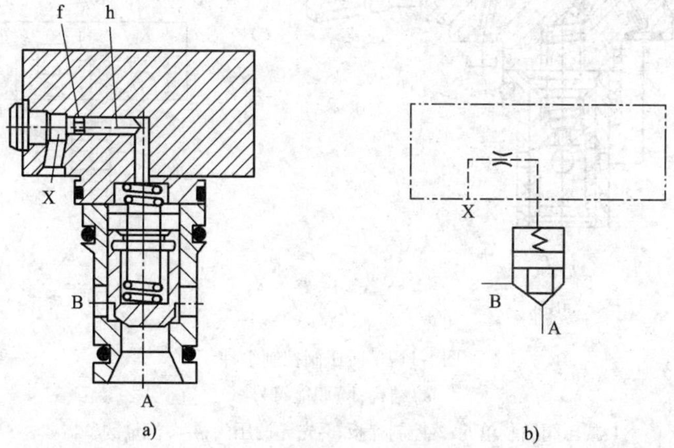

图 1-116　基本型止回阀组件

a)结构；b)职能符号

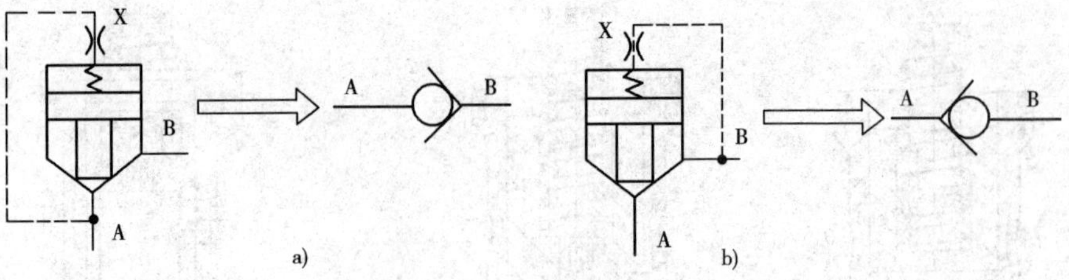

图 1-117　普通止回阀

a）控制通道与 A 相通；b）控制通道与 B 相通

图 1-118 所示为用 1 个二位四通电磁先导阀对 4 个方向阀插装单元进行控制，组成了一个四通阀，该四通阀等效于一个二位四通电液换向阀。

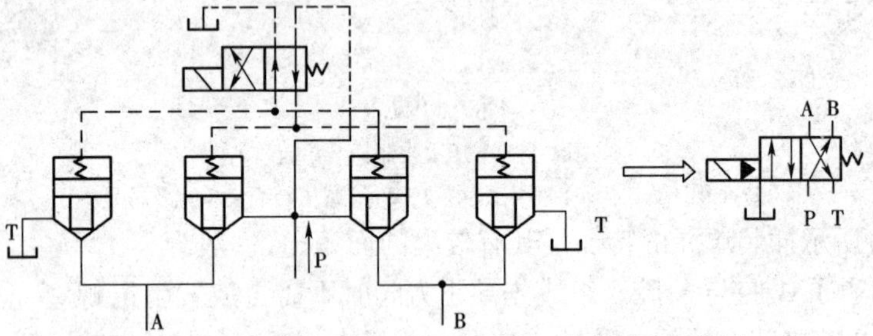

图 1-118　1 个先导阀与 4 个方向阀插装单元组成的四通阀

（2）压力控制组件

盖板式二通插装阀的压力控制组件有溢流控制组件、顺序控制组件和减压控制组件三类。其中溢流控制组件和顺序控制组件的结构、工作原理与传统溢流阀相似，此处不再介绍。

图 1-119 所示的减压控制组件由滑阀式减压阀插装单元、先导调压阀、控制盖板及微流量调节器组成。其作用分别为：先导调节阀调压，滑阀式减压阀插装单元减压，微流量调节器使控制流量不受干扰而保持恒值，一般为 1.1～1.3L/min。

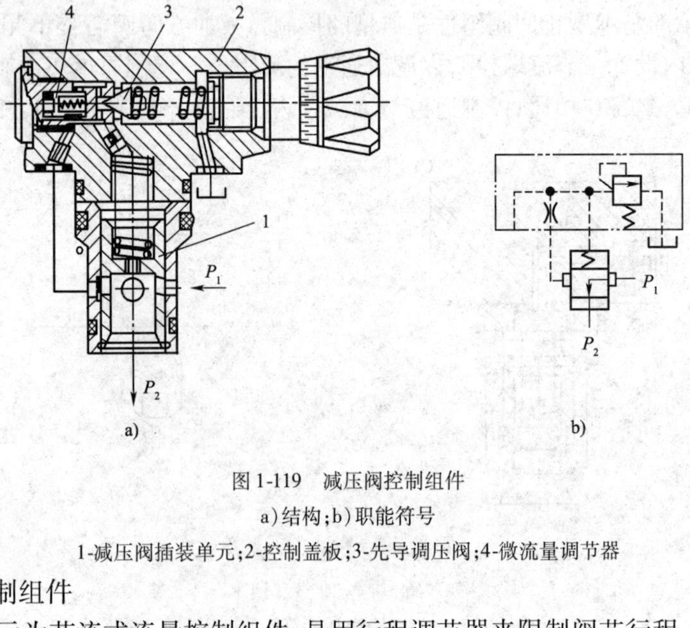

图 1-119　减压阀控制组件

a）结构；b）职能符号

1-减压阀插装单元；2-控制盖板；3-先导调压阀；4-微流量调节器

（3）流量控制组件

图 1-120 所示为节流式流量控制组件，是用行程调节器来限制阀芯行程，以控制阀门开度

而达到控制流量的目的,其阀芯尾部带有节流口。

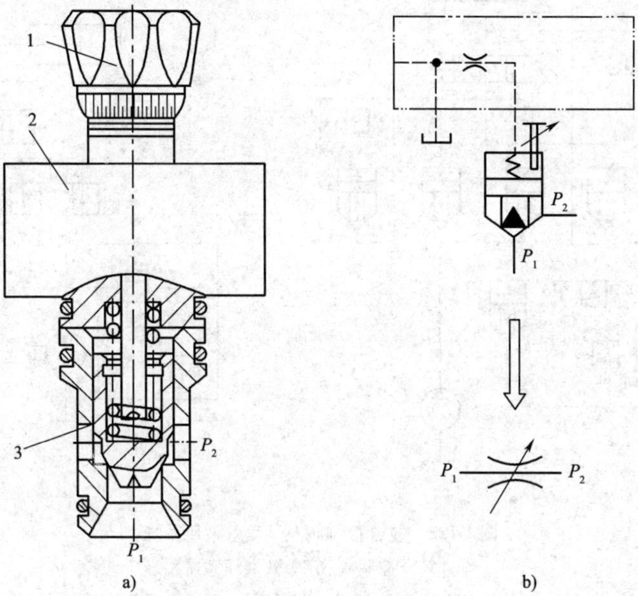

图 1-120　节流式流量阀控制组件

a)结构;b)职能符号

1-行程调节阀;2-控制盖板;3-流量阀插装单元

图 1-121 所示的二通型流量控制组件由一个定量减压阀与一个节流阀串联组成,该组件有一个输入口 p_1 和一个输出口 p_2,故通称为二通型,其作用是当节流阀的阀口开度调定后,由定差减压阀保持节流阀口两端的压差为一定值,当系统压力或负载变化时,节流阀口输出的流量保持恒定。

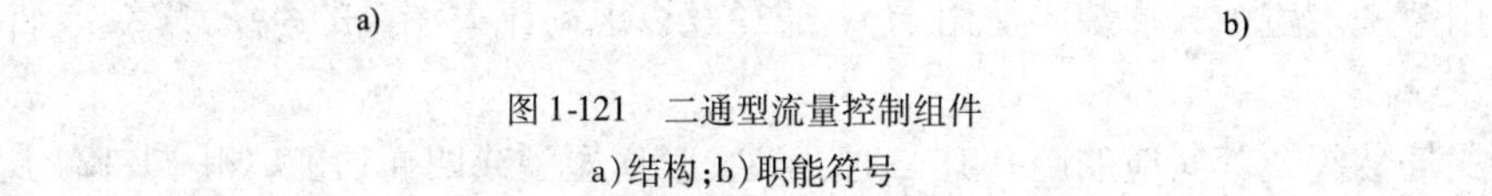

图 1-121　二通型流量控制组件

a)结构;b)职能符号

1-行程调节阀;2-流量阀插装单元

(4)应用简介

在大流量液压系统中,可用多个插装单元与先导阀、控制盖板组成复合控制阀。图1-122a)所示为 5 个插装单元与其他元件组成的复合控制阀。其中元件 1、3 为方向阀插装单元,阀口的开启和关闭用于接通或切断油口 p 和 B、A 与 T;元件 2 为流量阀插装单元,用于接通或切断油口 p 与 A,阀的开口大小可通过行程调节器调节;元件 4、5 为压力阀插装单元,元件 4 与压力先导阀组成背压阀,元件 5 与先导阀组成电磁溢流阀。其等效的系统如图 1-122b)所示。

7. 其他安装形式液压阀

1)螺纹式插装阀

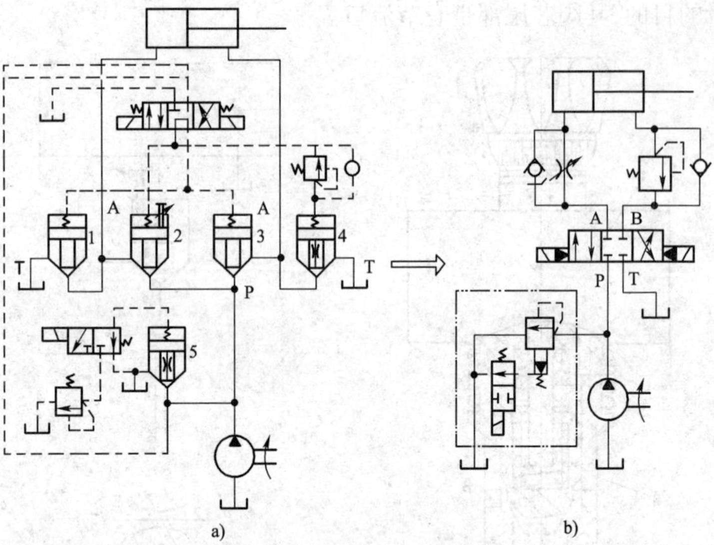

图 1-122　复合控制阀及其等效液压系统

a）复合控制阀；b）等效液压系统

1、3-方向插装单元；2-流量插装单元；4、5-压力插装单元

螺纹式插装阀多见与工程机械用阀，而且往往作为主要阀件（如多路阀）的附件形式出现。近 10 年来，在盖板式插装阀技术的影响下，逐步在小流量范畴发展成独立体系。

这样，插装阀就分别在 25 通径及以上的高压大流量（二通盖板式插装阀）和 6 通径的高低压小流量（螺纹式插装阀）两个区段发挥其技术优势，占了控制阀产品相当大的比重，10、16 通径是多种形式阀并存重叠最多的区段。

螺纹式插装阀与盖板式二通插装阀比较，具有如下特点：

①功能实现。盖板式插装阀一般多依靠先导阀来实现完整的液压阀功能，螺纹式插装阀多依靠自身来提供完整的液压阀功能。

②阀芯形式。盖板式多为锥阀，螺纹式既有锥阀，也有滑阀。

③安装形式。盖板式插装阀的阀芯、阀套等插入阀体，依靠盖板固联在块体上，螺纹式插装阀组件依靠螺纹与块体连接。

④标准化与互换性。两者插孔都有相应标准，插件互换性好，便于维修。

⑤适用范围。盖板式插装阀适用于 16 通径及以上高压大流量的系统；螺纹式插装阀适用于小流量系统。

螺纹式插装阀及其对应的腔孔有二通、三通、三通短型或四通功能，如图 1-123 所示。

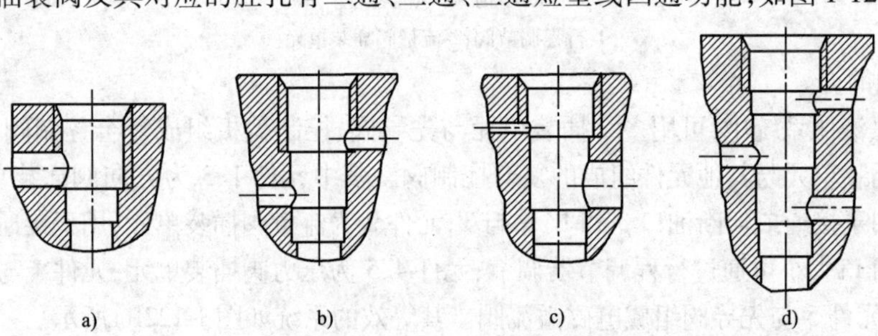

图 1-123　二通、三通和四通螺纹式插装阀阀体功能油口的布置

a）二通；b）三通；c）三通短型；d）四通

(1)方向控制螺纹式插装阀

①止回阀与液控止回阀。图1-124a)为螺纹式插装止回阀,可通过更换不同刚度的弹簧来改变止回阀的开启压力值。

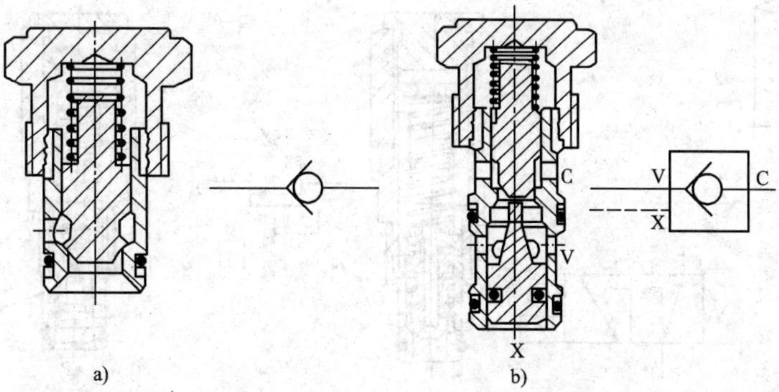

图1-124 螺纹式插装止回阀和液控止回阀

a)止回阀;b)液控止回阀

图1-124b)为螺纹式插装液控止回阀,其控制活塞的面积一般为阀座面积的4倍。当控制压力至少是弹簧腔压力的1/4再加上弹簧力折算的油压力之和时,液流可以反向流动。

②换向阀。

a)图1-125所示为螺纹式锥阀型电液常闭二通阀,电磁铁的动作方向与常规的相反,即当未加电流时,衔铁和与它相关联的先导阀芯组件在弹簧力作用下,处于图示最下端的先导阀口关闭位置。此时,从进口A来的压力油通过先导液阻的固定节流孔(开在主阀芯的侧面上),进入先导阀芯及主阀芯的上腔,使主阀口也处于关闭状态;当从出口B来的油压大于进口油压加上衔铁弹簧力折算的油压之和时,油液可以从出口B流向进口A。当加上控制电流时,电磁铁吸合衔铁,使与它相关联的先导阀芯向上运动,先导阀口(先导液阻的可变液阻)打开,进出口之间可以自由流通。

b)二通方向控制阀。图1-126所示为二位三通电磁滑阀,当电磁铁不通电时,弹簧将阀芯推到允许B口与C口之间双向自由流通的位置。当电磁铁通电时,电磁铁推动阀芯到它的第二个位置,封闭C口而允许A、B口之间自由流通。

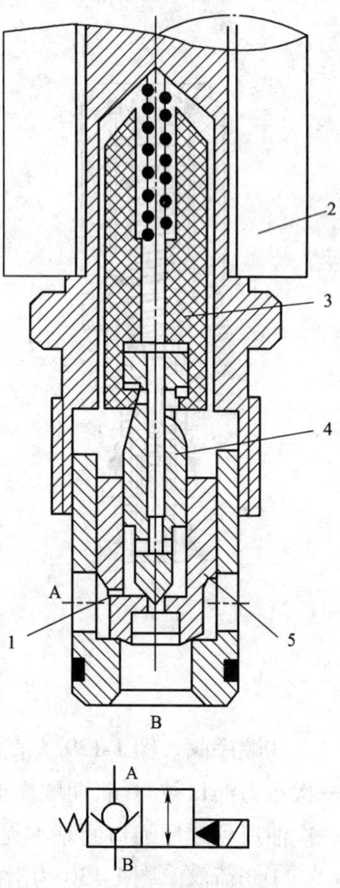

图1-125 锥阀型电液常闭二通螺纹式插装阀功能

1-先导液阻;2-电磁铁;3-衔铁;4-先导阀芯;5-主阀芯

(2)压力控制螺纹式插装阀

①溢流阀。图1-127a)、b)分别为直动式与先导式溢流阀的典型结构。在原理上属于传统的系统压力间接检测式。

②滑阀型三通减压阀。图1-128a)、b)分别为直动式与先导式滑阀型三通减压阀。原理上与传统的三通减压阀相同,可以实现P→A或A→T方向的流通。通过主阀芯的下部面积,实现阀输出压力(二次压力)的内部反馈,以保持输

出压力始终与调定值相对应。当二次压力油口进油时,实现二次压力油口至 T 口的溢流阀功能。

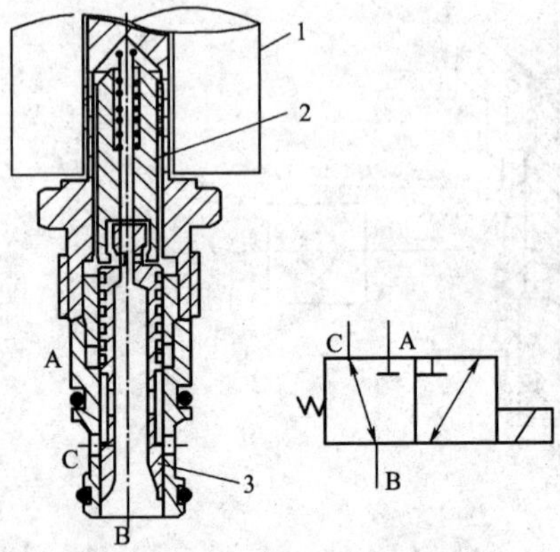

图 1-126　二位三通电磁阀功能

1-电磁线圈;2-衔铁;3-阀芯

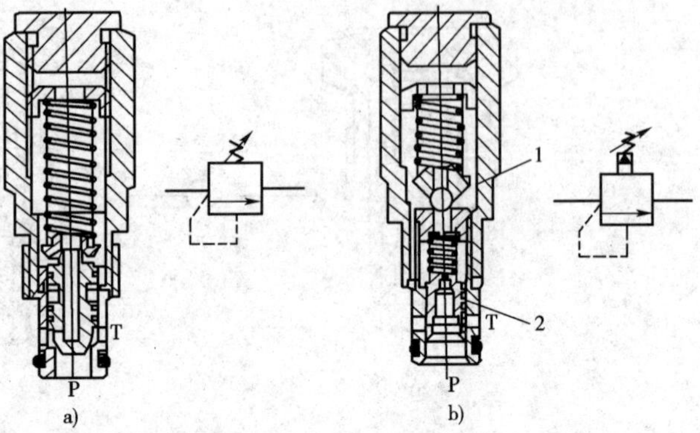

图 1-127　螺纹插装溢流阀

a)直动式;b)先导式

1-先导阀;2-主级阀芯

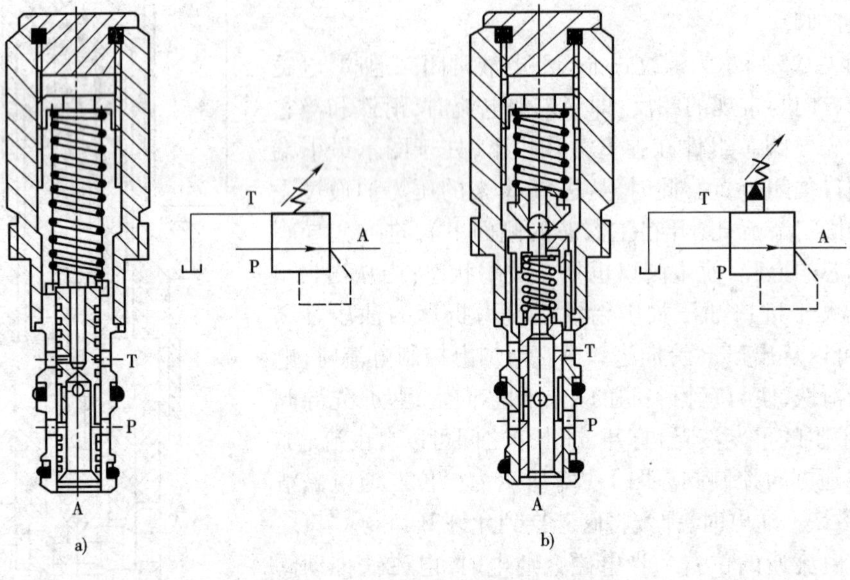

图 1-128　螺纹插装式滑阀型三通减压阀

a)直动式;b)先导式

③顺序阀。图 1-129 为直动式顺序阀典型结构,当一次压力油未达到阀的可调设定值时,一次压力油口被封闭,而顺序油口通油箱。当一次压力油达到阀的设定值时,阀芯升起,允许一次油口到顺序油口间基本无节流的流动。

④卸荷阀。图 1-130 为滑阀型外部控制卸荷阀的典型结构原理图。

(3)流量控制螺纹式插装阀

①节流阀。图 1-131 所示为可变节流器型的流量控制阀,这种阀中没有压力补偿,沿两个方向都能调节流量。

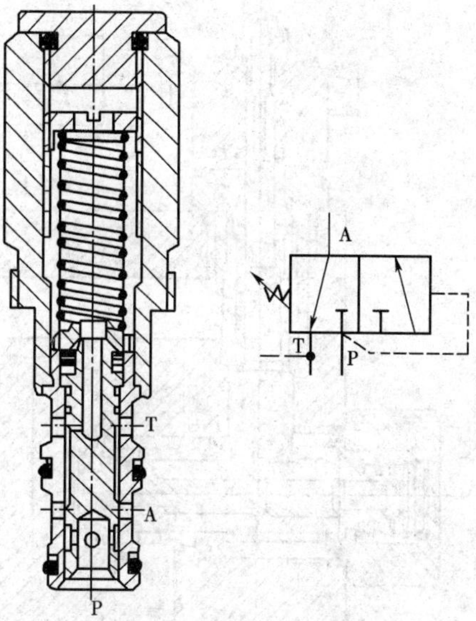

图 1-129　螺纹插装式滑阀型直动式顺序阀

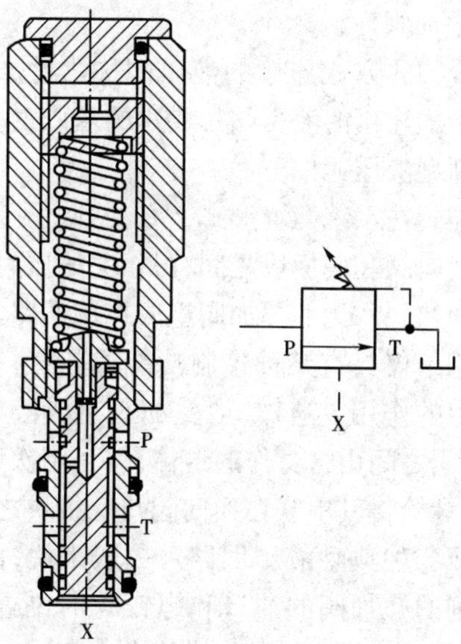

图 1-130　螺纹插装滑阀型外部控制卸荷槽

②压力补偿型定流量阀。图 1-132 所示为压力补偿型定流量阀，提供恒定的流量，不受系统压力或负载压力变化的影响。对抗系统压力变化的基本补偿原理，可以视为以进油的控制节流口为固定液阻，以可移动阀芯周向钻孔与阀套出油孔构成可变节流孔的 B 实现油液的控制作用。例如，当系统压力升高时，阀芯在升高压力作用下往上移动，减小了可变液阻的过流面积，使阀腔压力升高，从而使控制节流孔两端的压差保持不变，进而在系统压力升高时保持通过阀的流量不变。由于主阀芯为滑阀，出口负载压力的变化对阀芯不产生影响。

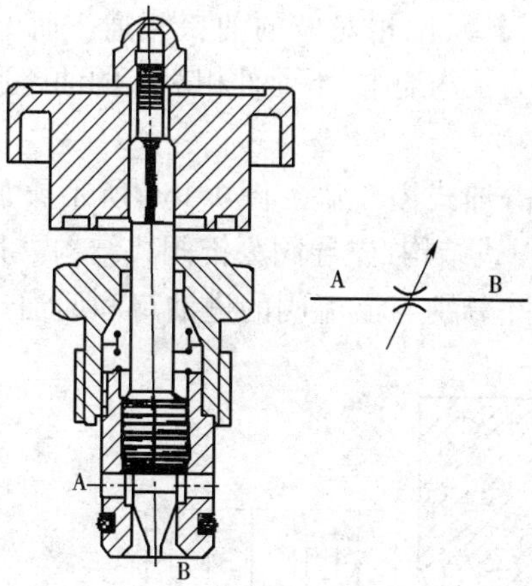

图 1-131　螺纹插装式节流阀

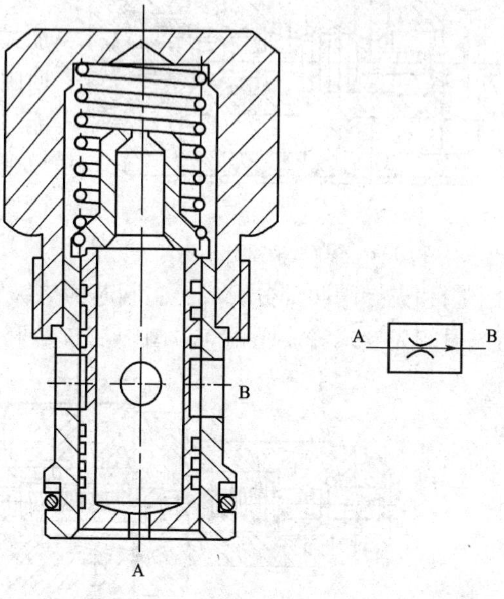

图 1-132　压力补偿型定流量阀

③二通调速阀。图 1-133 所示为由两个螺纹式插装阀组成的二通型流量控制阀。其中一个为常规的可调节流阀，另一个为定量减压阀(压力补偿阀)，两者串联运行。其工作原理与传统二通调速阀相同。

2)叠加阀

以叠加的方式连接的液压阀称为叠加阀。它是在板式连接的液压阀集成化的基础上发展起来的新型液压元件。

叠加阀在系统配置形式上有独到之处。它安装在换向阀和底板块之间,由相关的压力、流量和方向控制作用的叠加阀组成控制回路。每个叠加阀不仅具有某种控制功能,同时还起着油路通道的作用。这样,由叠加阀组成液压系统,阀与阀之间由自身作通道体,按一定次序叠加后,由螺栓将其串联在换向阀与底板块之间,即可组成各种典型液压回路。一般来说,同一规格系列的叠加阀的油口和螺钉孔的位置、大小、数量都与相同规格的标准换向阀相同。

由叠加阀组成的液压系统结构紧凑,配置灵活,系统设计、制造用期短,标准化、通用化和集成化程度较高。

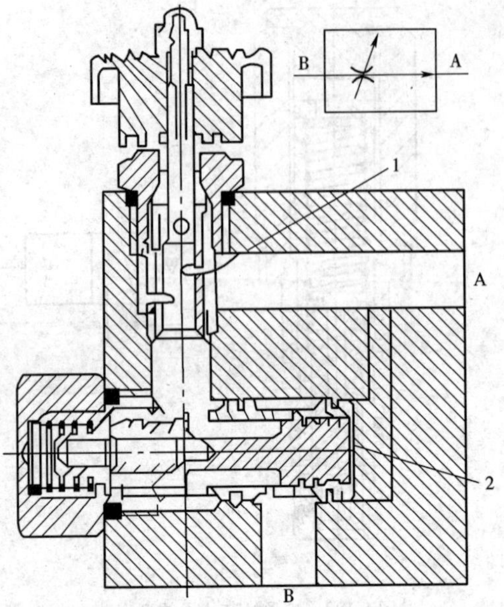

图 1-133　由两个螺纹式插装阀构成的二通型流量控制阀
1-可调节流量阀;2-压力补偿阀

叠加阀现有 6 通径、10 通径、16 通径、22 通径 4 个规格系列,额定流量为 30 ~ 200L/min。

叠加阀的分类与一般液压阀相同,可分为压力控制阀、流量控制阀和方向控制阀三类。其中方向控制阀仅有止回类,换向阀不属于叠加阀。

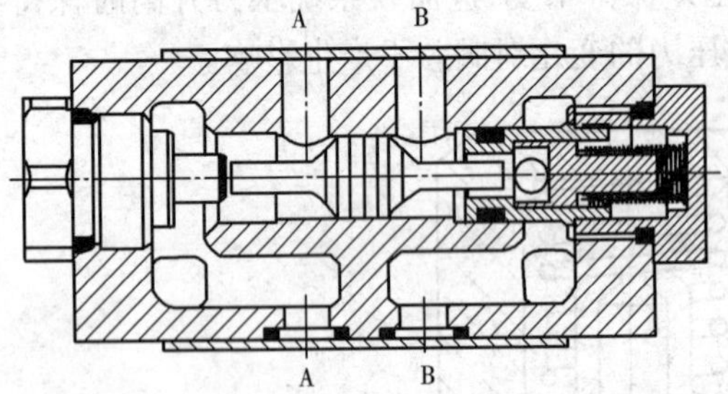

图 1-134　叠加式液控止回阀

(1)叠加阀概述

①叠加式液控止回阀。图 1-134 所示为叠加式液控止回阀。其工作原理与一般的液控止回阀相同。图中油孔 A 和 B 分别通过止回阀才能与上、下元件相对应的油口相通。而 P、T 油口则是为了沟通上、下元件相对应的油路通道而设置的。

②叠加式溢流阀。图 1-135 所示叠加式溢流阀由主阀和先导阀两部分组成。主阀芯为二级同心式结构,先导阀为锥阀式结构。其工作原理与一般的先导式溢流阀相同。图中油口 P 和 T 除分别与溢流阀的进油口和回油口相连

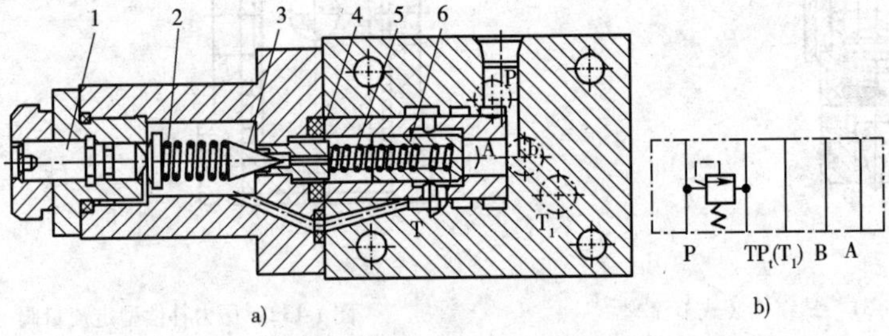

图 1-135　叠加式溢流阀
a)结构;b)职能符号
1-调压杆;2-弹簧;3-锥阀;4-阀座;5-弹簧;6-主阀芯

通之外，还与上、下元件相对应的油口相通。A、B、T_1 油口则是为了沟通上、下元件相对应的油口而设置的。

③叠加式调速阀。图 1-136 所示为叠加式止回调速阀，图中止回阀插装在叠加阀阀体中，叠加阀右端安装在叠加阀的阀体中，叠加阀的右端安装了一板式连接的调速阀。其工作原理与一般止回调速阀的工作原理基本相同。

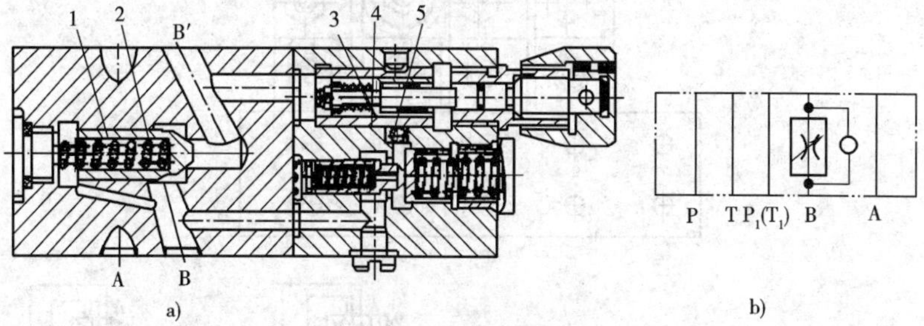

图 1-136　叠加式调速阀

a）结构；b）职能符号

1-止回阀；2-弹簧；3-节流阀；4-弹簧；5-减压阀

（2）叠加阀的应用

①用于盖板式二通插装方向阀的控制。叠加阀用作盖板式二通插装阀的先导阀，是叠加阀的一种重要的应用方式。图 1-137 所示为将向一规格的 6 通径或 10 通径等小规格的电磁换向阀、叠加式止回节流阀与控制盖板叠加在一起，作为插装阀的先导控制阀，便可以方便地调整插装阀主阀芯的开关速度。也可用电磁球阀替代电磁换向阀进行叠加控制，以便提高整个组件开关的响应速度。

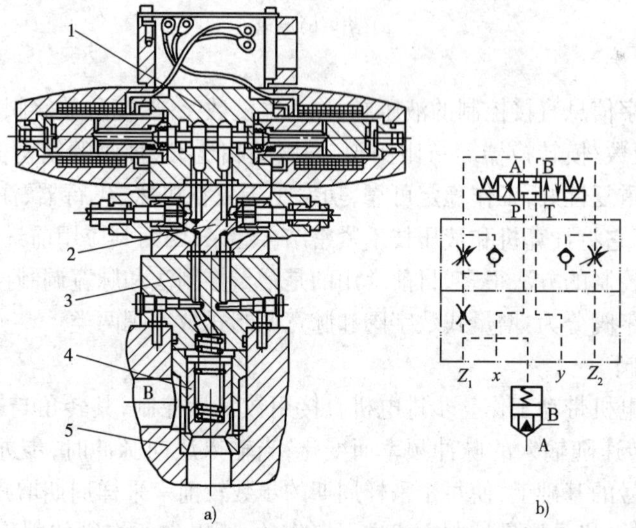

图 1-137　带叠加阀的盖板式二通插装方向阀控制组件

a）结构；b）职能符号

1-电磁换向阀；2-叠加式单向节流阀；3-控制盖板；4-插装单元；5-集成块体

②叠加阀液压回路安装配置。叠加阀在系统配置形式上有其独到之处，如图 1-138 所示。叠加阀系统最下面一般为底板，其上切有进、回油口及各回路与执行机构连接的油口。一个叠加阀组一般控制一个执行机构。如系统中有多少个执行元件需要集中控制，就可将相应数量的叠加阀组竖立并排安装在多联底板上。

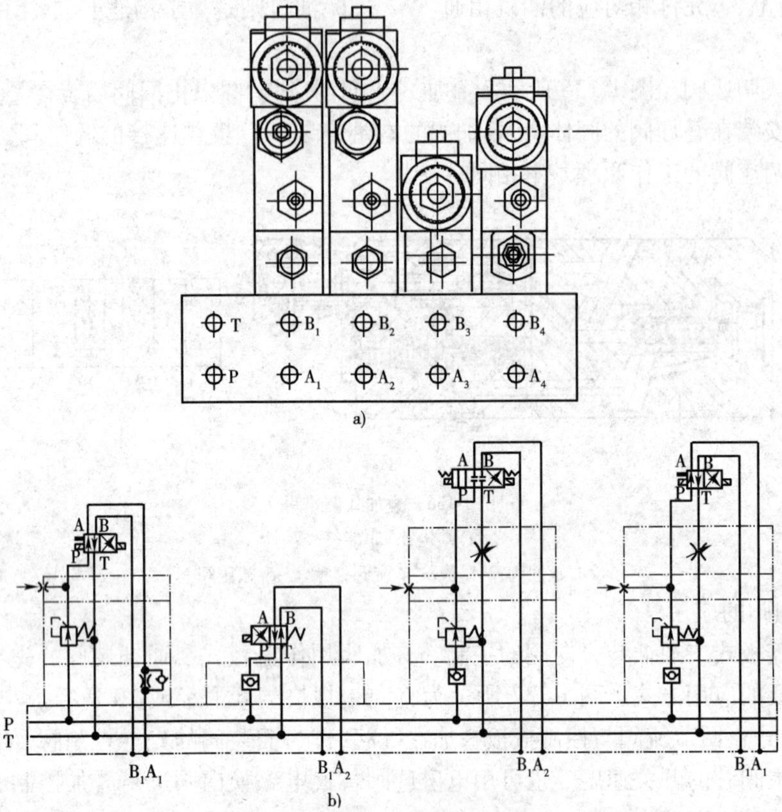

图 1-138　多联叠加液压阀组

a) 结构；b) 原理

8. 电液数字阀

用计算机的数字信息直接控制的液压阀，称为电液数字阀，简称数字阀。数字阀可直接与计算机接口，不需要数/模转换器。与比例阀、伺服阀相比，这种阀的结构简单，工艺性好，价廉，抗污染能力强，重复性好，工作稳定可靠，功率小。故在机床、飞行器、注塑机、压铸机等领域得到了应用，由于它将计算机和液压技术紧密结合起来，因而其应用前景十分广阔。

用数字量进行控制的方法很多，目前常用的是增量控制法和脉宽调制控制法两种，相应地按控制方式可将数字阀分为：增量式数字阀和脉宽调制式数字阀两类。

1) 增量式数字阀

该种阀由步进电机带动工作。步进电机直接用数字量控制，其转角与输入的数字式信号脉冲数成正比，其转速随输入的脉冲频率而变化；当输入反向脉冲时，步进电机将反向旋转。电机在脉冲数字信号的基础上，使每个采样周期的步数较前一采样周期增减若干步，以保证所需的幅值，由于步进电机是增量控制方式进行工作的，所以它所控制的阀称为增量式数字阀。按用途不同，增量式数字阀又有数字流量阀、数字方向流量阀和数字压力阀之分。

(1) 增量式数字流量网

①数字节流阀。图 1-139 所示为直控式（由步进电机直接控制）数字节流阀。步进电机 4 按计算机的指令而转动。通过滚珠丝杆 5 变为轴向位移，使节流阀芯 6 打开阀口。从而控制流量。该阀有两个面积梯度不同的节流口，阀芯移动时首先打开右节流口 8，由于非全周边通流，故流量较小；继续移动时全周边进流的左节流口 7，流量增大。阀开启时的液动力可抵消

一部分向右的液压力。此阀从节流阀芯6、阀套1和连杆2的相对热膨胀中获得温度补偿，零位移传感器3的作用是：每个控制周期结束时，控制阀芯自动返回零位，以保证每个工作周期都从零位开始，提高阀的重复精度。

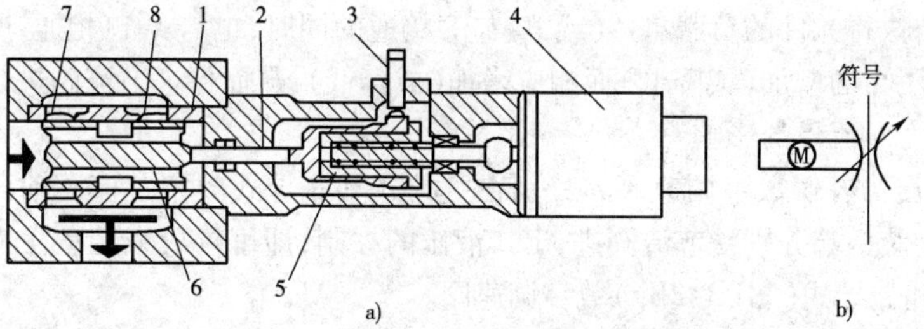

图1-139　直控式数字节流阀

a)结构图；b)符号图

1-阀套；2-连杆；3-零位移传感器；4-步进电机；5-滚珠丝杠；6-节流阀芯；7-左节流口；8-右节流口

图1-140所示为先导式（步进电机经液压先导控制）数字节流阀的符号图，其结构原理见图1-141b)所示数字控制阀的节流阀部分。

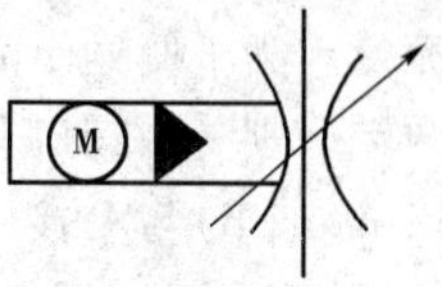

图1-140　先导式数字节流阀符号

②数字调速阀。

a)溢流型压力补偿数字调速阀

在直控式数字节流阀前面并联一个溢流阀，并使溢流阀芯两端分别受节流阀进出口液压的控制，即可构成溢流型压力补偿的直控式数字调速阀，如图1-141a)所示。

图1-141b)、c)所示为溢流型压力补偿的先导式数字调速阀。步进电机旋转时，通过凸轮或螺纹机构带动挡板4作往复运动，从而改变喷嘴3与挡板4之间的可变液阻，改变了喷嘴3

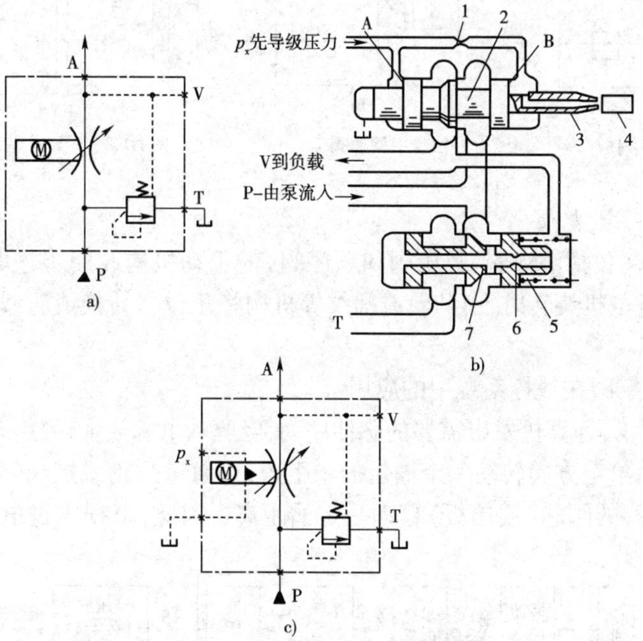

图1-141　溢流型压力补偿数字调速阀

a)直控式；b)、c)先导式

1、6-节流孔；2-节流阀芯；3-喷嘴；4-挡板；5-弹簧；7-溢流阀芯前的先导压力(即B腔压力)p_B,使节流阀芯2跟随挡板4运动,因面积B是面积A的2倍,所以当$p_B = p_A/2$(p_A为A腔压力时),节流阀芯2停止运动,该调速阀的流量与节流阀芯2的位移成正比。溢流阀芯7的左、右端分别受节流阀进、出口油压的控制,溢流阀的控制腔受V口液压的控制,当执行元件的负载口A(或B)与P接通的同时,也与V口相通,所以溢流阀的溢流压力随负载压力的增加(或降低)而相应增加(或降低),从而保证节流阀进、出口压差恒定,消除了负载压力对流量的影响。

b)减压型压力补偿数字调速阀。分别在直控式和先导式数字节流阀前面串联一个减压阀,并使减压阀芯两端分别受节流阀进、出口液压的控制,即可构成减压型压力补偿的直控式(图1-142a))和先导式(图1-142b))数字调速阀。

(2)增量式数字方向流量阀

图1-143所示为先导式数字方向流量阀,其结构与电液换向阀类似,也是由先导阀和主阀(液动换向阀)两部分组成,只是以步进电机取代了电磁先导阀中的电磁铁。通过控制步进电机的旋转方向和角位移的大小,不仅可以改变这种阀的液流方向,而且可以控制各油口的输出流量。为了使输出流量不受负载压力变化的影响,在主阀阀口并联一个溢流阀,且使溢流阀芯两端分别受主阀口P、T液压的控制,溢流阀的控制腔受L口液压的控制,当执行元件的负载口A(或B)与P接通的同时,也与L口相通,所以溢流阀的溢流压力随负载压力的增减而增减,从而保证主阀口P、T压差恒定,消除了负载压力对流量的影响。

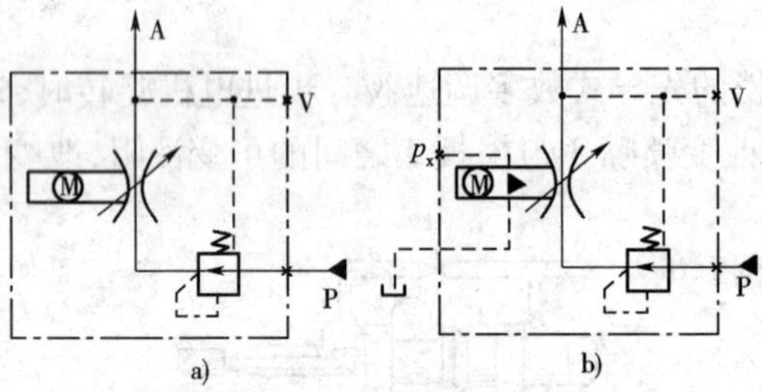

图1-142　减压型压力补偿数字调速阀

a)直控式;b)先导式

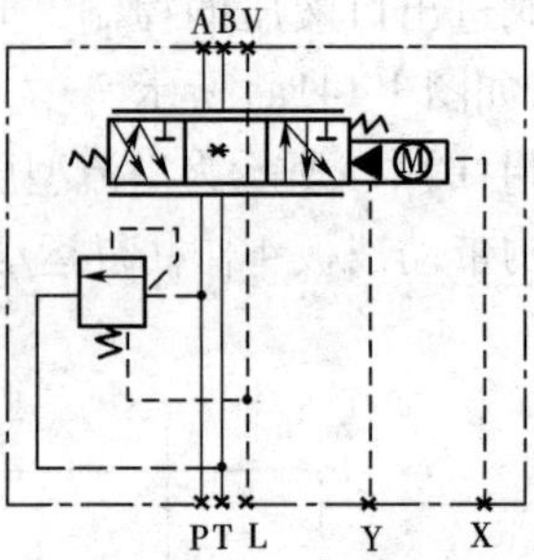

图1-143　先导式数字方向调速阀

(3)增量式数字压力阀

将普通压力阀(包括溢流阀、减压阀和顺序阀)的手动机构改用步进电机控制,即可构成数字压力阀。步进电机旋转时,由凸轮或螺纹等机构将角位移转换成直线位移,使弹簧压缩,从而控制压力。

(4)增量式数字阀在数控系统中的应用

如图1-144所示,计算机发出需要的脉冲序列,经驱动电源放大后使步进电机工作。每个脉冲使步进电机沿给定方向转动一个固定的步距角,再通过凸轮或螺纹等机构使转角转换成位移量,带动液压阀的阀芯(或挡板)移动一定的距离。因此,根据步进电机原有的位置和实

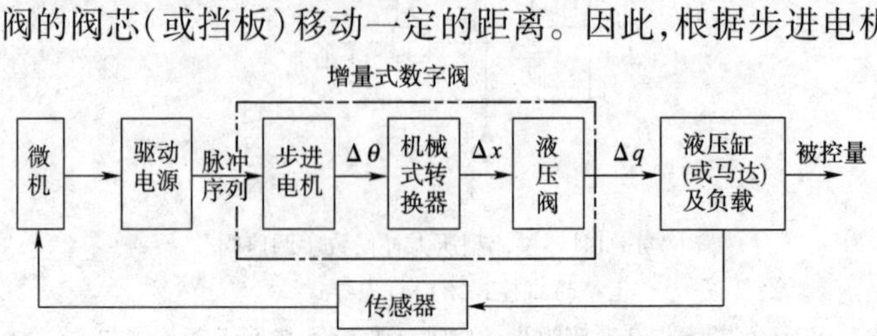

图1-144　增量式数字阀在数控系统中的应用

际行走的步数,可使数字阀得到相应的开度。

(二)脉宽调制式数字阀——快速开关型数字阀

这种阀可以直接用计算机进行控制。由于计算机是按二进制工作的,最普通的信号可量化为两个量级的信号,即“开”和“关”。控制这种阀的开与关以及开和关的时间长度(脉宽),即可达到控制液流的方向、流量或压力的目的。由于这种阀的阀芯多为锥阀、球阀或喷嘴挡板阀,均可快速切换,而且只有开和关两个位置,故称为快速开关型数字阀,简称快速开关阀。

(1)快速开关型数字阀的典型结构

这种阀的结构形式多种多样,这里仅介绍使用较多的二种典型结构。

①二位二通电磁锥阀式快速开关型数字阀

如图 1-145 所示,当螺管电磁铁 4 不通电时,衔铁 2 在弹簧 3 的作用下使锥阀 1 关闭;当电磁铁 4 有脉冲电信号通过时,电磁吸力使衔铁带动锥阀 1 开启。阀套 5 上的阻尼孔 6 用以补偿液动力。

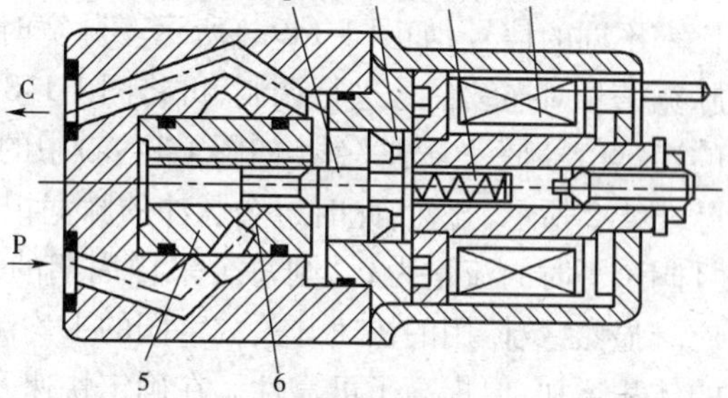

图 1-145　二位二通电磁锥阀式快速开关型数字阀

1-锥阀;2-衔铁;3-弹簧;4-螺管电磁铁;5-阀套;6-阻尼孔

②二位三通电磁球式快速开关型数字阀

如图 1-146 所示,它是由先导级(二位四通电磁球式换向阀)和第二级(二位三通液控球式换向阀)组合而成。力矩马达通电时衔铁偏转,推动先导级球阀 2 向下运动,关闭油口 P,而先导级左边的球阀 1 压在上边位置,L_2 与 T 通;L_1 与 P 通,相应地,第二级的球阀 3 向下关闭. 球阀 4 向上关闭,使得 A 与 P 通,T 封闭。交换线圈的通电方向,情况将相反,A 与 T 通,P 封闭。这种阀也有用电磁铁代替力矩马达的。

③喷嘴挡板式快速开关型数字阀

如图 1-147 所示,此阀由两个电磁线圈 1、4 控制挡板(浮盘)向左或向右运动,从而改变喷

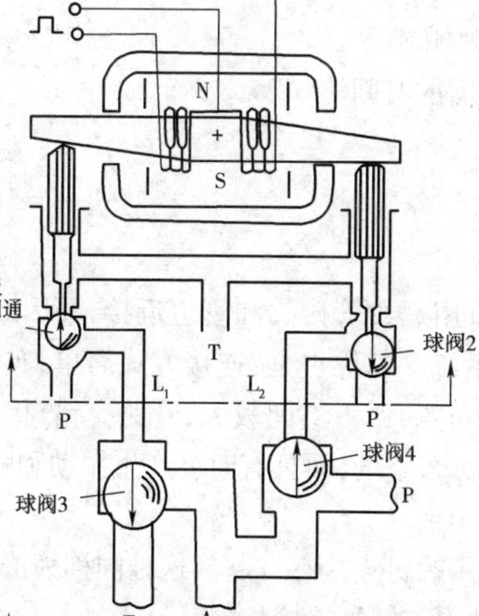

图 1-146　二位三通电磁球式快速开关型换向阀

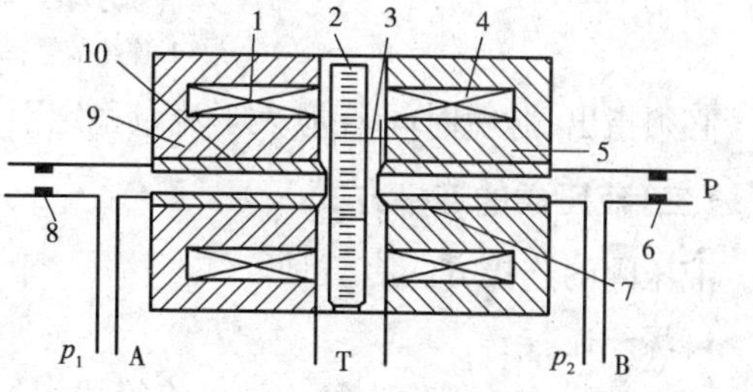

图 1-147　喷嘴挡板式快速开关型数字阀

a)结构原理图;b)符号图

1、4-电磁线圈;2-挡板(浮盘);3-吸合气隙;5、9-轭铁;6、8-固定阻尼;7、10-喷嘴

嘴与挡板之间的距离，使之或开或关，压力 p_1 和 p_2 得到控制（当两个电磁线圈都失电时，浮盘处于中间位置，使 $p_1=p_2$），以组成不同的工况进行工作。显然。该阀只能控制对称执行元件。

（2）脉宽调制式数字阀在数控系统中的应用

由计算机发出的脉冲信号，经脉宽调制放大后送入快速开关数字阀中的电磁铁（或力矩马达），通过控制开关阀开启时间的长短来控制流量。在需要作两个方向运动的系统中需要两个快速开关数字阀分别控制不同方向的运动如图 1-148 所示。

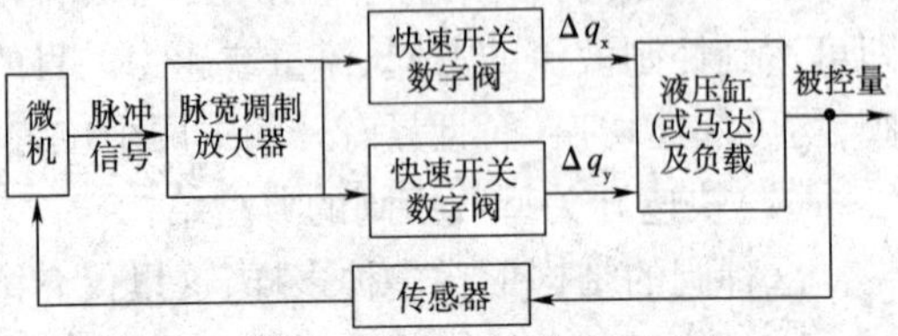

图 1-148　脉宽调制式数字阀在数控系统中的应用

（3）数控系统中输入信号的脉宽调制

脉宽调制信号是具有恒定频率、开启时间比率不同的信号，如图 1-149a）所示。脉宽时间 t_p 对采样时间 T 的比值称为脉宽占空比。用脉宽信号对连续信号进行调制，可将图 1-148 中的连续信号 1 调制成脉宽信号 2。如果所要求的连续信号是一条水平线（如图 1-149a）中的直线 1），经调制后的脉宽信号如图 1-149b）中的脉冲线 2 所示，显然，此时每个脉冲的脉宽相等，开启时间比率相同。如果调制的量是流量，而且阀全开时的流量为 q_n，则每个采样周期的平均流量 $\bar{q}=q_n t_p/T$ 就与连续信号处的流量相对应。显然，数控用的快速开关数字阀的平均流量小于该阀连续工况下的最大流量。这虽使阀的体积增加，但提高了可靠性。在确定快速开关阀的规格时，应注意这个问题。

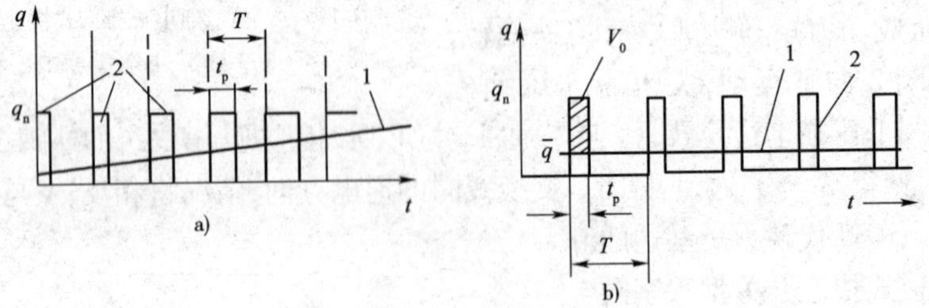

图 1-149　信号的脉宽调制

a）连续信号为斜线；b）连续信号为水平直线

1-连续信号；2-脉宽调制信号

必须指出，脉宽时间 t_p 应大于流量稳定下来所需的时间。

（三）液压阀的连接方式

液压阀的连接方式有五种。

1. 螺纹连接

油口带螺纹的阀称为管式阀。将管式阀的油口用螺纹管接头和管道近接，并因此固定在管路上。这种连接方式适用于小流量的简单液压系统。其优点是：连接方式简单，布局方便，系统中各阀间油路一目了然。其缺点是：元件分散布置，所占空间较大，管路交错，接头繁多，既不便于装卸维修，在管接头处也容易造成漏油和渗入空气，而且有时会产生振动和噪声。

2. 法兰连接

它是通过阀体上的螺钉口与管件端部的法兰，用螺钉连接在一起。这种阀称为法兰式阀。适用于通径 32mm 以上的大流量液压系统。其优缺点与螺纹连接相同。

3. 板式连接

阀的各油口均置在同一安装面上，并留有连接螺钉孔，这种阀称为板式阀。将板式阀用螺钉固定在与阀门对应油口的连接体上。这种连接方式的优点是:更换元件方便,不影响管路,并且有可能将阀集中布置。与板式阀相连的连接体有连接板、油路板和集成块三种形式。

1)连接板

将板式阀固定在竖立的连接板前面,阀间油路在板后用管接头和管子连接。这种连接板简单,检查油路较方便,但板上油管多,装配极为麻烦,占空间也大。

2)油路板

油路板是一种箱体状的板块,在板内钻有所需的油路孔道。将板式阀等元件安装在同一块油路板上,借助于油路板内的孔道沟通各元件而组成系统。这种连接方式的缺点是针对一个液压系统要专门设计一块油路板。油路板有整体式和分层式两种。分层式油路板是在双层板中间加工出通道,然后叠加起来(用螺钉或粘结剂固接)。这种分层式比整体式工艺简单,便于制造,但当系统压力较高或产生液压冲击时,易使胶合失效而造成油路串腔,使系统无法工作。

3)集成块

集成块是一个正六面连接体。将板式阀用螺钉固定在集成块的三个侧面上,通常三个侧面各装一个阀,有时在阀与集成块间还可以用垫板安装一个简单的阀,如止回阀、节流阀等。剩余的一个侧面则安装油管,连接执行元件。集成块的上、下面是块与块的接合面,在各集成块的结合面上同一坐标位置的垂直方向钻有公共通油孔,压力油孔 P、回油孔 T、泄漏油 L,以及安装螺栓孔,有时还有测压油路孔,若为多级压力控制回路,还要增设油孔 P_1 。块与块之间及块与阀之间接合面上的各油口用 O 形密封圈密封。在集成块内打孔,沟通各阀组成回路。每个集成块与装在其周围的阀类元件构成一个集成块组。每个集成块组就是一个典型回路。根据各种液压系统的不同要求,选择若干不同的集成块组叠加在一起(图 1-150),即可构成整个集成块式液压装置。在图 1-150 中的底板 1 上有进油口 P、回油口 T、泄漏油口 L 等;在盖板 4 上可以装压力表开关,以便测量系统的压力。这种集成方式的优点是:结构紧凑,占地面积小,便于装卸和维修,可把液压系统的设计简化为集成块组的选择,因而得到广泛应用。但它也有设计工作量大,加工复杂,不能随意修改系统等缺点。

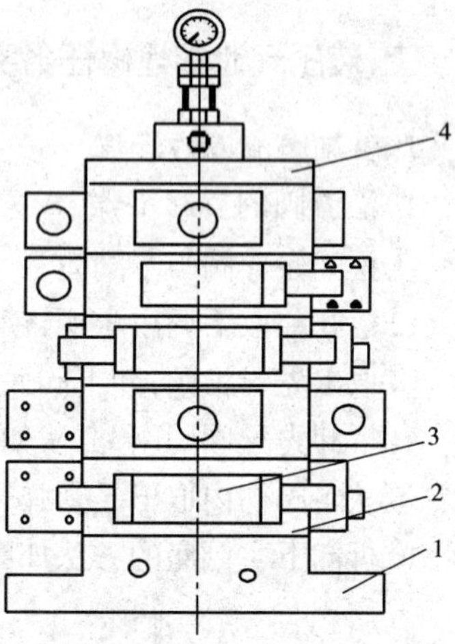

图 1-150 集成块式液压装置

1-底板;2-集成块;3-阀;4-盖板

4. 叠加式连接

将各种液压阀的上下面都作成像板式阀底面那样的连接面,相同规格的各种液压阀的连接面小,油口位置、螺钉孔位置、连接尺寸都相同(按相同规格的换向阀的连接尺寸确定),这种阀称为叠加阀。按系统的要求,将相同规格的各种功能的叠加阀按一定次序叠加起来,即可组成叠加阀式液压装置. 如图 1-151 所示。叠加阀式液压装置的最下面一般为底板,在底板上开有进油口 P、回油口 T 及通往执行元件的油口 A、B 和压力表油口,上面第一块一般为压力表开关,再向上依次叠加各种压力阀和流量阀,最上层为换向阀,一个叠加阀组一般控制一个执行元件。若系统中有几个执行元件需要集中控制,可将几个垂直叠加阀组并排安排在多联底板上。用叠加阀组成的液压系统,元件间的连接不使用管子,也不使用其他形式的连接体,因而结构紧凑,体积小,系统的泄漏损失及压力损失较小,尤其是液压系统更比较方便、灵活。叠加阀为标准化元件,设计中仅需绘出叠加阀式液压系统原理图,即可进行组装,因而设计工作量小,应用广泛。

5. 插装式连接

将阀制成(取消了阀体)圆筒形专用元件——插装阀。将插装阀直接插入布有孔道的阀块(或油路板、集成块)的插座孔中,而构成液压系统。其结构十分紧凑。各种压力阀、流量阀、方向阀、比例阀等均可制成插装阀形式。逻辑阀也属于插装阀的一种。

插装阀与阀块(或油路板、集成块)的连接固定方式有以下三种。

①螺纹式插装。带有螺纹的插装阀,放入插座孔后,即可起到连接固定和封堵作用。

②法兰式插装。插装阀本身带有法兰(见图 1-152),插入插座孔后,用螺钉固定法兰,封堵插座孔。

③盖板式插装。插装件本身不能连接固定,而是在插座孔口另加盖板进行封堵。逻辑阀属这种结构形式。

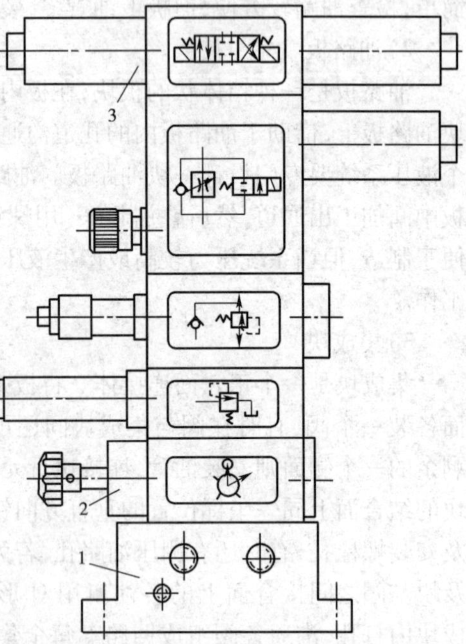

图 1-151　叠加阀式液压装置

1-底板;2-压力表开关;3-换向阀

二、液压阀泄漏检修任务实施

1. 溢流阀泄漏的修理

1)溢流阀的拆卸步骤

①松开先导阀与主阀体。

②松开并取下调压手柄,锁紧螺母、弹簧座及调压弹簧。

③取出先导锥阀,卸下阀底部活塞。

④拆卸先导阀阀座,方法如图 1-153a)所示。

⑤从主阀体内取出平衡弹簧和主阀芯。

⑥拆卸下主阀座的方法如图 1-153b)所示。

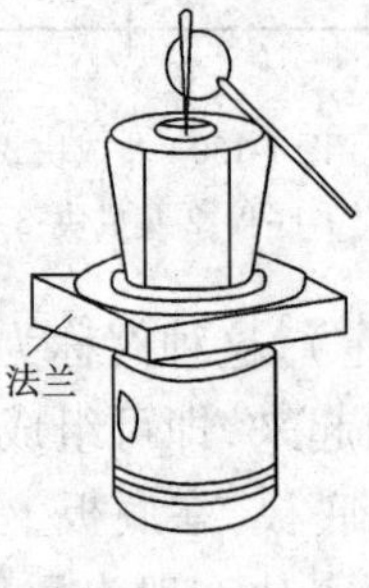

图 1-152　节流阀法兰式插装阀

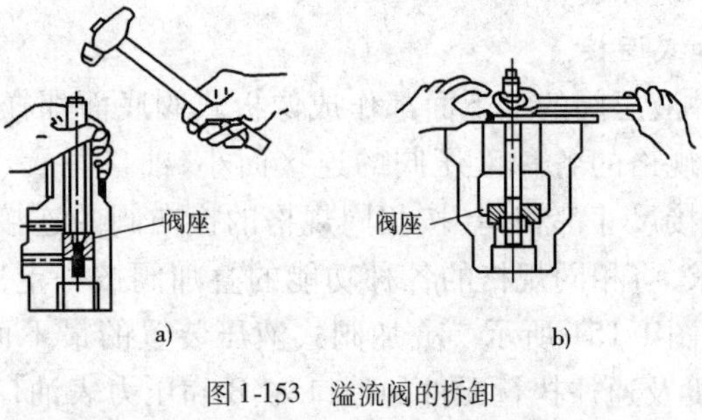

图 1-153　溢流阀的拆卸

a)拆卸先导阀阀座的方法;b)拆卸主阀阀座的方法

2)溢流阀的维修

①用煤油或柴油清洗干净全部零件。

②先导锥阀修理。各种压力阀使用后先导锥阀与阀座密合面的接触部位,常磨损出凹坑

和拉伤,此时对整体式淬火的针阀,可夹持其柄部在外圆磨床磨锥面(尖端也磨去一点)再用。磨损严重不能再修复的,更换新锥阀。

③先导阀座的修复(图 1-154)。阀座与阀芯配合面,在使用过程中会因压力波动及经常启闭产生撞击;另外由于气蚀,阀座与阀芯接触处容易磨损和拉伤,特别是当油液中有油污楔入阀芯与阀座配合面时,更容易拉伤锥面。

如磨损拉伤不甚严重,可不拆下阀座采用研磨的方法修复,研磨棒的研磨头部锥角与阀座相同(120°),或者用一夹套夹住针阀与阀座对研。如果磨损拉伤严重,则可用 120° 中心钻钻刮从阀盖卸下的先导阀阀座和从阀体上卸下的主阀阀座,将阀座上的缺陷和划痕清除干净,然后用 120°研具仔细将阀座研磨光洁。

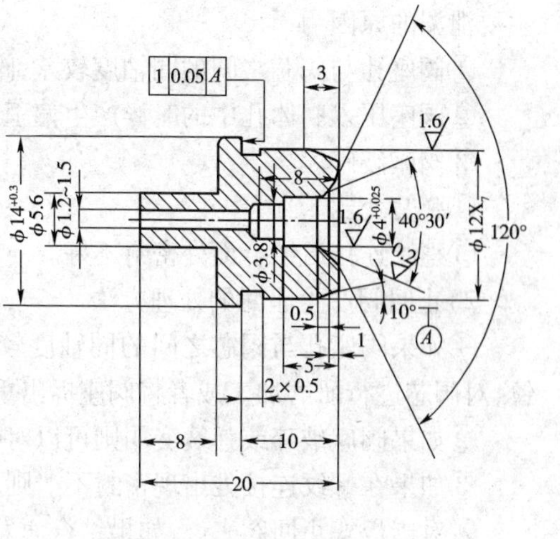

图 1-154　溢流阀座

④主阀芯修复。主阀芯主要是外圆的磨损,对 YF 型中高压阀还有与阀座密合锥面的磨损。主阀芯外圆轻微磨损及拉伤时,可用研磨法修复。磨损严重时应更换新阀。

⑤调压弹簧及平衡弹簧的检查更换。弹簧变形扭曲和损坏,会产生调压不稳定的故障,歪斜严重者予以更换。

⑥主阀体内孔的修复。用细油石修磨内孔磨刺或磨痕。

3)溢流阀的装配

①用煤油清洗干净全部零件。主阀阀芯清洗后用压缩空气吹阻尼孔至透亮,确保阻尼孔中无污物堵塞,各密封圈更换新件。

②将主阀阀芯装入主阀体,在阀内应移动无阻。

③将主阀体底部柱塞装上拧紧。

④将平衡弹簧装入主阀芯孔内。

⑤将先导阀壳体与主阀体合装,并装上主阀座。

⑥将先导阀底部螺塞装上。

⑦将先导锥阀、调压弹簧及弹簧座装入先导阀孔。

⑧将锁紧螺母及调压手柄装上。

⑨将各孔口密封。

2. 止回阀泄漏的修理

图 1-155、图 1-156 为直角式止回阀和普通直通式止回阀结构。

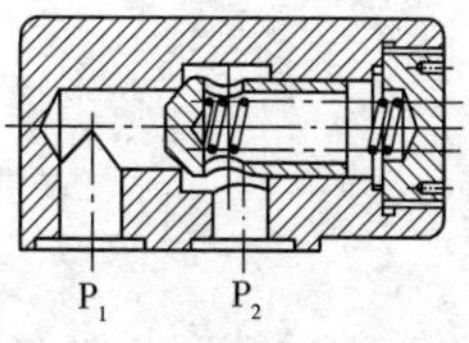

图 1-155　直角式止回阀

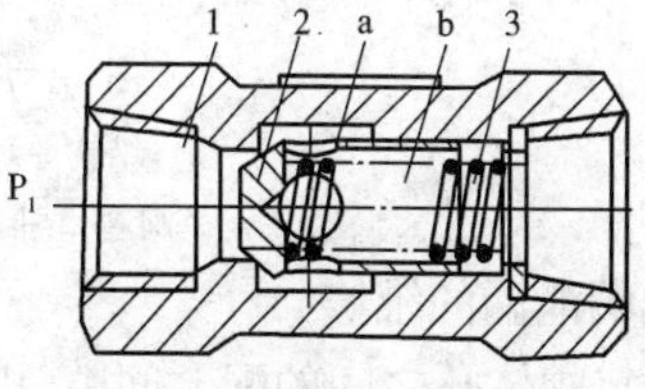

图 1-156　普通直通式止回阀

1-阀口;2-阀芯;3-弹簧

1）止回阀产生泄漏的原因分析

止回阀的阀芯与钢球之间容易产生泄漏，尤其在当反方向压力比较低的时候更容易发生，主要泄漏的原因为：

①阀座孔与阀芯之间的同轴度较差，阀芯导向后接触面不均匀，有部分“掏空”。

②阀座压入阀体孔中的时候产生偏歪或拉毛损伤。

③阀座破碎。

④弹簧变弱。

⑤螺纹连接后结合面处密封不好。

2）止回阀产生泄漏的处理方法

①如果阀座孔与阀芯之间的同轴度较差，阀芯导向后接触面不均匀，可以对阀孔进行重铰，对阀芯进行研磨加工或者将阀座拆出重新压装再装配。

②如果阀座破碎或弹簧变弱则可以对弹簧或者阀座进行更换。

③如果在螺纹连接处出现密封不严则可以对螺纹连接处添加密封胶。

④对于板式止回阀来说，如果结合面发生泄漏，主要是因为结合面处的密封圈损坏，修理的办法是更换结合面处的密封圈。

3. 流量阀泄漏的修理方法

1）普通节流阀的拆卸顺序（图 1-157）

①旋下手柄上的止动螺钉，取下手柄，用孔用卡簧钳卸下卡簧。

②取下面板，旋出推杆座。

③旋下弹簧座，取出弹簧和节流阀芯（将阀芯放在清洁的软布上）。

④用光滑的挑针把密封圈从槽内撬出，并检查弹性和尺寸精度。

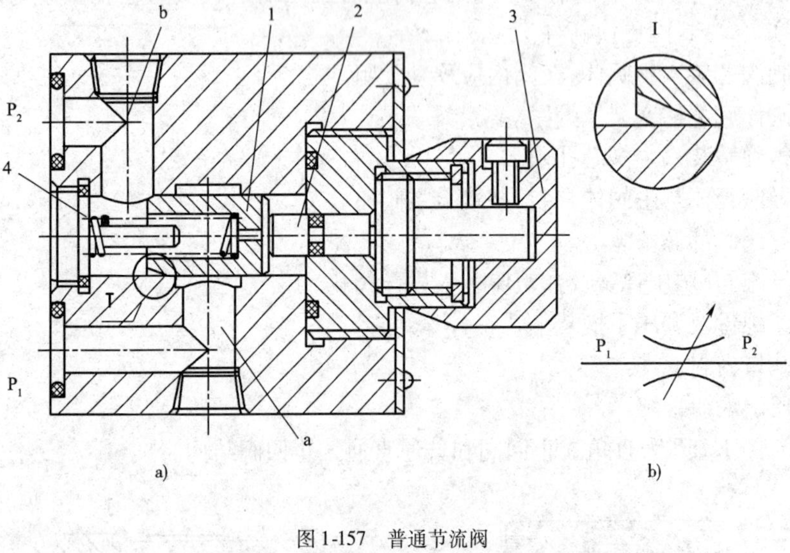

图 1-157　普通节流阀

a）结构原理图；b）图形符号

1-阀芯；2-推杆；3-手轮；4-弹簧

2）普通节流阀泄漏的维修

检查阀芯 1 与阀体孔之间的配合间隙，以及其他相关零件的精度与配合状况，进行修复使用或更换新的零件。

3）装配要领

装配前，清洗各零件，将节流阀芯、推杆及配合零件的表面涂润滑液，然后按拆卸的反顺序装配。但应注意：装配节流阀芯，要注意它在阀体内的方向，切忌不可装反。

单元3　液压缸泄漏检修

一、液压缸的基本知识

（一）液压缸概述

液压缸是将液压能转变为机械能，用来实现直线往复运动的执行元件。其结构简单、制造容易、工作可靠、应用广泛。不同结构的液压缸可完成不同的动作。液压缸本身虽然只能输出往复直线运动，但经过组合，就能够完成各种不同的动作。例如，液压缸在各种工程车辆中的应用，如图1-158所示。

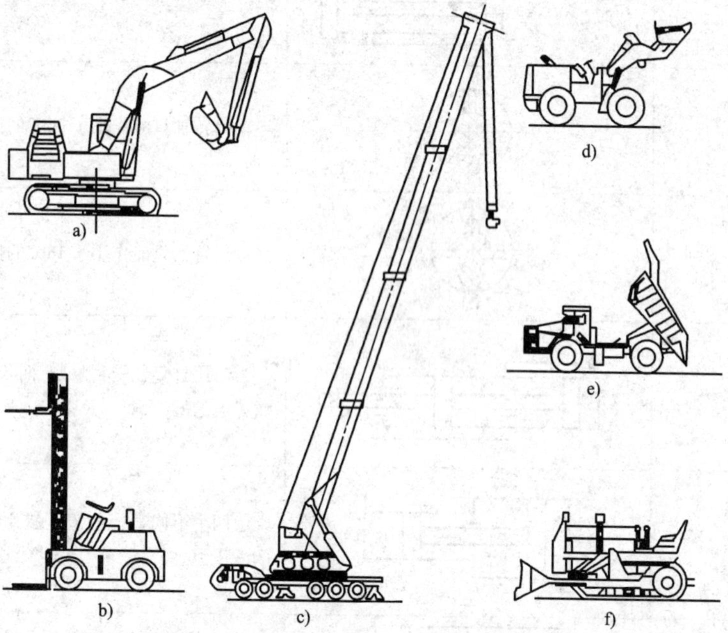

图1-158　液压缸在工程机械中的应用

a）、d）装载机；b）叉车；c）吊车；e）自卸卡车；f）推土机

（二）液压缸的分类

液压缸的种类繁多，分类方法各异。可按运动方式、作用方式、结构形式的不同进行分类，具体见表1-7。

1.单活塞杆式液压缸

活塞上只有一端带有活塞杆的液压缸，亦称为单杆活塞式液压缸，如图1-159所示。这是一种最常用的液压缸，其特点是液压缸的两腔有效作用面积不等。无杆腔的作用面积为活塞面积，有杆腔的作用面积则是活塞面积与活塞杆面积之差的环形面积。当分别向两腔输入相同的压力油时，活塞在两个方向产生的力不等。同样，如分别向两腔输入相同流量的油液，在

液压缸类型

表 1-7

名称			图形	说明
活塞式液压缸	单出杆	单作用	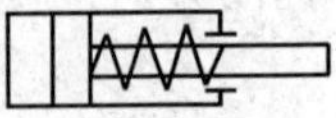	活塞单向作用，由弹簧使活塞复位
		双作用	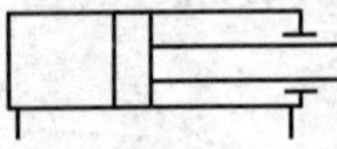	活塞双向作用，左、右移动速度不等，差动连接时，可提高运动速度
	双出杆		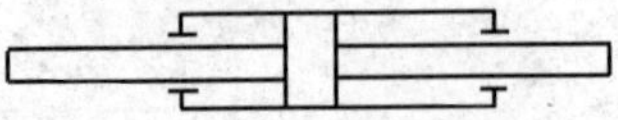	活塞左、右移动速度相等
柱塞式液压缸	单柱塞		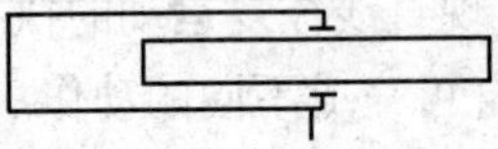	柱塞单向作用，由外力使柱塞复位
	双柱塞		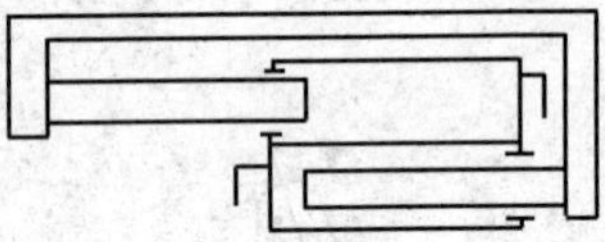	双柱塞双向作用
摆动式液压缸	单叶片		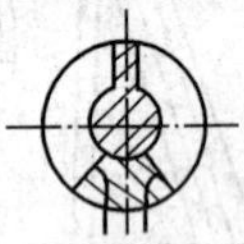	输出转轴只能作小于 360°的摆动
	双叶片			输出转轴只能作小于 180°的摆动
其他液压缸	增力液压缸		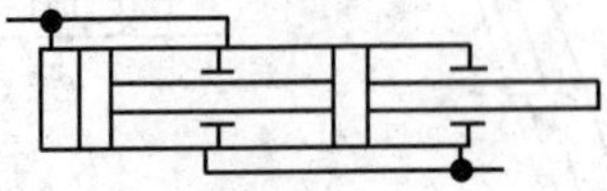	当液压缸直径受到限制、而长度不受限制时，可获得大的推力
	增压液压缸		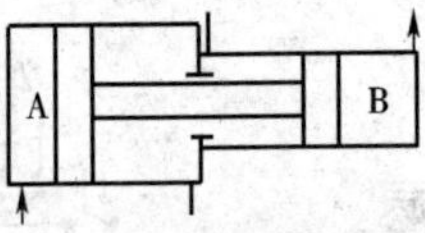	由两个不同直径的液压缸组成，可提高 B 腔中的液压力
	伸缩液压缸		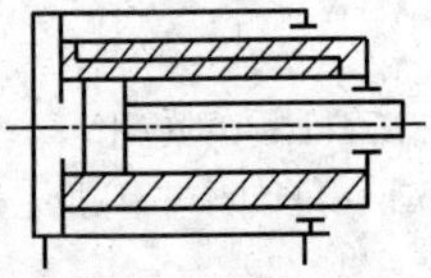	由两层液压缸组成，可增加活塞行程
	多位液压缸		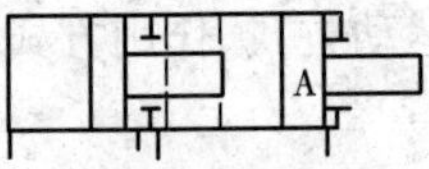	活塞 A 有 3 个确定的位置
	齿条液压缸		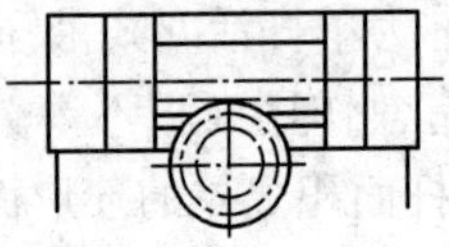	活塞经齿条传动小齿轮使它产生回转运动

两个方向产生的运动速度也不同:对于活塞杆来说,运动方向不同,其受拉、压力的形式也不同。只有一腔可输入油液,实现一个方向运动的液压缸,称为单作用式液压缸;而两腔可以分别输入油液,实现双向运动液压缸,称为双作用液压缸。显然,单作用液压缸的活塞杆在压力油作用下伸出之后,只能借助于外力将其推回。常用的有弹簧复位式单作用液压缸,其原理如图 1-160 所示。也有依靠重力或负载力使活塞返回的单作用活塞缸。

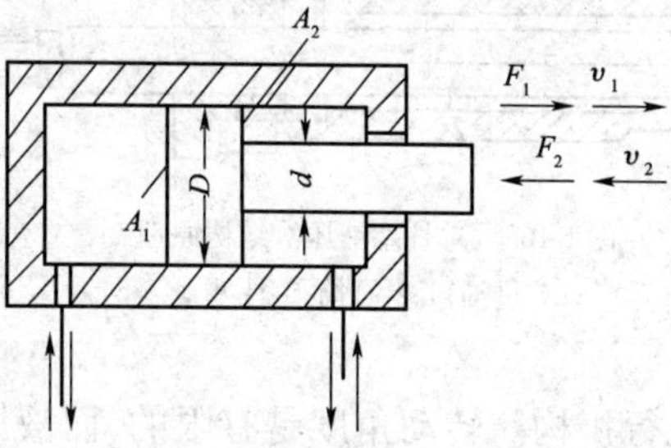

图 1-159 双作用液压缸的工作原理

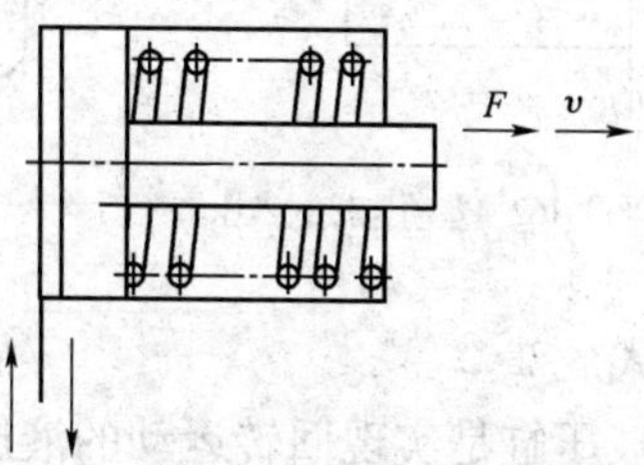

图 1-160 弹簧复位单作用活塞缸

2. 双杆活塞式液压缸

双杆活塞式液压缸是活塞两端都带有活塞杆的液压缸,通常两端的活塞杆直径是相向的。这种液压缸的特点是其两腔的有效作用面积相等,且通常为双作用式。因此,分别向两端输入相同压力和流量的油液,两个方向输出的力和速度相等。这种缸有两种不同的安装形式:一种是液压缸缸体固定,活塞杆往复运动;另一种是活塞杆固定,液压缸体作往复运动,如图 1-161 所示。两种不同安装形式的缸所要求的活塞活动空间不同。图中 a)所示的安装形式要求活动空间为液压缸行程的 3 倍,图中 b)为行程的 2 倍。液压缸的活塞杆受力形式相同。

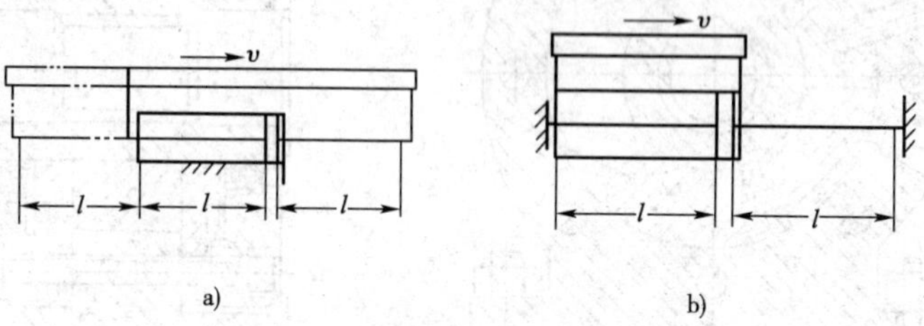

图 1-161 两种活塞缸的安装形式

a)杆动缸不动的占地图;b)杆不动缸动的占地图

3. 差动连接式液压缸

单杆活塞缸的左右两腔相互接通并输入压力油时,称为差动连接,如图 1-162 所示。这种连接方法的单杆活塞缸称为差动缸。差动是指液压缸两腔同时输入相同压力的油液,由于无杆腔面积大于有杆腔面积,利用液压作用力之差使活塞向有杆腔方向移动,而有杆腔所排出的油液又进入无杆腔,使活塞运动速度增加。差动连接时,液压缸的推力比非差动连接时要小,而运动速度增大。这适合轻载高速运动的工艺过程,起到了节能作用。

4. 柱塞式液压缸

柱塞式液压缸是由缸体和柱塞组成的,它没有活塞,其有效作用面积为柱塞端面圆形面积。这种缸的缸筒与柱塞之间没有配合要求,因此缸筒内孔不需要加工,这一点与活塞缸相比更容易加工,所以柱塞缸适用于行程较大的工况要求。柱塞缸的示意图如图 1-163 所示。柱塞在液压力的作用下只能伸出，而返回要靠外力（如机构的自重或其他液压缸的推力等）作用。

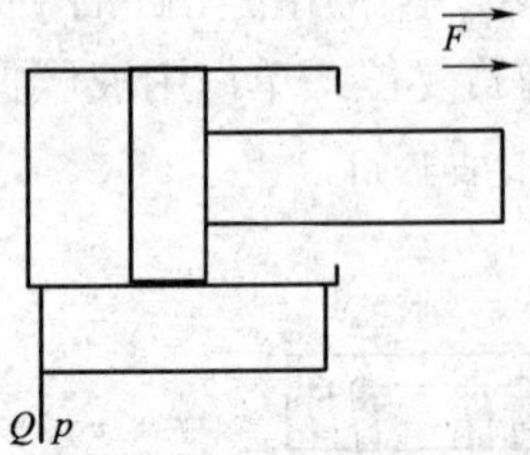

图 1-162　差动连接式液压缸

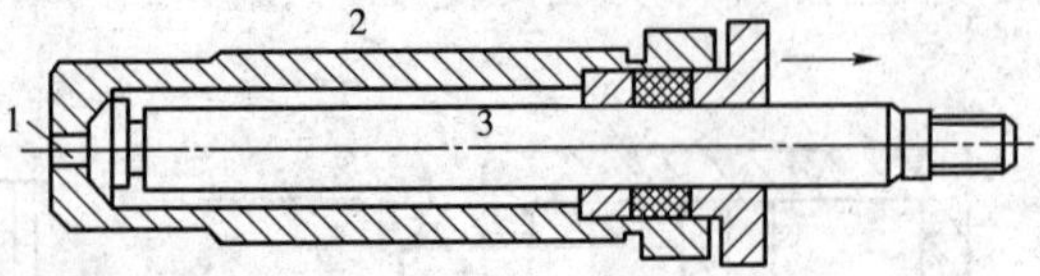

图 1-163　单柱塞液压缸结构原理

1-进油口；2-缸筒；3-柱塞

5. 回转式液压缸

回转式液压缸是实现回转运动的液压执行机构。转动角度是有限的，而液压马达可以连续地旋转。叶片式回转缸有单叶片和双叶片两种形式。图 1-164 所示的为单叶片回转液压缸的结构。定叶片 3 由螺钉和销钉固定在 5 上，嵌在定叶片槽内的弹簧片 1 靠弹簧力使密封元件 2 压紧在花键套 4 的外表面上，将回转叶片 6 的两腔封住。动叶片和定叶片的两侧装有支撑盘 7，并用螺钉将盖板 8、支撑盘和缸体固定在一起。盖板内孔和花键套间用橡胶密封圈密封。

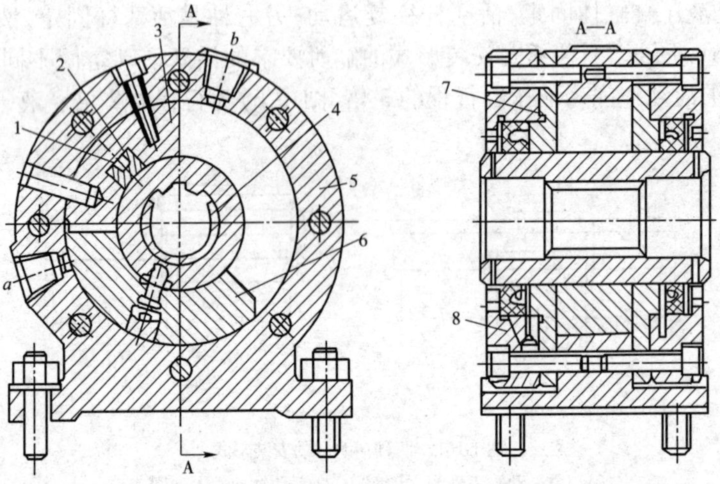

图 1-164　单叶片回转液压缸的结构

1-弹簧片；2-密封元件；3-定叶片；4-花键套；5-缸体；6-回转叶片；7-支撑盘；8-盖板

当压力油由油孔 a 进入时，推动动叶片逆时针方向转动，回油腔的油由 6 孔流出。如进、出油方向互换，动叶片则顺时针方向转动。

图 1-165 所示为双叶片回转液压缸。定叶片 3 固定在缸体 1 上。两个动叶片 2 对称地与轴 4 固定成一体。孔 a、c 和 b、d 分别互相连通，当孔 a、c 通过压力油时，轴就逆时针方向转动，b、d 为回油。如进、出油方向互换，轴则顺时针方向转动。如果单叶片回转缸与双叶片回转缸的结构尺寸相同，当输入相同压力的油液时，双叶片回转缸的输出转矩是单叶片的两倍。当输入相同流量的油液时，前者的输出角速度是后者的一半，通常双叶片回转缸回转角度为 150°，单叶片回转缸为 300°。

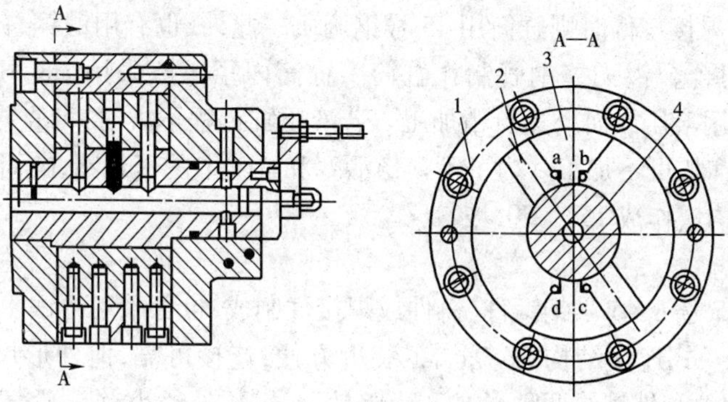

图 1-165　双叶片回转液压缸的结构

1-缸体;2-动叶片;3-密封元件;4-轴

(三)液压缸的结构

图 1-166 是一种双作用单活塞杆的高压液压缸。缸体 5 采用无缝钢管,缸盖 1 和缸体在加工后焊成一体,上盖 9 采用内螺纹与缸体连接并用铜垫 8 压紧密封。在上盖 9 中装有导向套 7,对活塞杆起导向作用,其中还装有用于密封和防尘的 O 形密封圈和防尘圈。

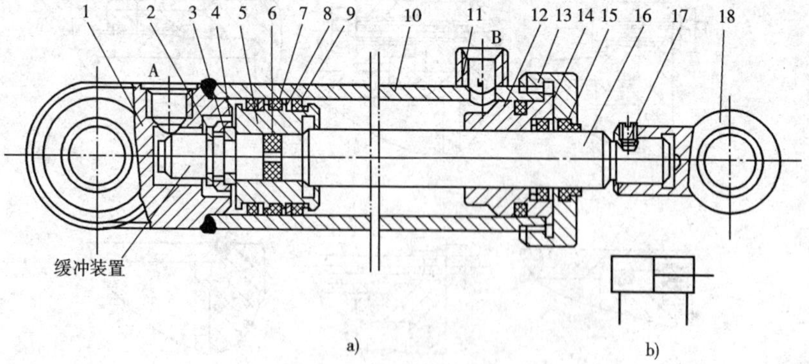

图 1-166　双作用单活塞杆的高压液压缸

a)结构;b)职能符号

1-活塞杆;2-套;3-前盖;4-主体;5-活塞;6-螺母;7-止回阀;8-后盖;9-密封圈;10-缸体;11-排气孔;12-导套;13-端盖;14、15-密封圈 ;16-活塞缸;17-螺钉;18-连接套

图 1-167 是快速进退液压缸。它由活塞杆、套、前盖、缸体、活塞、螺母、止回阀和后盖等件组成。活塞杆 1 和砂轮架快速进退丝杠连接,缸体 4 固定在床身上。压力油经阀 7 进入液压缸右腔,推动活塞向左移动,其左腔的油液经孔 a 排出。当活塞运动接近液压缸端部活塞堵住回油通道时,使其内的油液只能通过三角槽 5 节流缓慢排出,起到缓冲作用。

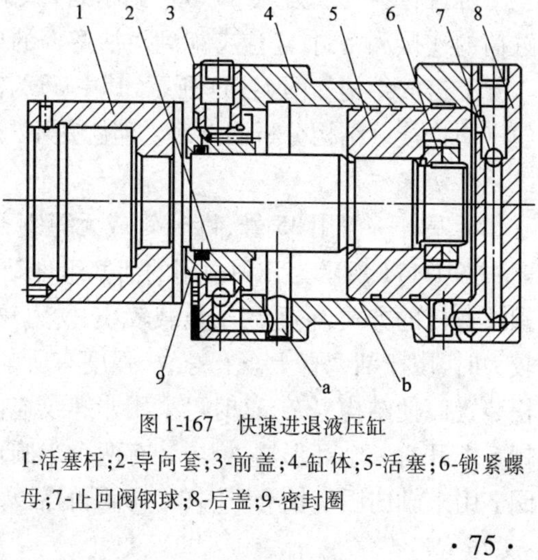

图 1-167　快速进退液压缸

1-活塞杆;2-导向套;3-前盖;4-缸体;5-活塞;6-锁紧螺母;7-止回阀钢球;8-后盖;9-密封圈

由上述实例可见,液压缸的结构可分为缸筒组件、活塞组件、密封装置、缓冲装置和排气装置几部分。

1. 缸筒组件

缸筒材料可以是钢或者铸铁。缸筒通常是用无缝钢管制成,若缸筒上有焊接零件时宜用

35 号钢调质，若无焊接零件时则缸筒用 45 号钢调质。此外，也有用锻钢、铸钢等材料制成的，在特殊情况下采用合金钢无缝钢管制作缸筒。缸筒内径一般采用 H8、H9 配合，粗糙度 *Ra*（0.32 ~0.63），利用滚压或研磨进行精加工。若液压缸行程不大时，可直接磨削，然后研磨内孔。外表面无要求时，可不加工。为了不损伤活塞和缸盖上的密封圈，缸筒在入口处及有密封圈滑过的孔槽口，均应作成 15° ~30°坡口。

2. 缸底结构

缸底一般用 35 号或 45 号钢锻件、铸件或焊接件制成，也可采用铸铁。常见的缸底结构如图 1-168 所示。法兰式连接结构简单，加工装拆方便，连接可靠，但外形尺寸和质量都较大。螺纹式连接有内螺纹和外螺纹两种形式。特点是重量轻，外径小，结构紧凑，但缸筒端部结构复杂，装卸需专用工具，常用于无缝钢管或铸钢制的缸筒上。半环式连接分外半环连接和内半环连接两种。半环连接工艺性好，装卸较方便，但半环槽对缸筒强度有所削弱，常用于无缝钢管与端盖的连接。拉杆式连接结构通用性好，装拆方便，但端盖的体积、重量较大，拉杆受力后会拉伸变形，影响端部密封效果。焊接式连接外形尺寸较小，结构简单，但焊接易引起缸筒变形，主要用于柱塞式液压缸。

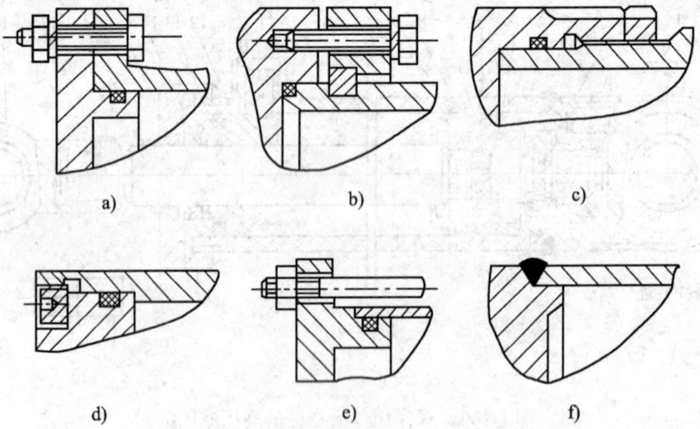

图 1-168　缸底结构

a）法兰式；b）半环式；c）外螺纹式；d）内螺纹式；e）拉杆式；f）焊接式

3. 缸盖结构

缸盖材料一般为 35 号、45 号钢锻件或铸件，也可采用铸铁。缸盖在结构上不仅应解决与缸筒的连接和密封，还应考虑到对活塞杆的导向、密封和防尘等问题。

缸盖的结构如图 1-169 所示，其中 a）为法兰连接；b）为螺纹连接；c）为卡键连接；d）为钢丝卡圈连接。结构分析同缸底。但缸盖不与缸筒焊接。

4. 活塞组件

活塞杆一般用 35 号、45 号钢或无缝钢管做成实心或空心杆，如图 1-170 所示。

图 1-171 所示为几种常用的活塞组件结构形式，其中图 a）所示为活塞和活塞杆之间采用螺纹连接的方式，它适用于负载较小、受力较平稳的液压缸中。当液压缸工作压力较高或负载较大时，由于活塞杆上车有螺纹，强度有所削弱，另外工作机构振动较大时，因必须设置螺母防松装置而使结构复杂，这时可采用非螺纹连接的方式，如图 b）、c）、d）所示，图 b）中所示活塞杆 5 上开有一个环形槽，槽内装有两个半圆环 3 以夹紧活塞 4，半圆环 3 用轴套 2 套住。弹簧圈 1 用来轴向固定轴套 2。图 c）所示的活塞杆 1 使用了两个半圆环 4，它们分别由两个密封圈

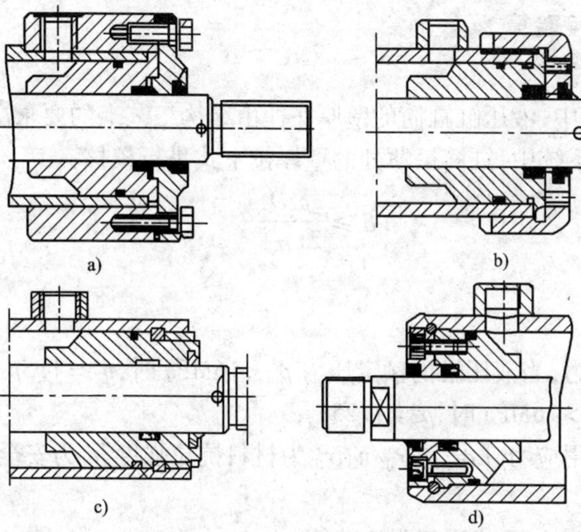

图 1-169　缸盖的结构

a)法兰连接;b)螺纹连接;c)卡键连接;d)钢丝卡圈连接

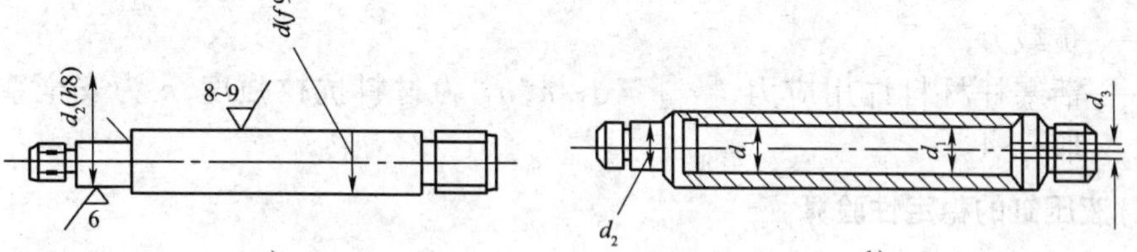

图 1-170　活塞杆

座 2 套住,然后在两个密封圈座之间塞入两个半圆环形的活塞 3。图 d)中,则是用锥销 1 把活塞 2 固定在活塞杆 3 上。

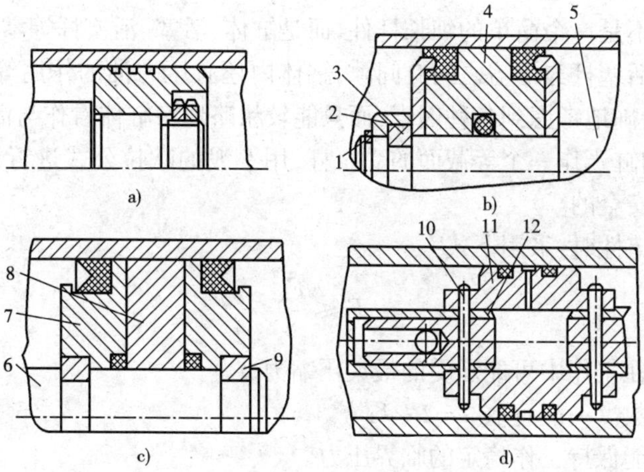

图 1-171　活塞组件结构

a)螺纹连接方式;b)、c)、d)非螺纹连接方式

1-弹簧圈;2-轴套;3、9-半圆环;4-加紧活塞;5、6、12-活塞杆;7-密封圈座;8、11-活塞;10-锥销

(四)液压缸结构强度验算

1. 缸筒壁厚强度验算

在中、低压液压系统中,液压缸缸筒的壁厚往往由结构工艺上的要求决定,强度问题不大,一般不作计算。在高压系统中,缸筒最薄处的壁厚按下式进行校核:

$$\delta \geqslant \frac{p_y D}{2[\sigma]} \tag{1-38}$$

式中:σ——缸筒壁厚;

D——缸筒内径;

σ——缸筒试验压力,当液压缸的额定压力 $p_n < 16\text{MPa}$ 时,$p_y = 1.5p_n$。当 $P_y = 1.5P_n$;当额定压力 $p_n > 16\text{MPa}$ 时,$p_y = 1.25p_n$;

$[\sigma]$——缸筒材料许用应力,$[\sigma] = \sigma_b/n$,σ_b 为材料抗拉强度,n 为安全系数,一般取 $n = 5$。

2. 活塞杆强度验算

活塞杆直径选定后,应按下式进行强度验算

$$d \geqslant \sqrt{\frac{4F}{\pi[\sigma]}} \tag{1-39}$$

式中:d——活塞杆直径;

F——负载力;

$[\sigma]$——活塞杆材料许用应力,$[\sigma] = \sigma_b/n$,σ_b 为材料抗拉强度,n 为安全系数,一般取$n > 4$。

(五)液压缸的稳定性验算

许多机械设备使用的单杆活塞缸由于活塞杆伸出较长且受压缩载荷,常常形成特定的受力和变形状态,通常称之为液压缸的稳定性问题。

如果液压缸的活塞杆直径为 d,而活塞杆全部伸出后活塞杆加上液压缸体的总长为 L,则当 $L/d = 10 \sim 15$ 时,液压缸易出现不稳定状态,造成活塞杆纵向弯曲破坏的后果,故必需验算液压缸的稳定性。

由于液压缸并不是一个简单的细长杆件,而是缸体、活塞、活塞杆等零件的组合体,并且在活塞与缸体之间和活塞杆与端盖之间有间隙,缸体内还有压力油的作用等,使情况相当复杂。实际计算时,很难精确地考虑到各种因素,而只能较粗略地将缸体看作与活塞杆具有相同截面的杆件,即把整个油缸当作一个等截面的受压杆,用一般的欧拉公式进行计算。显然,这种方法计算结果是偏于安全的。

检验液压缸稳定性时,采用下式:

$$F \leqslant \frac{F_K}{n} \tag{1-40}$$

式中:F——活塞杆在工作中可能承受的最大压缩力;

n——安全系数。一般可取 $n = 2 \sim 4$;

F_k——活塞杆能保持工作稳定的临界压力。

F_k 值与活塞杆材料的性质、截面形状、直径和长度以及液压缸的安装方式等因素有关。根据材料力学压杆稳定理论,F_k 可按下式计算:

$$F_K \leqslant \frac{\pi^2 EJ}{(\varphi l)^2} \tag{1-41}$$

式中：E——活塞杆材料的弹性模数，对钢 $E=2.06\times10^5$MPa；

J——活塞杆截面惯性矩，对圆截面实心杆 $J=\pi d^4/64$；

φ——长度折算系数；

l——计算长度，亦可根据液压缸支点位置来确定。

二、液压缸泄漏检修任务实施

1. 液压缸的泄漏测试

现以工程机械液压缸为例说明。图 1-172 为测试回路。显然，测试仪的回油管亦应注意稳妥地固定在油箱上。测试步骤如下：

①打开测试仪的加载阀，将方向控制阀手柄放在液压阀活塞杆伸出流量最大位置上。

②将发动机调至额定转速（一般操作手册中有规定），并保证整个测试 EP 转速不变。

③当动臂液压缸活塞杆至终点时，缓慢关小加载阀，使测试仪上的压力升至低于系统溢流阀的调定压力 0.7MPa，测试的流量读数为液压缸负载流量。

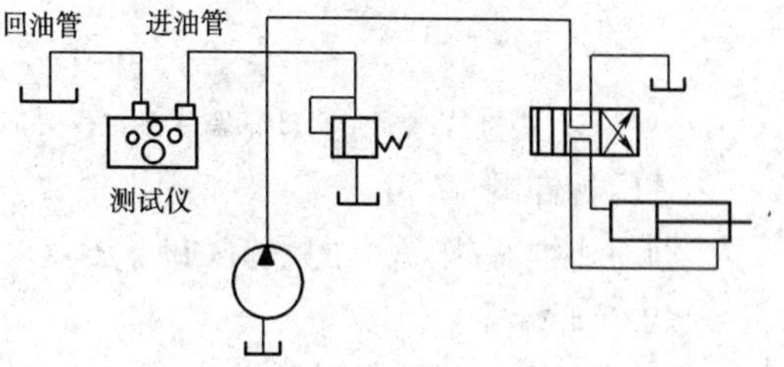

图 1-172　液压缸泄漏测试

④将方向控制阀手柄扳到相反位置（应避免在有液压力情况下扳动阀杆），记录测试仪流量计读数，为液压缸反向负载流量。

⑤将方向控制阀手柄置于中位，并将一根与油缸相连通的软管拆除，让缸内剩余油液经软管流入清洁容器，再操作方向控制阀，使液压缸活塞向已排净油的油腔方向运动，当行至终点时，观察是否有油液泄漏。若只有少量油液渗出，说明液压缸密封良好；若泄漏油液较多，说明活塞密封件已失效。

⑥液压缸两个终端位置时的渗漏应该很小，并且相等。测试仪的流量计读数值与液压缸运动时间乘积所得体积量，应与这一腔流入容器油液体积量相同，如果前者比后者大，其差值是方向阀泄漏的。若液压缸在两个极端位置测试仪流量读数有差值，是由方向控制阀两端磨损量不同引起的。

2. 液压缸的拆卸方法

1）拆卸时所用工具

内六角扳手 1 套、耐油橡胶板 1 块、油盆 1 个及钳工常用工具 1 套。

2）拆卸时的注意事项

①首先应开动液压系统，将活塞的位置借助液压力移到适于拆卸的一个顶端位置。

②在进行拆卸之前，截断电源，使液压装置停止运动。

③为了分析液压缸的受力情况，以便帮助查找液压缸的故障及损坏原因，在拆卸液压缸以前，对主要零部件的特征、安装方位如缸筒、活塞杆、活塞、导向套等，应当作上记号，并记录下来。

④为了将液压缸从设备上卸下，先将进、出油口的配管卸下，活塞杆端的连接头和安装螺栓等需要全部松开。拆卸时，应严防损伤活塞杆顶端的螺纹、油口螺纹和活塞杆表面。譬如，拆卸中，不合适的敲打以及突然的掉落，都会损坏螺纹，或在活塞杆表面产生打痕。因此，在操作中应该十分注意。

⑤由于液压缸的结构和大小不同，拆卸的顺序也稍有不同。一般应该先松开端盖的紧固

螺栓或连接杆，然后将端盖、活塞杆、活塞和缸筒顺序拆卸。注意在拆出活塞与活塞杆时，不应硬性将它们从缸筒中打出，以免损伤缸筒内表面。

3）拆卸顺序及安装要领

双杆活塞液压缸拆装（实心双杆活塞缸结构见图1-173）

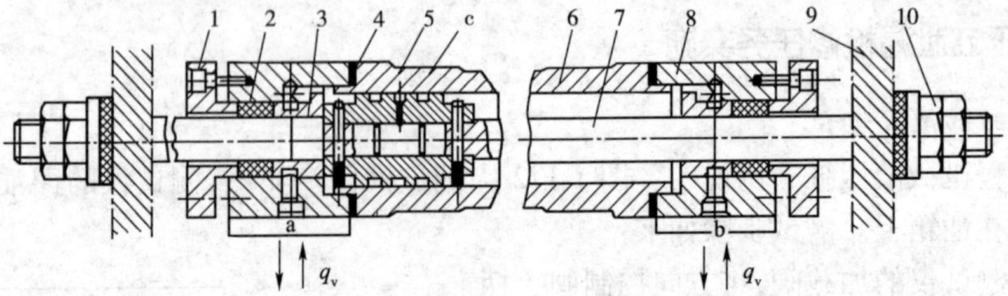

图1-173　实心双杆液压缸结构

1-螺钉；2-密封圈；3-活塞；4-油封；5-导向套；6-缸体；7-活塞杆；8-活塞；9-连接部件；10-螺栓

（1）拆卸顺序

①拆掉左右压盖上的螺钉、卸下压盖。

②拆下端盖。

③将活塞与活塞杆从缸体中分离。

（2）装配要领

装配前清洗各部件，将活塞杆与导向套、活塞杆与活塞、活塞与缸筒等配合表面涂润滑液，然后按拆卸时的反向顺序装配。

3. 液压缸泄漏的修理方法

内漏和外漏都是油缸的主要故障。一般发生在缸体、缸体与缸盖之间、管接头处、活塞杆与衬套之间、活塞与缸体、活塞与活塞杆之间等。

1）液压缸密封件损坏及修复方法

（1）由于安装形式不当引起的O形圈失效

有时，设计者从装配、安装、工艺及零件强度等因素考虑，将O形圈设计成角密封或端面密封形式，见图1-174a）、b），这种密封形式不宜用于中高压液压缸，因为此类形式的密封作用主要是靠拉杆或螺钉的压紧力来保证的。随着液压缸的工作时间或工作压力的增加，将出现螺钉松动或拉杆的拉伸变形现象，导致压紧力减小，从而失去密封作用，产生泄漏。另外，如果几个螺钉的拧紧程度不同也有可能引起泄漏。这种情况虽可通过均匀拧紧螺钉或在螺母上加防松装置予以解决，但最好还是将端面密封或角密封改为圆周密封，见图1-174c）。

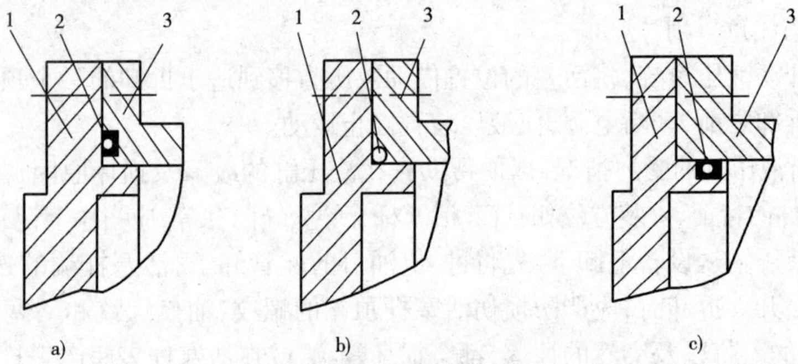

图1-174　液压缸密封图

a）端面密封；b）角密封；c）圆周密封

1-缸底；2-O形密封圈；3-缸筒

(2)端盖上螺钉失效

经定期检查或更换密封圈后的液压缸重新运行时，经常仅运转二三天便因压盖上的螺钉损坏而出现泄漏。这种故障一般是由于液压缸拆装后立即投入运转造成的。虽然组装时已将螺钉均匀拧紧，但因摩擦阻力随螺钉接合面的粗糙度不同而异，各螺钉的实际紧固力不尽相同，有的螺钉处于一种假紧固状态。因此液压缸工作后各螺钉的受力是不均匀的。若压盖与缸筒法兰之间留有压紧余量，螺钉又未完全拧紧时，上述现象会更加明显，以至于造成螺钉逐个损坏。这类故障的解决办法是：在液压缸组装后不要立即投入正式运行，而是先加压，然后再度将螺钉拧紧，拧紧时应注意使压紧量保持均等。若必须留有一定间隙时，应插入适当的垫片，再将螺钉完全固紧。

(3)因导向套和活塞支撑环的过度磨损而引起密封件的快速损坏

若液压缸因有泄漏而达不到预定的输出力时，其原因多数是由于活塞杆上的密封件损坏所致。而密封件的频繁损坏又归因于导向套和活塞支撑环的过度磨损。当导向套与活塞杆、活塞支撑环与缸筒的动配合间隙超过一定限度时，不但会加速密封件的磨损，而且还可能引起液压缸失稳，造成活塞杆弯曲，因此必须对磨损的导向套及活塞支撑环进行修理或更换。

一般情况，出现导向套及活塞的严重磨损时应予更换，但对于比较大的液压缸，导向套和活塞多为铸铁件或铜件，若将整个零件全部更换，不仅成本高、浪费大，而且加工也有一定的难度。为此，可采取增加耐磨环的办法进行修复，具体措施如下：

①将导向套的内孔（与活塞杆配合的孔）直径 d 扩孔至（$d+F_1$）；将活塞支撑部位（与缸筒配合的部分）的外径 D 减小为（$D-F_2$）。F_1 与 F_2 的值见表 1-8 和表 1-9。

②计算所用耐磨环宽度及数量。根据侧向力的大小和耐磨环的许用应力[σ]计算耐磨环的总宽度 B，然后根据活塞杆直径 d、缸筒内径 D 的大小，确定单件耐磨环的宽度 b（一般 $b=3.2\sim8.2$mm，d 和 D 大时取大值），于是耐磨环的数量 $n=B/b$。

③选择耐磨环材料。一般应选用摩擦系数小、可吸收硬质颗粒且耐磨、耐热及许用应力[σ]较大的材料。这里推荐一种聚甲醛与有色金属合成的材料。其许用应力：50℃时，[σ]=15MPa；70℃时，[σ]=10MPa；80℃时，[σ]=9MPa；100℃时，[σ]=7MPa。

④在导向套或活塞支撑部位的适当位置加工几条环形槽，槽宽为（$b+0.2$）mm。若耐磨环的厚度为 δ，则导向套上槽顶直径为（$d+0.2$mm）H_9，活塞上槽底直径为（$D-2\delta$）h_9（见图 1-175）。耐磨环切口宽度 S 一般取 2～5mm。

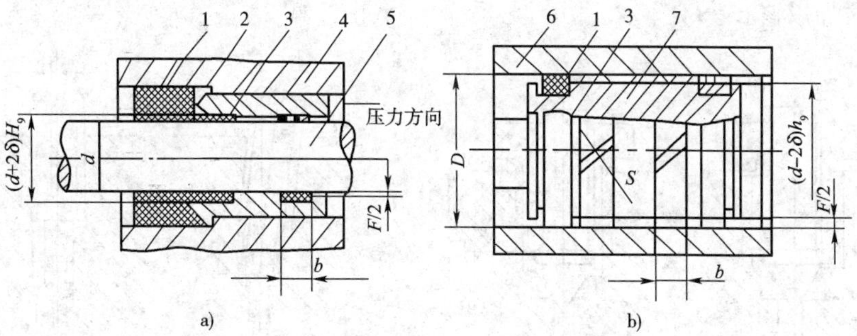

图 1-175　导向套与活塞结构

a）导向套结构；b）活塞结构

1-密封件；2-导向套；3-耐磨环；4-端盖；5-活塞杆；6-缸筒；7-整体活塞

采用这种方法修复的液压缸,不仅可满足使用要求,而且因活塞杆与导向套、活塞与缸筒之间无直接接触,活塞与导向套的加工精度可相对降低,还可以避免缸筒及活塞杆因拉伤而造成的失效。

F_1 值 表 1-8

活塞杆直径 d(mm)	工作压力(MPa)	
	0 ~ 20	20 ~ 40
25 ~ 180	0.5 ~ 0.8	0.3 ~ 0.5
200 ~ 400	0.6 ~ 1.0	0.4 ~ 0.6

F_2 值 表 1-9

活塞杆直径 D(mm)	工作压力(MPa)	
	0 ~ 20	20 ~ 40
32 ~ 63	0.5 ~ 0.8	0.3 ~ 0.5
80 ~ 500	0.6 ~ 0.9	0.4 ~ 0.6

2)活塞与缸筒安装不同心或承受偏心负荷

活塞与缸筒安装不同心或承受偏心负荷等都会使密封面径向偏移,使密封件压紧力在圆周上分布不均。当活塞运动时,就会出现倾斜和偏磨现象,如图 1-176 所示。出现这种情况后,既破坏了导向,又破坏了密封,产生泄漏。

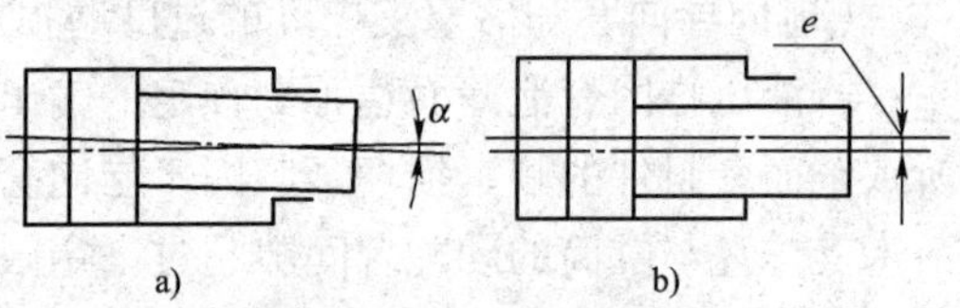

图 1-176 活塞与缸筒不同心

a)中心线偏斜;b)中心线偏移

3)由排气阀产生的泄漏

油缸中有空气会使动作不平稳。压力过高时,还可能因绝热压缩而造成局部高温。所以必须设置排气装置。排气装置不良,会造成泄漏。以常用的针阀为例,说明如下:

①针阀加工不能保证质量时,会引起泄漏。如图 1-177 所示。因螺纹与阀座表面的孔径有偏心或外螺纹倾斜使中心不重合以及针阀单边接触等,都可能造成泄漏。阀座表面不光滑,达不到全周接触(即不能全面接触)。易产生泄漏。

②针阀螺纹有效长度不够,或者孔螺纹过浅,都会导致阀针接触不到阀孔,因而产生泄漏。

4)缓冲调节阀处产生的泄漏

缓冲调节阀一般都用 O 形密封圈密封,因而其泄漏多半出现在 O 形圈上。如密封圈因为加工毛刺刮伤或烧结后形成伤痕等,都会导致密封破坏;尺寸或结构变化会使密封件挤出,从而造成密封处产生泄漏。

另外,缓冲调节阀有偏心(如图 1-178 所示),因螺纹部分与 O 形密封圈安装孔之间有偏心或角度不正,这时缓冲阀拧不进去或者只能拧进一少部分,也会增加泄漏。出现这种情况时,必须及时加以修正。

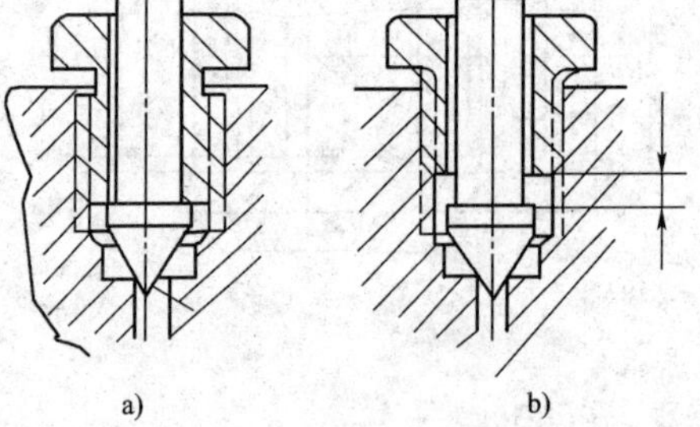

图 1-177 针阀排气装置

a)中心不吻合有间隙;b)螺纹长度不够

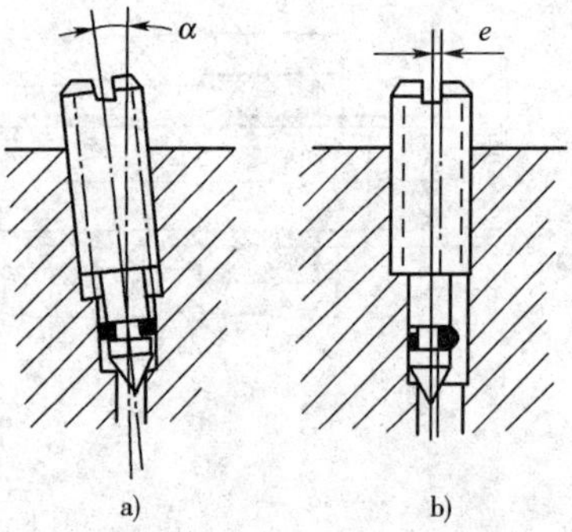

图 1-178 偏心阀偏心造成泄漏

a)偏转一定角度;b)偏移一定偏心距

油缸固定部位容易泄漏，除上述外，进出油口焊接工艺不良也会造成泄漏。滑动部位的泄漏，主要产生在活塞杆与活塞的密封处。

5）活塞杆密封的泄漏

活塞杆处的泄漏与密封损坏及密封类型有关。

①O 形密封圈急剧磨损后产生泄漏。磨损的原因主要是活塞杆加工精度不够。油缸停止工作时间愈长，O 形密封圈的静摩擦阻力愈大，磨损愈严重。此外，油缸往复次数愈多、活塞运动速度过快等都会增加密封圈的磨损，从而使泄漏增加。

②V 形及 U 形密封圈的泄漏与磨损情况与 O 形圈类似。

学习任务二　液压油温度异常故障检修

学习目标

1. 能够解释液压系统油温异常各种故障的原因;
2. 能够检查和排除液压系统油温异常各种故障;
3. 能够看懂及识别出液压油的牌号;
4. 能够掌握液压油选用及更换的方法;
5. 能够对液压热交换器进行检查和维修。

任务描述

对工程机械柴油液压油温度异常故障进行检查与维修作业,在拆装液压元件及检测、更换液压油的过程中符合国家或行业相关工艺标准。

学习引导

液压油的知识→液压油质量检验→液压油热交换器拆装→维修→组装

单元1　液压油检查与选用

一、液压油的基本知识

液压油是液压传动系统中的传动介质,同时还对液压装置的机构、零件起着润滑、冷却和防锈作用。液压工作介质的性能对液压系统的工作状态有很大影响,液压传动系统的压力、温度和流速在很大的范围内变化,因此液压油的质量优劣直接影响液压系统的工作性能。

(一)液压油的物理性质

1. 液体的密度

单位体积的质量称为密度。即:

$$\rho = \frac{M}{V} \tag{2-1}$$

式中:ρ——液体密度,kg/m^3;

V——液体体积,m^3;

M——体积为 V 的液体质量,kg。

密度是一个重要物理量,当液体温度和压力变化时,其密度也会发生变化很小,通常视密度为定值。液压油的密度一般为 $900kg/m^3$。

2. 液体的黏性

1)黏性的物理本质

液体在外力作用下流动时,由于液体分子间的内聚力和液体分子与壁面间的附着力,导致液体分子间相对运动而产生的内摩擦力,这种特性称为黏性。或:流动液体流层之间产生内部摩擦阻力的性质。液体只有在流动(或有流动趋势)时才表现出黏性,静止液体不呈现黏性。它使流动液体内部各层间的运动速度不等。黏性的大小可用黏度来衡量,黏度大,液体内摩擦力就大,油液就"稠",反之就"稀"。

2)黏度

黏度是衡量黏性大小的物理量。液体在外力作用下流动时,分子间的内聚力会阻碍分子间的相对运动而产生一种内摩擦力。这一特性称作液体的黏性。黏性的大小用黏度表示,黏性是液体重要的物理特性,也是选择液压油的主要依据。常用的黏度表示方法有三种:动力黏度μ、运动黏度ν和相对黏度。

(1)动力黏度μ

动力黏度又称绝对黏度,它直接表示流体的黏性即内摩擦力的大小。动力黏度μ在物理意义上讲,是当速度梯度$du/dy=1$时,单位面积上的内摩擦力的大小,动力黏度的国际(SI)计量单位为牛顿·秒/米^2,符号为$N\cdot s/m^2$,或为帕·秒,符号为$Pa\cdot s$。

(2)运动黏度ν

运动黏度是绝对黏度μ与密度ρ的比值:

$$\nu=\frac{\mu}{\rho} \tag{2-2}$$

式中:ν为液体的运动黏度,m^2/s;ρ为液体的密度,kg/m^3。运动黏度的SI单位为米^2/秒,(m^2/s)。还可用CGS制单位:斯(托克斯),St斯的单位太大,应用不便,常用1%斯,即1厘斯来表示,符号为cSt,故:

$$1cSt=10^{-2}St=10^{-6}m^2/s$$

运动黏度ν没有什么明确的物理意义,它不能像μ一样直接表示流体的黏性大小。由于在理论分析和计算中常常碰到绝对黏度与密度的比值,为方便起见才采用运动黏度这个单位来代替μ/ρ。它之所以被称为运动黏度,是因为在它的量纲中只有运动学的要素长度和时间因次的缘故。

ISO规定统一用运动黏度ν来表示液压油的黏度。机械油的牌号上所标明的号数就是这种油液在温度40℃时运动黏度ν的平均值(mm^2/s)。

(3)相对黏度

相对黏度又称条件黏度。采用特定的黏度计在规定的条件下测出来的液体黏度。各国采用的相对黏度单位有所不同。有的用赛氏黏度,有的用雷氏黏度,我国采用恩氏黏度。

利用下列经验公式,可将恩氏黏度换算成运动黏度。

$$\nu=(7.31°E-6.31/°E)\times10^{-6} \tag{2-3}$$

工程中常采用先测出液体的相对黏度,再根据关系式换算出动力黏度或运动黏度的方法。

3. 液体的可压缩性

液体的可压缩性是液体受压力作用而发生体积缩小的性质。即:体积为V的液体,当压力Δp增大时,体积ΔV减小,则液体在单位压力变化下体积的相对变化量。

1)液体的体积压缩系数公式

$$k = -\Delta V/\Delta p \tag{2-4}$$

常用液压油的 $k = (5 \sim 7) \times 10^{-10}(\mathrm{m^2/N})$。

液体的体积压缩系数的物理意义:单位压力所引起液体体积的变化,当 p 增大,V 减小,所以为保证 k 为正值,式中须加负号。

2)影响黏度的因素

(1)黏度和压力的关系

液体分子间的距离随压力增加而减小,内聚力增大,其黏度也随之增大。所以,μ 随 p 增大而增大,压力较小时忽略,32MPa 以上才考虑。

(2)黏度和温度的关系

当温度上升,内聚力下降,μ 下降,所以黏度随温度变化的关系叫黏温特性。若黏度随温度的变化较小,即黏温特性较好。

(二)液体静力学基础

1.液体的压力及其持性

作用于液体上的力有质量力和表面力两种类型。质量力作用于液体的所有质点上,如重力、惯性力、离心力等。表面力作用在所研究的液体表面上,如法向力、切向力等。表面力可以是其他物体作用于液体上的力,也可以是一部分液体作用于另一部分液体上的力。

当液体静止时,由于液体质点无相对运动,其表面力只有法向力而无切向力。若在静止液体中,某一微小面积 ΔA 上的法向作用力为 ΔF、则静压力定义为

$$p = \lim_{\Delta A \to 0} \frac{\Delta F}{\Delta A} \tag{2-5}$$

即静止液体单位面积上所受的垂直作用力(法向力)叫静压力。工程上习惯称静压力为压力,物理学称之为压强。

$$p = \frac{F}{A} \tag{2-6}$$

式中:p——液体压力,Pa;

F——面积 A 上的垂直作用力,N;

A——承压面积,$\mathrm{m^2}$。

静压力有如下两个重要特性:

①液体静压力垂直于承压面,方向与该承压面内法线方向一致。

②静止液体内,任意一点所受的静压力在各个方向上都相等。

2.液体静力学基本方程

在重力作用下,静止液体的受力,除了重力和液面作用力外,还有壁面的作用力。若求液体内部离液面距离为 h 的点 B 的压力,可从液体中取出一个底面过该点的垂直小液柱,小液柱的底面积 dA,高为 h,液柱的重力为 $G = \rho gh\mathrm{d}A$,由于液柱处于平衡状态,则力的平衡方程为

$$p\mathrm{d}A = p_0\mathrm{d}A + \rho gh\mathrm{d}A \tag{2-7}$$

$$p = p_0 + \rho gh \tag{2-8}$$

式中:p——作用在液面上的压力,Pa;

ρ——液体密度,kg/mg;

g——重力加速度,9.81m/s^2。

式(2-8)为液体静压力基本方程。它揭示了静止液体压力的分布特征。

①静止液体内任一点的压力由两部分组成:一部分是液面上的压力,另一部分是该点以上液体重力所形成的压力 ρgh。当液面上只受大气压力 p_a 作用时,则该点的压力 $p=p_a+\rho gh$。

②静止液体内的压力随深度增加呈线性规律递增。

③在同一液体中,离液面深度相等的各点压力相等。由压力相等的点组成的面称等压面,在重力作用下,静止液体中的等压力面为一水平面。

在液压传动中,由重力(质量力)所引起的那部分压力 ρgh 远小于系统工作压力,因此,在计算系统压力时,一般将其忽略。

3. 压力的表示方法

压力的表示方法有绝对压力和相对压力。绝对压力是以绝对真空为基准来进行度量的压力;相对压力是以大气压为基准来进行度量的压力。如果液体的绝对压力低于大气压力,则习惯上称为真空,并以真空度表示。绝对压力比大气压力小的那部分数值,称真空度。由常用压力测试仪表测得的压力为相对压力,因此习惯上把相对压力称为"表压力"。

绝对压力、相对压力、大气压力及真空度之间关系可表示为:

绝对压力 = 相对压力 + 大气压力

真空度 = 大气压力 − 绝对压力

绝对压力、相对压力、真空度的关系如图 2-1 所示。

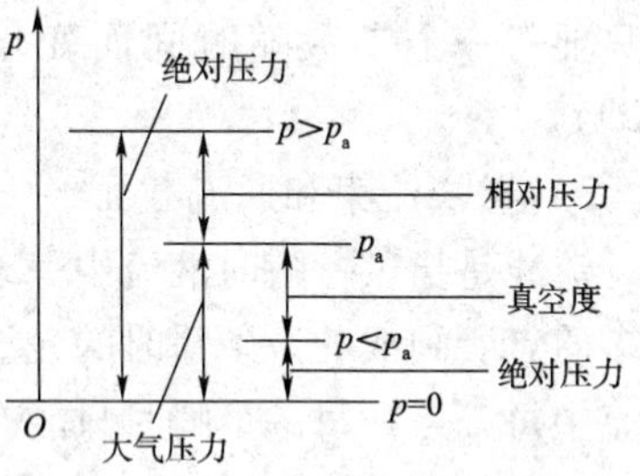

图 2-1　绝对压力、相对压力、真空度的关系

4. 帕斯卡原理

在密闭容器内,施加于静止液体上的压力将以等值同时传到液体各点,这就是帕斯卡原理(也称为静压力传递原理)。

根据帕斯卡原理,结合静压力的特征可以得出:液体不仅能传递力,而且还可以使力放大或缩小,并能获得任意方向上的力。各类液压机就是帕斯卡原理应用的具体实例。

5. 液体静压力作用于平面固体壁面上的力

1)液体静压力作用于平面固体上的力

当固体壁面为平面时,若不计重力,则作用于平面固体的力为静压力与承压面积的乘积,即

$$F=pA \tag{2-9}$$

式中:F——静压力作用于固体表面上的力;

p——液体压力,Pa;

A——承压面积,m^2。

2)液体静压力作用于曲面固体上的力

当承压面为曲面时,工程上往往只需要计算在受压曲面上某一方向上的作用力,曲面上某一方向 z 上的分力等于压力与曲面在该方向上的投影面 A_z 的乘积,即

$$F_z=pA_z \tag{2-10}$$

液压传动中常见的曲面为球面和锥面,其液压力作用在这两个曲面沿轴向上的作用力为:

$$F_Z=pA_Z=p\frac{\pi}{4}d^2 \tag{2-11}$$

(三)液体动力学基础

流体动力学是研究流体运动时流速和压力的变化规律,是流体力学的核心问题。而液压流体动力学只涉及平均作用力和运动之间的关系。液体力学中的三大基本方程:连续性方程、伯努利方程和动量方程是液压传动中分析问题和设计计算的理论依据。

1. 基本概念

1)理想液体

理想液体即没有黏性且不可压缩的假想物体。实际上液体不但有黏性,而且也可以压缩,之所以做这种假设是因为液体内的摩擦力很复杂,研究起来很困难,而液体的压缩量都很小,为了研究方便,先在这种假设的基础上建立一些较简单的数学模型,再通过实验加以修正,应用到实际液体上。

2)稳定流动

稳定流动也称恒定流动、定常流动或非时变流动。当液体流动时任意一点处的压力、流速和密度都不随时间而变化的流动称为稳定流动,而当液体流动时某一点处的压力、流速和密度中只要有一个参数随时间而变化,就是非稳定流动(或称非恒定流动、非定常流动、时变流动)。

3)流线、流束和通流截面

流线是指某一瞬时液流中一条条标志着各质点运动状态的曲线,它是由流体流动空间中许多质点所画成的一条瞬时的光滑曲线,流线上各点瞬时的流向与该点切线方向重合。因为液流中每一点在每一个瞬时只能有一个速度,因而流线既不能相交,也不能重合,是一条光滑曲线,如图 2-2 所示。在稳定流动时流线的形状不随时间而改变。

流束是指通过某一截面 A 所作的流线的集合,如图 2-3 所示。根据流线即不能相交也不能重合的性质,流束内的流线是不能穿过流束表面的。当面积 A 趋向无限小时,这个流束称为微小流束,微小流束上各点的运动速度可以认为是相等的。

通流截面是指流束中与所有流线正交的截面。通流截面上每点的流动速度都与该截面垂直,如图 2-3 所示的 A 截面和 B 截面。

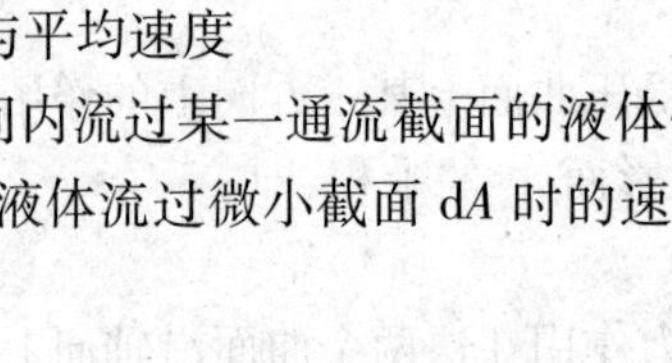

图 2-2　流线

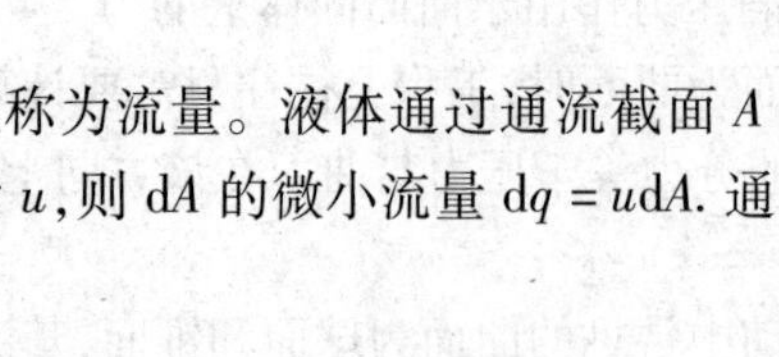

图 2-3　流束与通流截面

4)流量与平均速度

单位时间内流过某一通流截面的液体体积称为流量。液体通过通流截面 A 的流量可描述如下:假设液体流过微小截面 dA 时的速度为 u,则 dA 的微小流量 $dq = udA$. 通流截面 A 上的流量为:

$$q = \int_A u dA \tag{2-12}$$

液体在管道中流动时其速度分布往往很复杂,用上式计算流量很困难,有时甚至是不可能实现的,因此工程上用平均流速来计算流量。

平均流速是一种假想流速,这种假想流速是液体流过通流截面 A 时都以此速度运动,并且用此流速计算所得流量与液体以实际流速流过同一截面的流量相等,即

$$q = \int_{A} u \mathrm{d}A = vA \tag{2-13}$$

平均流速:

$$v = \frac{q}{A} \tag{2-14}$$

2. 连续性方程

连续性方程是流体连续性方程的简称,是流体运动学方程,其实质是质量守恒定律的一种表现形式。它在液压传动中的应用很广。假设不可压缩液体在非等径直管中作稳定流动,在导管内摄取一段,其两端通流截面的面积分别为 A_1 和 A_2。如图 2-4 所示,在导管内取一微小流束,微小流束两端通流截面的面积分别为 $\mathrm{d}A_1$ 和 $\mathrm{d}A_2$,液体流过两端微小流束的流速和密度分别为 u_1、p_1 和 u_2、p_2。根据质量守恒定律,单位时间内流入 $\mathrm{d}A_1$ 和流出 $\mathrm{d}A_2$ 的液体体积应相等。又因为液体不可压缩,$p_1 = p_2 = C$,所以有

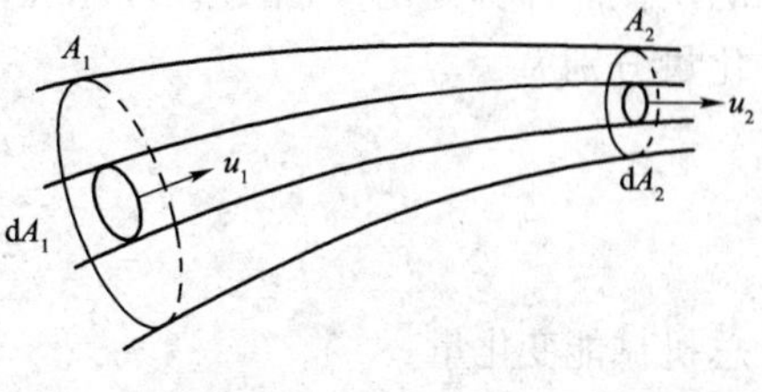

图 2-4　不可压缩液体在非导直管中作稳定流动

$$\rho_1 u_1 \mathrm{d}A_1 = \rho_2 u_2 \mathrm{d}A_2$$

$$u_1 \mathrm{d}A_1 = u_2 \mathrm{d}A_2 \tag{2-15}$$

同理,对两端截面 A_1 和 A_2 有:

$$\int_{A_1} u_1 \mathrm{d}A_1 = \int_{A_2} u_2 \mathrm{d}A_2$$

即:

$$v_1 A = v_2 A = C$$

$$\frac{v_1}{v_2} = \frac{A_1}{A_2} \tag{2-16}$$

式(2-16)就是流体连续性方程。它说明:不可压缩液体作稳定流动时,沿程流量不均匀流速与通流截面的面积成反比。

3. 伯努利方程

伯努利方程是能量守恒定律在流体力学中的一种表达形式。由于液体存在黏性,研究起来比较复杂,所以讨论伯努利方程时,先从理想液体着手,然后再将其修正,应用到实际液体中去。

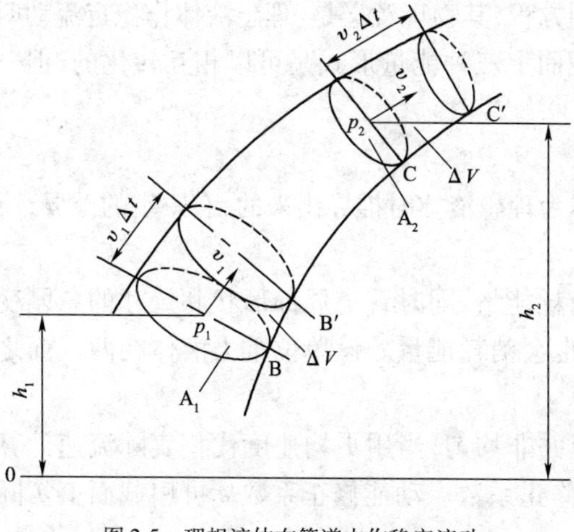

图 2-5　理想液体在管道中作稳定流动

1)理想液体的伯努利方程

假设理想液体在管道中作稳定流动,在管中取出 BC 段作为研究对象,设 BC 两通流截面的面积分别为 A_1 和 A_2,压力分别为 P_1 和 P_2,两截面的中心点距基面分别为 A_1 和 A_2,如图 2-5 所示。由于是理想液体,可以认为截面 B、C 上的流速均匀分布,所以假设 B、C 截面的流速分别为 v_1 和 v_2,假设 BC 段的液体经过很短时间 Δt 从 B、C 运动到 B′、C′,根据动能原理,合外力对这段液体所作的功应等于机械能的变化量。

(1)合外力所作的功

作用于这段液体的外力有两端的压力 p_1 和 p_2 及侧面压力,由于液体无黏性,液体流动时无摩擦力,侧面压力不产生摩擦力作功,所以合外力的功为:

$$W = p_1 A_1 V_1 \Delta t - p_2 A_2 V_2 \Delta t \tag{2-17}$$

(2)机械能的变化量

在图 2-5 中,中间的液体(B′C 段)其各参数不发生变化,其机械能无增减,BB′段和 CC′段的机械能都将变化,根据连续性原理,BB′段和 CC′段的体积应相等,所以它们的势能和动能变化量分别为

$$\Delta E_1 = \rho g \Delta V(h_2 - h_1)$$

$$\Delta E_2 = \frac{1}{2}\rho \Delta V(v_2^2 - v_1^2)$$

总机械能变化量:

$$E = \Delta E + \Delta E_2 = \rho g \Delta V(h_2 - h_1) + \frac{1}{2}\rho \Delta V(v_2^2 - v_1^2) \tag{2-18}$$

令 $W = E$

$$(p_1 A_1 V_1 - p_2 A_2 V_2)\Delta t = \rho g \Delta V(h_2 - h_1) + \frac{1}{2}\rho \Delta V(v_2^2 - v_1^2)$$

两边同时除以 $\rho g \Delta t$ 并整理得:

$$\frac{p_1}{\rho g} + \frac{v_1^2}{2g} + h_1 = \frac{p_2}{\rho g} + \frac{v_2^2}{2g} + h_2 \tag{2-19}$$

由于截面 B、C 是任取的,所以式(2-19)可以写成:

$$\frac{p}{\rho g} + \frac{v^2}{2g} + h = \text{常数} \tag{2-20}$$

式中:$\frac{p}{\rho g}$——单位重力液体的压力能,称为比压能;

$\frac{v^2}{2g}$——单位重力的动能,称为比动能;

h——单位重力液体的位能,称为比势能。

它们的量纲为长度单位。

式(2-19)或式(2-20)就是理想液体的伯努利方程,其物理意义是:理想液体作稳定流动时具有压力能、动能和势能三种能量形式,在任一截面上三种能量形式是可以相互转化的,但三者之和不变,即能量守恒。

2)实际液体的伯努利方程

式(2-19)所表达的伯努利方程是在假设液体为理想液体时推导出来的,有一定的差异,应加以修正。

由于液体存在黏性,流动时会产生摩擦力,消耗能量,同时管道局部形状和尺寸的急剧变化,使液流产生旋流、尾流及质点间的相互撞击,也会消耗能量。设单位重力液体在两截面之间的总能量损失为 h_w,并计入伯努利方程。

另外,实际液体流动时,各截面上质点的流速并非均匀,当用平均速度代替实际流速计算此动能时,会产生误差,因此,在动能项引进动能修正系数。动能修正系数 e 可用截面上实际动能与用平均速度计算的动能之比值来描述:

$$\alpha = \frac{\int\left(\frac{u^2}{2}\right)\rho \mathrm{d}q}{\left(\frac{v^2}{2}\right)pq} = \frac{\int u^2 \mathrm{d}q}{v^2 q} \tag{2-21}$$

α 值与流速分布有关,流速分布越均匀,其值越接近于1。当液体在圆管中的流动状态为层流时 $\alpha = 2$,紊流时 $\alpha = 1$。

经上述修正后,式(2-19)可改写为:

$$\frac{p_1}{\rho g} + \frac{\alpha_1 v_1^2}{2g} + h_1 = \frac{p_2}{\rho g} + \frac{\alpha_2 v_2^2}{2g} + h_2 + h_w \tag{2-22}$$

式(2-22)为仅受重力作用的实际液体在导管中作平行流动(或缓变流动)的能量方程。

其物理意义是:单位重力液体的能量守恒。其中 h_w 为单位重力液体从截面 A_1 流动到截面 A_2 的能量损失。应用时必须注意:p、z 应为通流截面上同一点的两个参数,为方便起见,一般将其选在轴心处。

4. 动量方程

流体力学的动能方程是刚体力学的动量定理在流体力学中的具体应用。刚体力学的动量定理指出:作用在物体上的合外力大小等于物体在力作用方向上的动量变化率,即

$$\sum F = \frac{\mathrm{d}I}{\mathrm{d}t} = \frac{\mathrm{d}(mv)}{\mathrm{d}t} \tag{2-23}$$

以下应用动量定理推出液体力学的动量方程。如图2-6所示,设液体在导管中作稳定流动,在导管中取出由 α_1、α_2 及管壁所围起来的液体作为控制体积,并假设 α_1、α_2 截面上的面积分别为 A_1 和 A_2,平均流速分别为 v_1 和 v_2;被控制体积经时间 d_t 后,从 α_1、α_2 运动到 α_1'、α_2',其动量变化为

$$\mathrm{d}(\sum I) = I_{\text{Ⅲ}tdt} - I_{\text{Ⅲ}t} + I_{\text{Ⅱ}t+dt} - I_{\text{Ⅰ}t} \tag{2-24}$$

由于体积 $V_{\text{Ⅲ}}$ 无变化;再考虑到液体不可压缩密度 ρ 不变。所以有:

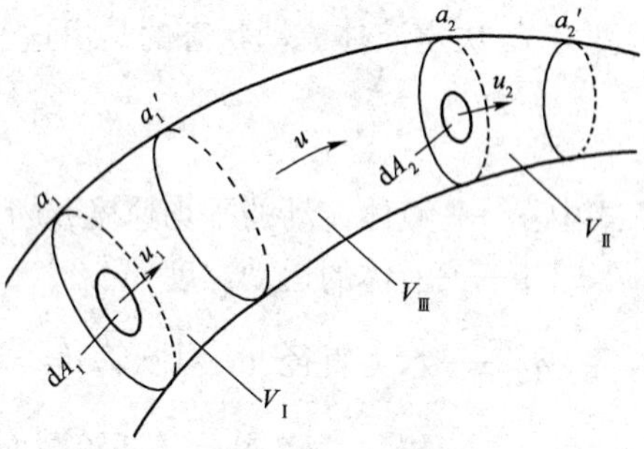

图2-6 动量方程推导图

$$\mathrm{d}(\sum I) = I_{\text{Ⅲ}tdt} - I_{\text{Ⅰ}t}\,\rho g \mathrm{d}t(v_2 - v_1) \tag{2-25}$$

将上式两边同除以 $\mathrm{d}t$ 得:

$$\sum F = \frac{\mathrm{d}(\sum I)}{\mathrm{d}t} = \rho q(v_2 - v_1) \tag{2-26}$$

式(2-26)中是用平均流速计算流体动量,与用实际流速计算动量时有一定的误差,因此引进动量修正系数加以修正,经修正后,作稳定流动的液体动量方程为:

$$\sum F = \rho q(\beta_2 v_2 - \beta_1 v_1) \tag{2-27}$$

式中:β_1、β_2——动量修正系数,液体在圆管中作层流时取 $\beta = \frac{4}{3}$,紊流 $\beta \approx 1$。

动量方程的物理意义是:作用于被控制液体上的合外力等于单位时间内流出与流入的动量之差。

应用动量方程计算液体作用于固体壁面上的力比较方便。但应注意:液流作用于固体壁面上的力与式(2-10)所计算的结果大小相等、方向相反。

（四）液体流动时的压力损失

实际液体在流动时会产生能量损失，这种能量损失主要表现为压力损失，液体流动时的压力损失分为两大类：沿程压力损失和局部压力损失，它们与液体的流动状态有关。

1. 流态和雷诺数

1）流态

19 世纪末，英国物理学家雷诺通过大量实验，发现液体在管道内流动时存在两种流动状态，即层流和紊流。不同的流态对压力损失的影响不同。

①层流。液体的质点沿平行于管道轴线方向作线形流动，无横向运动，互不混杂、互不干扰，流动时呈线形或层状。层流时液体的流速较低，质点受到黏性制约，不能随意流动，黏性力起主导作用。液体的能量损失主要消耗在摩擦损失上，这种损失一部分转化为热能；一部分被液流带走，传给管壁。

②紊流（又称湍流）。液体的质点运动杂乱无章，除了交错而又混杂的轴向运动外，还存在着剧烈的轴向运动。紊流时流体运动速度较快，黏性的制约减弱，惯性力起主导作用。液体的能量损失主要消耗在动能上，这种损失会使液体搅动混合，产生漩涡、层流，造成气穴。使管路振动，产生噪声。

2）雷诺数

雷诺通过大量的实验发现液体的流动的状态不仅与流速有关，还与管径与液体的运动黏度有关，决定液体流动状态的是由这三个参数组成的一个无量纲纯数，雷诺数

$$R_e = \frac{vd_H}{\upsilon} \tag{2-28}$$

式中：v——液体流动的平均速度，m/s；

υ——液体的运动黏度，m^2/s；

d_H——水力直径，m，对圆管 $d_H = d$，d 为圆管直径，对非圆管 $d_H = \frac{4A}{\chi}$，其中 A 为通流截面面积，χ 为湿周长，（通流截面液体与固体壁面相接触的周界长度）。

液体流动时是层流还是紊流可用雷诺数来判断，液流从紊流转变为层流的雷诺数比从层流转变为紊流时的雷诺数要小，所以，一般都以由紊流转变为层流时的雷诺数来判断液体的流态，称为临界雷诺数，并记为 R_{ec}。当 $R_e < R_{ec}$时液流为层流，当 $R_e > R_{ec}$时液流为紊流。

2. 沿程压力损失

液体在等径直管中流动时因摩擦而产生的压力损失，称为沿程压力损失。实验分析。液体流经等径直管时，某一段长度上的压力损失 Δp 为

$$\Delta p = \lambda \frac{l}{d} \times \frac{\rho v^2}{2} \tag{2-29}$$

式中：Δp——压力损失，Pa；

λ——沿程压力损失系数；

l——管道长度，m；

ρ——液体密度，kg/m^3；

v——液体流速，m^2/s。

1）液体在圆管层流时的压力损失

圆管层流是液压系统中的一个重要概念，在设计和使用液压系统时，应尽可能保持液体在

管道中的层流。

如图 2-7 所示，在等径直管中作恒定层流的管道中，取出一段半径为 r，长度为 l，中心与管道轴线重合的小液柱，作用在小液柱两端的压力分别为 P_1 和 P_2，作用在小液柱侧面上的内摩擦力为 F_f，根据牛顿内摩擦力定律 $F_f = -2\pi rl\eta \mathrm{d}u/\mathrm{d}r$。沿液体的流动方向上，小液柱的力的平衡方程为：$(p_1 - p_2)\pi r^2 = -2\pi rl\eta \mathrm{d}u/\mathrm{d}r$。

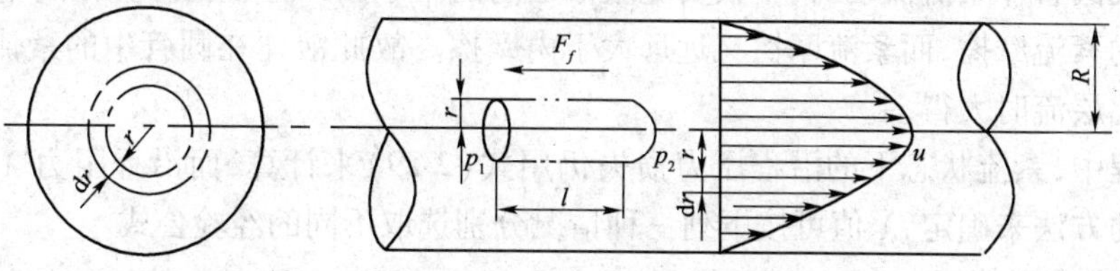

图 2-7 圆管的层流

设 $p_1 - p_2 = \Delta p$ 为长度 l 上的压力损失，则有：

$$\frac{\mathrm{d}\mu}{\mathrm{d}r} = -\frac{\Delta p}{2\eta l}$$

将上式积分，并注意边界条件（$r = R$ 时，$\mu = 0$），得：

$$\mu = \frac{\Delta p}{4\eta l}(R^2 - r^2) \tag{2-30}$$

式(2-30)为圆管层流时流速的分布，由此可知管道的流速随半径沿抛物线分布，轴线流速最大，其值为

$$\mu_{\max} = \Delta pR^2/(4\eta l)$$

为了计算流量，在半径 r 中取出一厚度为 $\mathrm{d}r$ 的微小圆环面积，通过此微小圆环断面的流量为

$$\mathrm{d}q = 2\pi ru\mathrm{d}r$$

对此式积分，可得流量 q

$$q = \int_0^R 2\pi ru\mathrm{d}r = \frac{\pi R^4}{8\eta l}\Delta p = \frac{\pi d^4}{128\eta l}\Delta p \tag{2-31}$$

这就是著名的哈根—泊肃叶方程，它说明流量与管径的四次方成正比，可见管径对流量的影响是很大的。

根据平均流速的定义 $v = q/A$ 可知

$$v = \frac{q}{A} = \frac{R^2\Delta p}{8\eta l}$$

将平均流速与最大流速相比，可得 $v = \mu_{\max}/2$。

由式(2-31)可得液体流经等径直管时的沿程压力损失 Δp_λ。

$$\Delta p_\lambda = \frac{8\eta l}{\pi R^4}q \tag{2-32}$$

将式 $\eta = \rho v$ 和 $q = \pi R^2 v$ 带入式(2-32)并整理得

$$\Delta p_\lambda = \frac{64}{\mathrm{d}v/\upsilon} \times \frac{l}{d} \times \frac{\rho v^2}{2} = \frac{64}{Re} \times \frac{l}{d} \times \frac{\rho v^2}{2} = \lambda\ \frac{1}{d} \times \frac{\rho v^2}{2} \tag{2-33}$$

式中：λ——沿程阻力系数，$\lambda = 64/Re$。

理论和实验证明：沿程损失系数 λ 仅与雷诺数及 Re 有关，与管道内壁的表面粗糙度无

关。但由于液体在管道中流动时存在温度的变化，所以不同的液体在不同材料的管道中流动时其 λ 值有所不同。

水的层流流动：$\lambda = 64/Re$；油在金属管道中流动：$\lambda = 75/Re$；油在橡胶软管中流动：$\lambda = 80/Re$。

2)液体在圆管紊流时的沿程压力损失

液体在圆管作紊流流动时，不仅要克服液层间的内摩擦，而且还要克服由于液体的横向运动而引起的紊流摩擦，而紊流摩擦又远远大于内摩擦。故此液体在圆管中的紊流流动时的压力损失要比层流时大得多。

在工程中，紊流状态下的沿程压力损失仍用式(2-29)来计算，而沿程阻力 λ 系数值则要通过实验的方法来确定，λ 值可按下列三种情况分别选取不同的经验公式。

(1)水力光滑管区

由于液体具有黏性，虽然呈紊流状态，但在靠近管壁附近有一薄层液体呈层流状态，成为近壁层流层，当 Re 较低时，近壁层流层较厚，将管壁表面的表面粗糙度掩盖住，使之不影响液体流动，此时的管道称水力光滑管。这时的 λ 值与 Re 有关，与管壁粗糙度无关，即 $\lambda = f(Re)$。

(2)水力粗糙管区

当 Re 增大时，近壁层流层减薄，当 Re 大到使管壁粗糙度突出在近壁层流层之外时，粗糙度将对液体的压力损失产生影响，此时的管道称水力粗糙管。这时的 λ 值将与 Re 和管壁的相对粗糙度 Δ/d（Δ 为管壁的绝对粗糙度，d 为管径）有关，即 $\lambda = f(Re, \Delta/d)$。

(3)助力平方区

当 Re 进一步增大，管壁粗糙度对压力损失的影响转化为主要因素，Re 将不起作用，即 $\lambda = f(\Delta/d)$，此时称管流进入了它的阻力平方区。

3. 局部压力损失

局部压力损失是指液体流经阀口、弯头、流通截面突然变化等局部阻力元件所引起的压力损失。液体流通这些局部元件时，由于其方向和流速发生变化，使局部产生涡流；质点相互撞击，从而造成以动能为主的压力损失。

局部压力损失按下列公式计算

$$\Delta p_{\xi} = \xi \frac{\rho v^2}{2} \tag{2-34}$$

式中：Δp_{ξ}——局部压力损失；Pa；

ρ——液体密度，kg/m^3；

v——液流平均速度，m/s；

ξ——局部阻力系数，一般由试验测定，其值可查阅相关手册。

4. 管路系统的总压力损失

管路中总压力损失 Δp 等于所有直管的沿程压力损失与所有局部阻力损失之和。即

$$\Delta p = \sum \Delta p_{\lambda} + \sum \Delta p\xi = \sum \lambda \frac{l}{d} \times \frac{\rho v^2}{2} + \sum \xi \frac{\rho v^2}{2} \tag{2-35}$$

由式(2-34)可知：管路中的压力损失与管径 d、直管段长度 l、液体密度 ρ 和流速 v 有关，其中 v 影响最大，Δp 与 v^2 成正比，因此，在设计和使用液压系统时，应限制流速，表 2-1 是液体流经常见元件时的推荐流速。

液体流经常见元件时的推荐流速　　表 2-1

液压油流经的元件	平均流速 v(m/s)	液压油流经的元件	平均流速 v(m/s)
液压泵吸油管	0.5~1.5	溢流阀阀口	15
液压系统压油管道	3~5	安全阀阀口	30
液压系统回油管道	1.5~2.5	短管及尾部收缩处	5~7

应用式(2-34)时应注意,只有两个局部阻力元件的距离大于管道直径的 10~20 倍时才正确。因为液流只有在经过第一个局部元件稳定后,再经过第二个局部元件,两者之间才不会发生干扰,否则,损失将会增大。

(五)孔口和缝隙流动

在液压传动技术中经常遇到孔口和缝隙流动的问题,如液体流经阻尼孔、节流器件、阀口、液压元件相对于运动的表面缝隙等。掌握孔口和缝隙流动的特性,对解决液压传动中的具体问题具有重要意义。

1. 液体流经孔口的流动特性

1)薄壁孔口

当小孔的长径比$\dfrac{l}{d}\leqslant 0.5$时,称薄壁孔口形,如图 2-8 所示。

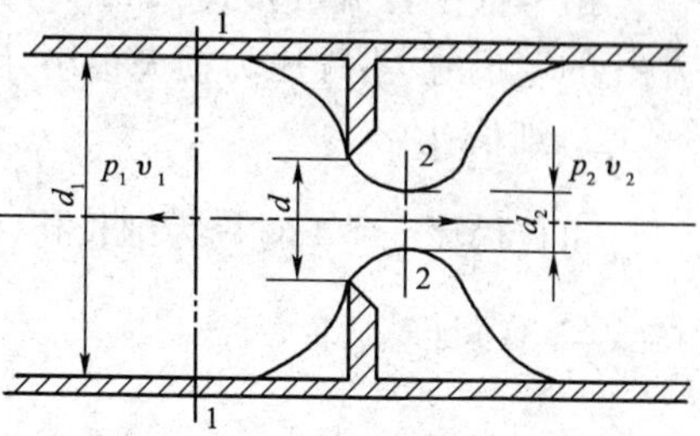

图 2-8　薄壁孔口流动

液体流经薄壁孔口时,由于惯性作用,要发生收缩,在上游大约$\dfrac{d}{2}$处开始收缩,下游大约$\dfrac{d}{2}$处完成收缩。现取孔前通道截面 1-1 和收缩截面 2-2 列出伯努利方程。

$$\frac{p_1}{\rho g}+\frac{\alpha_1 v_1^2}{2g}=\frac{p_2}{\rho g}+\frac{\alpha_2 v_2^2}{2g}+h_w \tag{2-36}$$

由于 $d_1 \gg d_2$,所以 $v_1 \ll v_2$,可忽略上式左边的动能项,收缩断面的流态为紊流,取 $\alpha=1$;1-1 到 2-2 界面距离很短,忽略沿程压力损失,h_w 只包括局部压力损失,即 $h_w=\xi\dfrac{v_2^2}{2g}$,将各参数代入上式并整理得

$$v_2=\frac{1}{\sqrt{1+\xi}}\sqrt{\frac{2}{\rho}(p_1-p_2)}=C_v\sqrt{\frac{2}{\rho}\Delta p} \tag{2-37}$$

式中:Δp——小孔前后压差,$\Delta p=p_1-p_2$;

C_v——小孔速度系数,$C_v=\dfrac{1}{\sqrt{1+\zeta}}$。

则通过小孔的流量为

$$q=A_2v_2=C_VC_cA\sqrt{\frac{2}{\rho}\Delta p}=C_qA\sqrt{\frac{2}{\rho}\Delta P} \tag{2-38}$$

式中:C_q——小孔流量系数,$C_q=C_vC_c$;

C_c——端面收缩系数,$C_c=\dfrac{A_2}{A}$;

A_2——液流收缩后的面积;

A——小孔截面积,$A=\dfrac{\pi}{4}d^2$。

式(2-36)中流量系数 C_q 由试验确定。

①当$\frac{D}{d}\geqslant 7$,液流完全收缩,C_q 按下式计算

$$C_q=0.964R_e^{-0.05}\ (R_e=800\sim 5000) \tag{2-39}$$

$$C_q=0.60\sim 0.61\ (R_e>10^5)$$

②当$\frac{D}{d}\leqslant 7$ 时,液流不完全收缩。此时管壁离小孔较近,管壁对小孔起导向作用,C_q 可增大 0.7~0.8。此时 C_q 的具体数值可按表 2-2 查取。

不完全收缩时的流量系数 C_q 值

表 2-2

$\frac{A_0}{A}$	0.1	0.2	0.3	0.4	0.5	0.6	0.7
C_q	0.602	0.615	0.631	0.661	0.696	0.742	0.804

由薄壁小孔流量公式(2-35)可知,其流量与液体的黏度无关,流量对油温变化不敏感,且小孔的壁很薄,沿程压力损失很小,因此常用来作为液压系统中的节流调节器使用。

2)细长孔

当长径比$\frac{l}{d}>4$ 时称为细长孔,流经细长孔的液流一般为层流,所以细长孔的流量公式仍按式(2-31)计算,即

$$q=\frac{\pi d^4}{128\eta l}\times\Delta p \tag{2-40}$$

由上式可知:液体流经细长孔的流量与孔前后的压差成正比,与液体黏度成反比。当油温变化时,液体的黏度变化会使流经细长孔的流量发生变化;此外细长孔较易堵塞。这些特点与薄壁小孔明显不同。在液压传动中,细长孔通常用作建立一定压差的阻尼孔。

3)短管型孔

当长径比在$0.5<\frac{l}{d}\leqslant 4$ 时称短管型孔。短管型孔的流量压力特性介于细长孔和薄壁孔口之间。流量仍按薄壁孔口的流量公式(2-35)进行计算,但流量系数 C_q 有所不同。C_q 与短管形状及安装形式有关,C_q 的具体数值可查取相关图表。一般当 $R_e>1\times 10^{-5}$时,可取 $C_q=0.8\sim 0.82$。短管加工比薄壁小孔容易,因此常用作固定调节器使用。

2. 液体在缝隙中流动的特性

1)平行平板缝隙流

图 2-9 所示的两平行平板之间充满着液体,设平行平板的间隙为 h、长为 l、宽为 b、两端压差为 $\Delta p=p_1-p_2$。上平板相对下平板以速度 u_0 向右运动。对平行平板缝隙流而言,存在如下三种流动的情况。

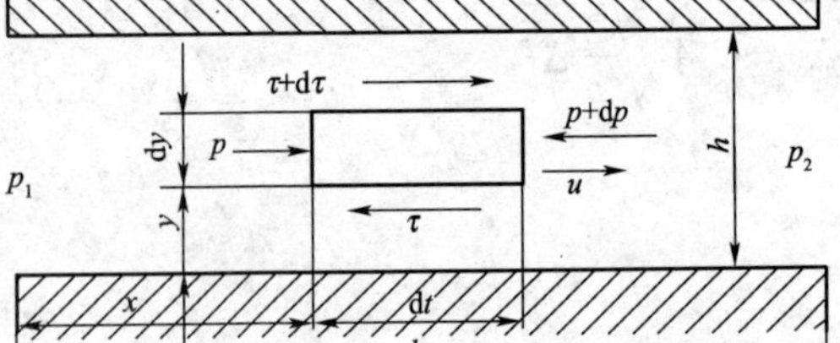

图 2-9 平行平板缝隙间的流动

①当 $\Delta p\neq 0$、两平板均固定不动时,液体在压差 Δp 的作用下将产生流动。称这种流动为压差流。

②当 $\Delta p=0$,上平行平板以一定速度 u_0 平行运动时,由于黏性作用,液体在平板的拖曳作用下流动,称这种流动为剪切流。

③当 $\Delta p \neq 0$,上平行平板以一定速度 u_0 平行运动时,液体将在压差 Δp 和平板拖曳的联合作用下流动。这种流动即为一般情况,称为压差流与剪切流的联合流动。现考虑一般情况。即 $\Delta p \neq 0$、$\Delta u_0 \neq 0$ 时的联合流动。

在两平行平板之间取出一微元体 $dxdy$(宽度方向取单位长),作用于微元体左、右两端的压力分别为 p 和 $p+dp$。上、下两面的切应力(内摩擦力)分别为 $\tau + d\tau$ 和 τ。则微元体的受力平衡方程为

$$p\mathrm{d}y + (\tau + \mathrm{d}\tau) = (p + \Delta p)\mathrm{d}y + \tau \mathrm{d}x \tag{2-41}$$

根据牛顿内摩擦力定律,式中 $\tau = \eta \frac{\mathrm{d}u}{\mathrm{d}y}$,代入上式并整理得

$$\frac{\mathrm{d}^2 u}{\mathrm{d}y^2} = \frac{1}{\eta} \times \frac{\mathrm{d}p}{\mathrm{d}x} \tag{2-42}$$

对式(2-42)两次积分,并注意到如下两点:

①利用边界条件(当 $y=0$ 时、$u_0=0$;$y=h$ 时,$u=u_0$)可确定积分常数。

②层流时,p 是 x 的线性函数,式(2-42)中,$\frac{\mathrm{d}p}{\mathrm{d}x} = \frac{p_2 - p_1}{l} = -\frac{\Delta l}{l}$。从而得平行平板缝隙流的流速分布

$$u = \frac{y(h-y)}{2\eta l}\Delta p + \frac{u_0}{h}y \tag{2-43}$$

平行平板缝隙流的流量 q 为

$$q = \int_0^h ub\mathrm{d}y = \int_0^h \left[\frac{y(h-y)}{2\eta l}\Delta p + \frac{u_0}{h}y\right] b\mathrm{d}y$$

$$= \frac{bh^3\Delta p}{12\eta l} + \frac{u_0}{2}bh \tag{2-44}$$

式(2-44)由两项组成,第一项 $q_1 = \frac{bh^3\Delta p}{12\eta l}$,即为前述的压差流;第二项 $q_2 = \frac{u_0}{2}bh$ 即为前述的剪切流。当上平板反向流动时,q_2 取负值。

在液压元件中有许多相对运动的表面间隙,式(2-44)表明:其泄漏量与间隙的三次方成正比,可见间隙对泄漏量的影响是很大的。因此,应尽量使间隙减小到合理的范围,但间隙过小会增加摩擦功率消耗,间隙的合理值应使泄漏所引起的功率消耗与摩擦所引起的功率消耗之和达到最小。

2)同心环形缝隙流

液压元件中的配合面间隙多为环形间隙。图 2-10 所示为同心环形缝隙流,当间隙与公称半径的比值 $h/r \ll 1$ 时,可以引用平行平板间隙流量公式(2-44),将式中板的宽度 b 用圆环展开成平面间隙后的宽度 πd 代入,即

$$q = \frac{\pi d h^3}{12\eta}\Delta p + \frac{\pi d h}{2}u_0 \tag{2-45}$$

当圆柱体移动方向与压差相反时,式(2-45)第二项取负值。

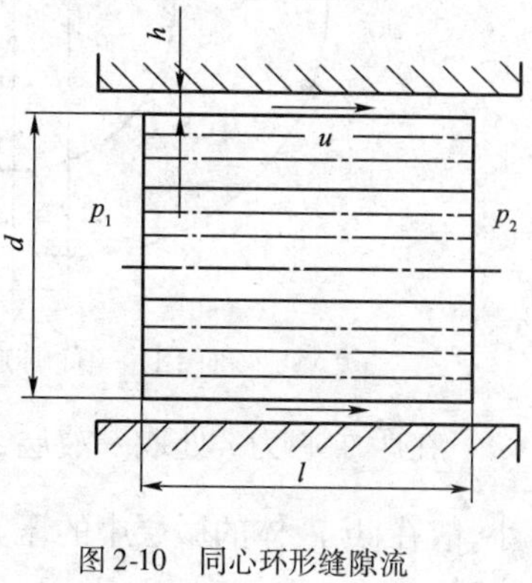

图 2-10　同心环形缝隙流

3)偏心环形缝隙流

工程上严格同心环的缝隙是极少的,由于受力不均匀或

加工偏差引起偏心。如图 2-11 所示,设内、外半径分别为 r_1 和 r_2,内、外圆柱同心时的间隙为 h_0,偏心时的偏心距为 e。偏心缝隙量随 θ 角的大小而变化。假设在任意角度处的缝隙为 h。取图中阴影部分为微元体,因缝隙量很小,可以将微元体看成平行平板间隙的流动。将 $db=rd\theta$ 代入式(2-45)得

$$dq=\frac{rd\theta h^3}{12\eta l}\Delta p+h\frac{rd\theta}{2}u_0 \tag{2-46}$$

式中缝隙量 h 可由图 2-11 几何关系得出:

$$h=r_2-(r_1\cos\beta+e\cos\theta) \tag{2-47}$$

因 β 角很小,所以

$$\begin{aligned} h&=r_2-r_1-e\cos\theta \\ &=h_0-h_0\frac{e}{h_0}\cos\theta \\ &=h_0(1-\varepsilon\cos\theta) \end{aligned} \tag{2-48}$$

式中:ε——相对偏心率,$\varepsilon=\dfrac{e}{h_0}$。

将 $h=h_0(1-\varepsilon\cos\theta)$ 代入式(2-46)并积分,可得偏心环缝隙流的流量公式

$$q=\frac{\pi dh_0u_0}{12\eta l}(1-1.5\varepsilon^2)+\frac{\pi dh_0u_0}{2} \tag{2-49}$$

式(2-49)第一项为压差流,第二项为剪切流。同样当圆柱体移动方向与压差流反向时,剪切流取负值。当 $\varepsilon=0$ 时,它就是同心环流量公式;$\varepsilon=1$,即 $e=h_0$ 完全偏心时,在不考虑剪切流的情况下,其泄漏量为同心环时的 2.5 倍,因此应尽量减小偏心。

4)圆环平面缝隙流

图 2-12 所示为液体在圆环平面缝隙的流动。图中下平面与圆环均固定不动,环中心向外辐射流去。设圆环的内、外半径为 r_1 和 r_2,圆环与平面缝隙量为 h,圆环与平面间隙量很小,忽略液体重力,这样压力仅是 r 的函数,假设 r_1 处的压力为 p_1,在圆环外半径 r_2 处,压力等于0。

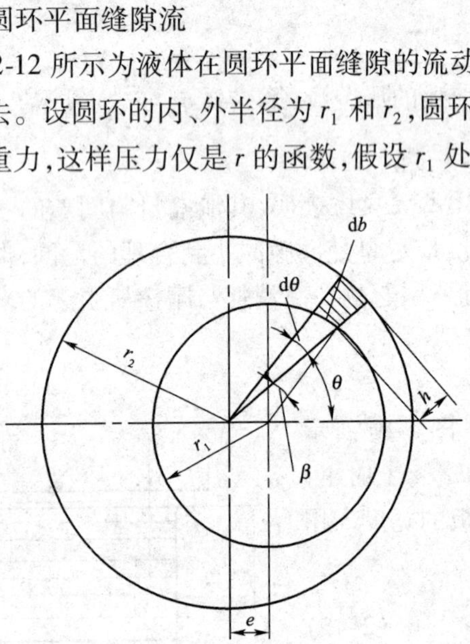

图 2-11 偏心环形缝隙流

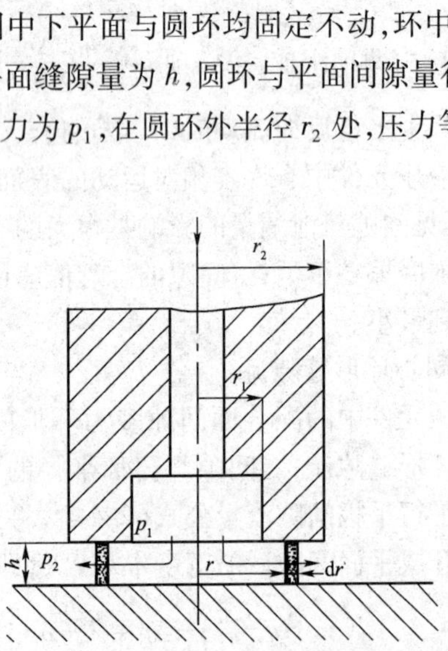

图 2-12 液体在圆环平面缝隙流的流动

在距中心为 r 处取一液层,液层厚度为 dr,液层的宽度是其展开长度 $2\pi r$,由于 dr 液层很小,故在 dr 液体的微层中的压力变化率 $\dfrac{dp}{dr}$ 可看成是一定的。根据式(2-45),并令 $u_0=0$,得

$$q=\frac{bh^3\Delta p}{12\eta l}=-\frac{2\pi rh^3}{12\eta}\times\frac{\mathrm{d}p}{\mathrm{d}r}\qquad 即\frac{\mathrm{d}p}{\mathrm{d}r}=-\frac{6\eta q}{\pi rh^3}\tag{2-50}$$

上式中加负号的原因是由于 $\Delta p/l=-\frac{\mathrm{d}p}{\mathrm{d}r}$,即压力沿半径方向是下降的。

积分式(2-50)并注意边界条件 $r=r_2$ 时,$p=0$,从而得 $p=\frac{6\eta q}{\pi h^3}\ln\frac{r_2}{r}$ (2-51)

当 $r=r_1$ 时,压力为 $p=p_1$,代入式(2-51),可得圆环平面缝隙流的流量

$$q=\frac{\pi h^3 p_1}{6\eta\ln\frac{r_2}{r_1}}\tag{2-52}$$

圆环平面缝隙流在液压传动中,也是一种重要的缝隙流,如轴向柱塞泵中的滑履静压支撑就属于此类。

(六)液压系统对液压油的要求

液压油是液压传动系统的重要组成部分,是用来传递能量的工作介质。除了传递能量外,它还起着润滑运动部件和保护金属不被锈蚀以及散热的作用。液压油的质量及其各种性能将直接影响液压系统的工作。从液压系统使用油液的要求来看,有下面几点:

①适宜的黏度和良好的黏温性能。一般液压系统所用的液压油其黏度范围为:$\nu=11.5\times10^{-6}\sim35.3\times10^{-6}\,\mathrm{m^2/s}$(2~5°E50)。

②润滑性能好。在液压传动机械设备中,除液压元件外,其他一些有相对滑动的零件也要用液压油来润滑,因此,液压油应具有良好的润滑性能。为了改善液压油的润滑性能,可加入添加剂以增加其润滑性能。

③良好的化学稳定性即对热、氧化、水解、相容都具有良好的稳定性。

④对液压装置及相对运动的元件具有良好的润滑性。

⑤对金属材料具有防锈性和防腐性。

⑥比热、热传导率大,热膨胀系数小。

⑦抗泡沫性好,抗乳化性好。

⑧油液纯净,含杂质量少。

⑨流动点和凝固点低,闪点(明火能使油面上油蒸汽内燃,但油本身不燃烧的温度)和燃点高。此外,对油液的无毒性、价格便宜等,也应根据不同的情况有所要求。

在自卸汽车、汽车起重机、装载机、各种工程机械的工作系统中,均是采用液压系统进行工作的,其工作介质均为液压油。液压油的工作条件决定其必须具有剪切稳定性、抗磨性、氧化安定性、良好的流动能力,而最为重要的是要保证液压油的不可压缩性。对液压油不可压缩性影响最大的是液压油中对空气的溶解度,如果在一种温度和压力下,液压油中的空气溶解度较大,而在另一种工作条件下,空气溶解度变小了,则液压油中会有气泡产生,由于气泡的可压缩性破坏了液压系统的工作介质的性能,从而造成系统障碍。故液压油须特别添加一定数量的抗泡剂,以提高液压油的工作稳定性。

(七)液压油的类型及选择

1. 液压油的分类及适用范围

①L-HL 液压油为一种通用工业机床润滑油,适用于机床和其他设备有抗氧防锈要求的低压液压系统和传动装置,在0℃以上环境使用。

②L-HM 液压油为抗磨型液压油，可用于低、中、高液压系统，也可用于中等负荷机械设备的润滑部位，适用的环境温度为 -50 ~ 60℃。

③L-HV 液压油曾被称为工程液压油或低温抗磨液压油，被广泛应用于野外和恶劣环境下工作的液压设备。

上述各种液压油，按其黏度(适于不同的工作环境温度)划分为：15、22、32、46、68、100 等牌号，其对应的黏度值由 GB 11118.1—94 具体给定。

液压油的品种及其特性和用途见表 2-3。

液压油的主要品种及其特性和用途 表 2-3

类型	名称	ISO 代号	特性和用途
矿油型	通用液压油	L-HL	精致矿物油添加剂，提高抗氧化和防锈性能，适用于室内一般设备的中低压系统
	抗磨型液压油	L-HM	L-HL 油加添加剂，改善抗磨性能，适用于工程机械、车辆液压系统
	低温液压油	L-HV	L-HM 可用于环境温度在 -40 ~ -20℃的高压系统
	高黏度液压油	L-HR	L-HL 油加添加剂，改善黏温特性，VI 值达 175 以上，适用于对黏温特性有特殊要求的低压系统，如数控机床液压系统
	液压导轨油	L-HG	L-HM 油加添加剂，改善黏温特性，适用于机床中液压和导轨润滑合用的系统
	全损耗系统用油	L-HH	浅度精制矿油，抗氧化性、抗泡沫性较差，主要用于机械润滑，可作液压代用油，用于要求不高的低压系统
	汽轮机用油	L-TSA	深度精致矿油加添加剂，改善氧化性、抗泡沫性能，为汽轮机专用油，可作液压代用油，用于一般代用油
乳化型	水包油乳化液	L-HFA	难燃，黏温特性好，有一定的防锈能力，润滑性差，易泄露，适用于有抗燃要求，油液用量大且泄露严重的系统
	油包水乳化油	L-HFB	既具有抗燃型液压油的抗磨、抗锈性能，又具有抗燃性，适用于有抗燃要求的中压系统
合成型	水—乙二醇液	L-HFC	难燃，黏温特性和抗蚀性好，能在 -30 ~ 60℃温度下使用，适用于有抗燃要求的中低压系统
	磷酸脂液	L-HFDR	难燃润滑抗磨性能和抗氧化性能良好，能在 -554 ~ 135℃温度范围内使用，缺点是有毒。适用于有抗燃要求的高压精密系统

2. 液压油的选择及使用

1)选择液压油的依据

①液压元件。不同的液压元件对所用液压油都有一个最低的配置要求，因此选择液压油时，应注意液压元件种类及其使用的材质、密封件和涂料或油漆等与液压油的相容性，保证各运动副润滑良好，使元件达到设计寿命，满足使用性能的要求。

液压泵是对液压油的黏度和黏温性能最敏感的元件之一，因此，常将系统中泵对液压油的要求作为选择液压油的重要依据(有伺服阀的系统除外)。

②系统工况。如果对执行机构速度、系统压力和机构动作精确度的要求越高，则对液压油的耐磨和承载能力等的要求也越高。

根据系统可能的工作温度，连续运转时间和工作环境的卫生情况等，选油时须注意油的黏度、高温性能和热稳定性，以减少油泥等的形成和沉积。

③油箱大小。油箱越小对油的抗氧化安定性、极压抗磨性、空气释放性和过滤性等要求就越高。

④环境温度。针对在地下、水上、室内、室外、寒区、或是处于温度变化的严寒区，以及附近有无高温热源或明火等环境温度特点，合理选用液压油。若附近无明火，工作温度在60℃以下，承载较轻时，可选用普通液压油，如果设备须在很低的温度下起动时，须选用低凝液压油。

综上所述，若液压油的质量合格，系统执行机构运动速度很高时，油液的流速也高，液压损失随之增大，而泄漏相对减少，故宜选择黏度较低的油；反之，当油的流速低时，泄漏量相对增大，将对工作机构运动速度产生影响，这时宜选择黏度较高的油。通常，当工作压力高时，宜选用黏度高的液压油，因为解决高压时的泄漏问题比克服其黏阻更应优先；当工作压力较低时，宜选用低黏度的油。环境温度高时，应采用黏度较高的油，反之，应采用黏度较低的油。

⑤液压油的最后确定。液压油初步选定后，还须注意核查其货源、黏度、质量、使用特点、适用范围，以及对系统和元件材料的相容性，看各项指标是否能完全满足使用要求。

2)选择液压油的经济性分析

选择液压油时，不能只注意油价，而忽视了品种、质量、维护与再生等情况，如在高温热源和明火附近的高温、高压和精密液压系统，要选用磷酸酯液抗燃液压油，不能因价贵而用价廉的含水抗燃液代替，这样会使液压泵过早的磨损，降低系统精度；又如，在高压液压系统中，应选用抗磨液压油，若选用便宜的机械油或防锈、抗氧液压油，则液压泵寿命会缩短。以ISO黏度为等级的VG46的品种L-HH和L-HM油为例，分别用于相同的YB-D25型叶片泵(压力为12.5MPa，温度为65℃，转速为1500r/min)，连续运行250h后测其磨损量，用L-HH油时泵的磨损量为用L-HM油时的63倍。因此，在中高压系统中，不该使用L-HH或L-HL油，而要选用L-HM抗磨液压油。

对于寒区和严寒区室外作业的高压系统，由于气温低，环境温度变化大，应该选用高黏度指数的低温液压油，以使系统低温油液流动性好，冷起动容易，还会使系统在冬夏季用油一致，不致更换频繁。

高质量的抗磨液压油，热安定性高，水解安定性好，抗乳化能力强，空气释放时间短，使用寿命长，可改善系统的运行状况，因此，高性能的液压系统应当用高质量的液压油。选用高质量的液压油，虽然油价较贵，但油品的使用寿命长，液压元件磨损少，系统维护容易，生产效率高，因此，总的经济效益还是合算的。

3)影响液压油质量的因素

①水。油中水分的含水量按照国标GB/T 1118.1—94的技术标准，如果油中水分超标，则必须更换；否则，不但会损坏轴承，还会使钢件表面生锈，进而使液压油乳化、变质和生成沉淀物，妨碍冷却器导热，影响阀门工作，减少了滤油器有效工作面积，增大了油的磨蚀作用。

②氧化。一般机械液压油的工作温度为30~80℃，液压油的寿命与其工作温度密切相关，经验告诉我们，当工作油温超过60℃后，每增加8℃，油的使用寿命就会减半，即90℃油的寿命是60℃油的10%左右，原因是油被氧化。氧气和油中的碳氢化合物进行反应，使油慢慢氧化、颜色变黑、黏度上升，最后可能严重到氧化物不能溶解于油中，而以棕色黏液层沉积在系统某处，极易堵塞元件中的控制油道，使滚珠轴承、阀芯、液压泵的活塞等磨损加剧，影响系统

正常运行。氧化还会产生腐蚀酸液。氧化过程开始慢慢地进行，当达到某种阶段后，氧化速度会突然加快，黏度会跟着突然上升，结果导致工作油温升高，氧化过程更快，累积的沉淀物和酸液会更多，最后使油液无法再用。

③杂质。杂质不仅能磨损各运动件，而且一旦被卡在阀芯或其他运动副中，将影响整个系统的正常运行，导致机器产生故障。

④空气。若液压油路中含有气体，当气泡溢出时会对管壁和元件产生冲击形成气蚀，使系统不能正常工作，时间稍长还会导致元件损坏。

⑤理化反应。油箱内未清理干净的油漆等，会导致油品化学性质变化。

4）油液的检查与保养

①含水量。放出 2～3cm^3 油到一个试管中，静置几分钟使气泡消失，然后对油加热，（如用打火机），同时在试管口顶端注意倾听是否有水蒸气轻微的"嘭嘭"声，如有，则说明油中含有水。

一般没有条件进行系统油液含水量的检查时，最简单的查验办法是等整机静置一夜后，将油箱底部放油螺塞打开，放出少许油液到一个容器里，现场观察油液中是否含有水分。

②气味和外观。将未用过的油和用过的油各种油样一份，在相同的温度和玻璃器皿中进行比较，如果油的颜色差别很大或有特殊的气味，说明用过的油已变质，需更换。如果两种油样的颜色和气味无明显差别，此时可将两种油样同时放置一个晚上，若装有已用过油的容器底部出现沉淀，则系统中的油液就必须经过细滤油器过滤，并清洗油箱。

另外，还应注意以下用油事项：

①开机前检查油位，检查各油路的开关是否处于正确的待机状态。

②机器怠速运转 5min 左右，检查液位计油中是否有气泡存在，若是新车或新换的液压油，怠速时油标中出现气泡属正常，等气泡消失后才能允许机器作业。

③密切注意油的温度。当机器工作一段时间后，如果油温偏高最好能停机休息，待油温正常后再重新工作，以延长系统与油的使用寿命。

④应注意液压系统的各种参数数值是否正常，还须注意系统外部特征、声响。若系统中进气、有水或油路不畅等，都会发出异响。同时若仪表的读数波动显示值不正常，此时应及时停机、排查。

⑤定期过滤液压油。使油中杂质颗粒控制在规定的范围内。

⑥定期更换液压油。按照机器说明书的要求定期换油，同时更换滤油器，有条件检测的，应根据其结果判定是否换油；还可以根据机械使用场地和系统要求来制定换油周期，并将换油周期纳入设备技术档案。

换油时注意：新油与旧油应为同一牌号、同一规格，换油前，应将旧油全部放完并冲洗干净，对阀体、液压缸等处放不出又冲洗不到的地方，可将回油管路拆开后放入临时油桶，等加入新油后，用起动发动机的方式，使新油将旧油置换出来，原则是注入新油时要经不低于系统过滤精度的滤油器过滤，若工地确实无条件，应在加入新油运行 1h 左右后更换系统中的滤油器；机器经换新油怠速运转后，应再次检查油位，必要时续加新油。

⑦在洗车或机器不用时，应将油箱罩住，以防空气中水分进入。

3. 液压油的污染及控制

1）液压油污染原因

液压系统故障约有 70% 是由于液压油污染引起。因此，分析污染的原因，有效地控制液压油的污染是十分重要的。

(1)固体污染

液压元件大多由铸件或其他毛坯件经机械加工而成,在这些元件内会积有铸造砂、金属切屑和淬火盐等脏物。在元件装配以前,用超声波清洗或高压冲洗等去除这些脏物,组装成系统后,再用精滤的油循环冲洗元件。装配时,需焊接加工,而焊接后会产生焊瘤和焊渣,油箱是焊接构件,长时间存放这些构件会生锈,在最后装配之前必须仔细检查所有部件,并进行除锈处理和彻底的冲洗。但在新装配的液压系统中的污染物,仍比已正常运行1000h后的系统要多,新液压油不是十分洁净,在制造、储藏、输送和灌装等环节中,会含有或混入一些固态杂质。据国内调查,新油清洁度相当于NAS10~14级。在将新油注入液压系统时,应该用泵经精滤器注入,对新油的清洁度要求比液压系统要求的清洁度高1~2级。当液压油污染严重时,将会使液压系统的工作性能变坏,故障频繁,液压元件磨损加剧,寿命缩短,甚至损坏。这些危害主要是由污垢颗粒所造成的。

对于泵类元件来说,污垢颗粒会使泵的滑动部分(如叶片泵中的叶片槽、转子端面和配油盘,齿轮泵中的齿轮端面和侧板、齿顶和壳体;柱塞泵中的柱塞和缸孔;缸体和配油盘、滑履和斜盘等)磨损加剧,缩短泵的寿命。

对于阀类元件来说,污垢颗粒会加速磨损,引起振动,使阀芯卡紧,把节流孔或阻尼孔堵塞,从而使阀的性能变坏或动作失灵。

对于液压缸来说,污垢颗粒会加速密封件的磨损,使泄漏量加大。

液压油中含有的固体杂质大小不同,小颗粒的固体杂质通过间隙的密封部位,不造成损坏,大颗粒则不能通过间隙。那些能进入间隙,却又无法通过的颗粒才是最危险的。颗粒在间隙中产生的后果,一方面取决于颗粒的大小、硬度和棱角的锐利性,另一方面也取决于两个滑动表面的结构和硬度。

如两个面的硬度很高,则颗粒会被压碎,这样表面尚不至于损坏。最为常见的情况就是颗粒通过与硬质金属面的摩擦而变圆,并因此而大大失去了侵蚀性,但是金属面上也会产生磨损,这种磨损叫做颗粒磨损。

在运动副间隙中,污染颗粒会嵌入软质的表面,导致另一运动面的磨损,称为配合体的切削磨损。实践表明,5~15μm的固体颗粒会造成阀件卡紧,10~30μm颗粒会造成动力元件磨损。轴向柱塞泵因平面配油,油膜较薄,10~15μm的颗粒就会造成磨损。造成径向柱塞泵(马达)或叶片泵(马达)磨损的分别是15~25μm和20~30μm的固体颗粒。

(2)液压油的水污染

水在液压油中的溶解度很小,仅200~300ppm,含量稍多时,便以游离态存在,作为沉淀物出现或使液压油成为乳状液,水使金属元件锈蚀,促进液压油氧化,与添加剂发生作用。游离水在低温下生成高硬度冰晶,在低压时水又会汽化,产生气穴现象。乳化后的油液黏度下降,会使磨损增加。水混入液压油的来源,可能是油箱内壁结晶,补油或检修时带入,水冷却器系统泄漏会使水大量进入液压油。

(3)液压油的空气污染

液压油的空气溶解量可达8%~10%,当空气含量超过2%时,油液开始变浑浊,溶解的气体仅以25~50μm尺度均匀分布,一般不致造成危害,但当压力低于"空气分离压"时,溶解于油中的气体便会大量析出,形成直径约200~500μm的气泡引起气蚀现象,产生噪声和振动。液压油中有大量气泡,会使执行机构动作滞后并使液压油发热,氧化速度加快,黏度降低,润滑性能变差。要减少气体污染,在系统充油时将空气驱尽,闭式系统要有足够的补油压力;开式系统泵吸入真空不宜太大,防止吸入管漏泄和滤清器堵塞,油箱有足够体积并保持足够高的油位，吸油和回油管在油面之下不少于100mm。

2）液压油的污染等级标准

衡量液压油中的固体颗粒污染程度，有两种表示方法：用称重法检测，即以单位容积液体中含有的污染颗粒的质量（mg/L）来表示，或者用污染物与油液的质量（ppm）或体积比（ppm）来表示；分散表示法则以颗粒计数法为基础，形式有：

（1）称重法

把100mL的油液样品进行真空过滤并烘干后，在精密天平上称出颗粒的质量，然后依标准定出污染等级。这种方法设备简单、操作方便、重复精度高，适用于液压系统日常性的质量管理场合。

（2）颗粒计数法

颗粒计数法是测定液压油液样品单位容积中不同尺寸范围内颗粒污染的颗粒数，借以查明其区间颗粒浓度（指单位容积油液中含有某给定尺寸范围的颗粒数）或累计颗粒浓度（指单位容积油液中含有大于某给定尺寸的颗粒数）。目前，用的较普遍的有显微镜法和自动颗粒计数法。

显微镜法也是将100mL油液样品进行真空过滤，并把得到的颗粒进行溶剂处理后，放在显微镜下，找出其尺寸大小及数量，然后依标准确定油液的污染度。这种方法的优点是能够直接看到颗粒的种类、大小及数量，从而可推测污染的原因；缺点是时间长、劳动强度大、精度低，且要求熟练的操作技术。

自动颗粒计数法是利用光源照射油液样品时，油液中颗粒在光电传感器上投影所发出的脉冲信号来测定油液的污染度的。由于信号的强弱和多少分别与颗粒的大小和数量有关，将测得的信号与标准颗粒产生的信号相比较，就可以算出油液样品中颗粒的大小与数量。这种方法能自动计数，测定简便、迅速、精确，可以及时从高压管道中抽样测定，因此得到了广泛的应用，但是此法不能直接观察到污染颗粒本身。

3）液压油温度升高的不良影响

①使油的黏度降低，泄漏增大，泵的容积效率和整个系统的效率会显著降低。由于油的黏度降低，油阀等移动部位的油膜会变薄和被切破，摩擦阻力增大，导致磨损加剧，系统发热，带来更高的温升。

②使机械产生热变形，即使液压元件中热膨胀系数不同的运动部件之间的间隙变小而卡死，引起动作失灵，又影响液压设备的精度，导致零件加工质量变差。

③使橡胶密封件变形，提早老化失效，降低使用寿命，丧失密封性能，造成泄漏，泄漏会近一步发热产生温升。

④加速油液氧化变质，并析出沥青物质，降低液压油使用寿命。析出物堵塞阻尼小孔和缝隙式阀口，导致压力阀调压失灵、流量阀流量不稳定、方向阀卡死不换向、金属管路伸长变弯，甚至破裂等诸多故障。

⑤油的空气分离压降低，油中溶解空气逸出，产生气穴，致使液压系统工作性能降低。

二、液压油的检修任务实施

1. 液压油现场简易判断法

1）外观检查

目视判断液压油品质的方法简单易行：抽取在运转后经24h放置、离油箱底部5cm处的液压油(建议在设计油箱时,在此处留一工艺孔,以便取样)样品,装入试管与新液压油作对比,现将目视判断方法列在表2-4中。

目视判断液压油品质的方法 表2-4

外观	气味	状态	对策
透明且无颜色变化	良	良	继续使用
透明而色谈	良	混入异种液压油	黏度良好时可使用
变成乳白色	良	混入水分	分离水分
变成黑褐色	恶臭	氧化	更换液压油
透明但有小黑点	良	混入异物	过滤后使用

2)滤纸滴油法

用直径为1.8mm左右的金属丝将油样沾起并滴在240目的滤纸上,待滤纸吸干油滴后,看其所形成的滴痕。由于油液在滤纸上将从中心向周围渗透、扩散,并将固体粒子积留在中心部位,故中心部位颜色较深,而扩散出去的部分则颜色浅。若油液并未变质,整个滴痕的颜色就较均匀,否则就会生成颜色明显有别的环形斑痕,而且是斑痕越明显,变质的程度就越严重。如果滴痕呈现棕色或灰色,则即表明油中已生成胶质、沥青或炭渣。

3)油中是否有水溶性酸、碱的判断

可用少量水与油样一起搅拌,摇荡,并待其静置分层后,再用pH试纸验水层的酸碱性。油中是否含水还可用以下方法判断:滴油于赤热的铁块上,如有“哧哧”声,即表示油中含有水。

2.液压油的更换

1)换油标准

①酸值。

②黏度。

③PK(油膜强度)值和PD(液压油的抗烧结性能)值。一般使用原则、换油的时间间隔推荐如下:

新建系统首次换油周期为500工作小时;以后的换油周期为5000工作小时。

设计合理、管理良好的液压系统,液压油的使用时间可以远远超过上述时间,故系统是否换油还应具体分析。

2)更换液压油的方法

以挖掘机为例,说明工程机械更换液压油的方法。一台挖掘机液压油箱所装的液压油是整机液压系统全部用油的1/2,余下的1/2液压油存储在液压泵、马达、多路阀、液压油缸和各部的管路中。在换油时,如果只更换油箱内的液压油,而不是将整车液压系统中的液压油全部更换,这种方法只是旧油勾兑新油。如果两种牌号的液压油勾兑在一起,还会引起油液变质。

例如一台住友HS220型挖掘机,全车液压系统所用的液压油为420L,而液压油箱的液压油是225L,余下的油液都存储在系统中。各种品牌的挖掘机全车液压系统用油与油箱的容积比例基本上是一致的。

(1)更换液压油时的准备工作

一台挖掘机更换液压油时,应做如下准备:

①购买整车液压系统用的油(液压油箱容积的2.5倍)、滤芯、洗油,3kg面粉、绳子、封闭液压油管的油堵(按换油的挖掘机上的油管配制)、一台气泵和大小空油桶等。准备一台正常的挖掘机。将换油的挖掘机动臂抬升到最高点,斗杆及铲斗收到内点后发动机熄火(动臂缸、

斗杆缸和铲斗缸的缸杆全部伸出到顶点)。

②液压油箱的清洗。将箱内的液压油全部放出,撤出液压滤芯,把泵和油箱之间的管路从泵的接口处拆开,放出管路内的油液。用洗油冲洗液压油箱和管路。用医用纱布把液压油箱内部擦净。将面粉揉和到能拉伸面的程度,分成三份,用面团分三次粘干净液压油箱的里面尤其是油箱的边角处和滤芯筒。液压油箱和滤芯筒内必须彻底清理干净。更换新的液压滤芯,上好盖板。

③液压柱塞泵的冲洗。挖掘机上每种液压柱塞泵都有冲洗油口(放油口)。拧开上下放油口,放出泵壳内的液压油,拧上泵下面的油堵,从泵上面的油口向泵壳内注满洗油,再拧开泵下面的油堵,放出泵壳内的洗油,反复冲洗几次后,最后用气泵把泵壳内的余油吹干净后,注满洁净的液压油,拧紧油堵即可。

④更换泵进油口密封圈(O形圈),将液压油箱连接到泵的供油管路连接好,从液压滤芯油口(放好更换后的滤芯)向液压油箱内注满洁净的液压油。

(2)用新油顶出旧油的换油方法

①动臂缸内的液压油更换。用备用的挖掘机用绳子拉住准备换油的挖掘机动臂(此时准备换油的挖掘机动臂已抬升到最高点),拆开左右2个动臂缸上无杆腔的油管,用备用空油桶接住放出的液压油,要注意环境保护,防止环境污染。再把已拆开的多路阀连接动臂的油管放在备用的空油桶中,起动发动机,这时从多路阀至动臂油管中流出的液压油是多路阀中的旧液压油,换油人员注意油液颜色的变化,当新的液压油流出后,立即使发动机熄火。将拆断的管路接好,解开绳子,起动发动机,反复做动臂抬起与下落的动作,直至动臂缸中充满油液。只许做此单一动作。注意查看液压油箱内的液位变化,及时添加缺少的液压油。

②斗杆缸内的液压油更换。把动臂抬升至最高点后(只准许做这单一动作),发动机熄火(此时斗杆缸杆全部伸出),从多路阀处拆开与斗杆缸有杆腔的油管,放净管路中的油液后,重新连接好管路。再从动臂背部拆开斗杆缸无杆腔的油管,用油堵封堵住已拆开的多路阀与斗杆缸无杆腔油管。用备用油桶准备接好从斗杆缸油缸放出的液压油,起动发动机,收回斗杆油缸活塞杆,发动机熄火。连接好已拆开的油管后,再起动发动机,将斗杆缸活塞杆伸缩几次,把斗杆放置于垂直地面的角度后,发动机熄火,换油完毕。

③铲斗缸内的液压油更换。从动臂背部拆开铲斗缸无杆腔的油管,用油堵封堵住已拆断的多路阀与铲斗缸的软管油口。用空油桶接住小臂油缸上已断开的油口,起动发动机后,做收斗动作(缸活塞杆全部缩回缸筒内),只能做这一种单一动作。新的液压油进入铲斗缸有杆腔内,活塞杆回缩后,促使铲斗缸无杆腔内的液压油全部排放到空油桶内。发动机熄火,连接好断开的油管。注意查看液压油箱上的液位计油位的位置。

④回转马达系统的油液更换。拆断多路阀至回转马达的两根油管中的任意一根,用油堵封堵住多路阀与回转马达的出油口,用备用的空桶接在回转马达已拆开的油口上,起动发动机,操纵挖掘机缓慢回转。如果向某一方向回转时,马达上的油管不出油就须向另一方向回转,直至流出油即为操作正确。同时要注意查看流出油液颜色的变化,当新的液压油流出后应立即关闭发动机。将拆断的回转马达的油管接好,换油完毕。

⑤左右行走马达液压系统液压油的更换。用挖掘机动臂将挖掘机一侧行走履带支起,在其内侧把行走马达的边盖拆卸下来。将行走马达的两根进出油管中的任何一根油管拆断,用油堵封闭住已拆断的进油管,用备用的空油桶接在行走马达的出油口上,起动发动机,操纵已被支起这侧的行走操纵阀,履带开始转动,直到行走马达出油口流出新油为止,此时立即关闭

发动机，把拆断的油管连接好，再用同样的方法，更换另一侧的行走马达及系统内的液压油。用此种方法更换行走马达液压系统内的液压油时，千万注意不要出现操作错误，如果出现误将没有支起来那侧的履带转动这种错误时，这侧行走马达系统内的旧液压油就会回流到液压油箱内。

3.换油注意事项

①油箱、液压柱塞泵、动臂缸、斗杆缸、铲斗缸、回转马达和左右行走马达更换油的步骤不可改变。项目不同，只能操纵对应的部位使其动作，避免出现操作错误。

②对液压油品质的要求。挖掘机的使用寿命与液压油的品质有直接关系，要选择品质达到美国工程师协会质量标准认证的液压油，这种液压油在 40 ~ 100°C 时黏度指数稳定。在更换时必须用同一品牌的液压油。

③对液压油黏度的要求。液压油有 N32HL、N46HL 和 N68HL 3 种型号的抗磨液压油。其使用寿命为 1000h 的挖掘机应使用 N46HL + N68HL 抗磨液压油（各占 50%）。为 15000h 以上的挖掘机应用 N68HL 抗磨液压油。

④液压油的使用寿命。液压油的使用寿命为 4000 ~ 6000h，大约为两年左右的时间。在每年的春秋昼夜温差大，工作一天的挖掘机晚上停止工作后，液压油箱内部的油液是高温的，油箱外部的空气是低温，在油箱内的热空气与油箱外的冷空气相遇接触，就会在油箱内的顶部冷凝聚成水滴下落在液压油中，久而久之，液压油中就会混有水。继而演变成酸性物质腐蚀金属表面。在机械运转和管道压力冲击的双重作用下，金属表面脱落下来的金属颗粒将混合在液压油中，大的金属颗粒过滤掉，而小于 10μm 的颗粒液压滤芯就不能过滤掉，过滤不掉的颗粒混合在液压油中又会加重金属表面的再次磨损。

⑤对液压油滤芯的选择：要求过滤精度为 10μm，压力范围为 1.4 ~ 3.5MPa，额定流量为 40 ~ 400L/min，推荐更换时间为 500h。

⑥凡是拆开的油管必须更换密封。O 形圈在连接时，要在螺纹表面涂上螺纹密封胶，防止泄漏。

4.液压油液的污染控制

液压油液污染的原因很复杂，液压油液自身又在不断产生脏物，因此要彻底解决液压油液的污染问题是困难的。为了延长液压元件的寿命，保证液压系统可靠的工作，将液压油液的污染度控制在某一限度以内是较为切实可行的办法。为了减少液压油液的污染，常采取如下一些措施。

①对元件和系统进行清洗，清除在加工和组装过程中残留的污染物。液压元件在加工的每道工序后都应净化，装配后应严格清洗。系统在组装前，油箱和管道必须清洗。用机械方法除去残渣和表面氧化物，然后进行酸洗磷化处理。系统在组装后进行全面的清洗，最好用系统工作时使用的油液清洗，不可用煤油。清洗时除油箱的通气孔（防尘罩）外须全部密封。清洗时应尽可能加大流量，有可能时应采用热油冲洗。机械油在 80℃时的黏度为其 25℃时的 1/8，因此 80℃的热机械油能冲掉许多 25℃的机械油冲不掉的污物。系统在冲洗时必须装设高效滤油器，同时使元件动作，并用铜锤敲打焊口和连接部位。

②防止污染物从外界侵入。液压油在工作过程中会受到环境污染，因此可在油箱呼吸孔上装设高效的空气滤清器或采用密封油箱，防止尘土、磨料和冷却物侵入。液压油液在运输和保管过程中会受到污染，买来的油液必须静放数天，然后通过滤油器注入系统。另外，活塞杆端应装防尘密封，经常检查并定期清洗。

③采用合适的过滤器,这是控制液压油液污染度的重要手段,应根据系统的不同情况选用不同过滤精度、不同结构的过滤器,并定期检查和清洗。

④控制液压油液的温度。液压油液工作温度过高对液压装置不利,液压油液本身也会加速氧化变质,产生各种生成物,缩短它的使用期限。一般液压系统的工作温度最好控制在60℃以下,机床液压系统还应更低些。

⑤定期检查和更换液压油液。每隔一定时间对系统中的油液进行抽样检查,分析其污染度是否还在该系统允许的使用范围之内。如已不合要求,必须立即更换。不应在油液脏到使系统工作出现故障时才更换。在更换新油液前,整个系统必须先清洗一次。

单元2　热交换器的故障检修

一、热交换器的基本知识

液压系统工作时,液压泵和马达(液压缸)的容积损失与机械损失、阀类元件和管路的压力损失及液体摩擦损失等消耗的能量几乎全部转化为热量,这些热量除一部分散发到周围空间外,大部分使系统油液温度升高。如果油液温度过高(>80℃),将严重影响液压系统的正常工作。一般规定液压用油的正常油温范围为15~65℃。在设计液压系统时,合理地设计油箱,保证油箱有足够的容量和散热面积,是一种控制油温过高的有效措施。但是,某些液压装置(如行走机械等)由于受结构限制,油箱不能很大;一些采用液压泵—马达的闭式回路。由于油液需要往复循环,工作时不能回到油箱冷却。这样就不可能单靠油箱散热来控制油温的升高。此外,有的液压装置还要求能够自动控制油液温度。对于这些场合,就必须采取强制冷却的办法,通过冷却器来控制油液温度,使之合乎系统工作要求。

液压系统工作前,如果油液温度低于10℃,将因油的黏度较大,使液压泵的吸入和起动发生困难。为保证系统正常工作,必须设置加热器,通过外界加热的办法来提高油液的温度。

综上所述,冷却器和加热器的作用在于控制液压系统的正常工作温度,保证液压系统的正常工作。二者又总称为热交换器,它们的图形符号如图2-13所示。

(一)冷却器

冷却器按冷却介质可分为水冷、风冷和氨冷等形式,常用的是水冷和风冷。最简单的冷却器是蛇形管式冷却器(图2-14)。它直接装在油箱内,冷却水从蛇形管内部通过,带走热量。这种冷却器结构简单,但冷却效率低,耗水量大。

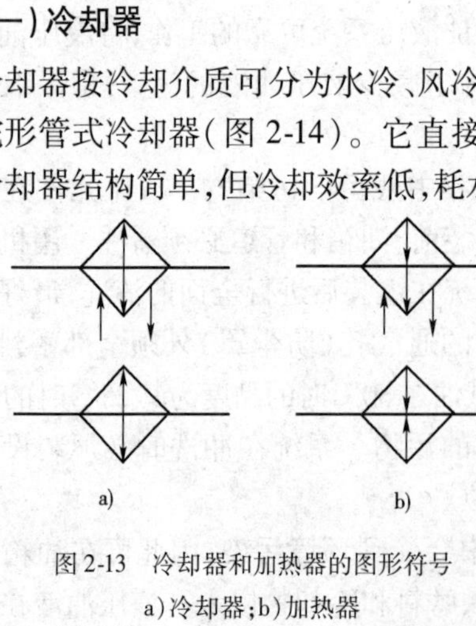

图2-13　冷却器和加热器的图形符号
a)冷却器;b)加热器

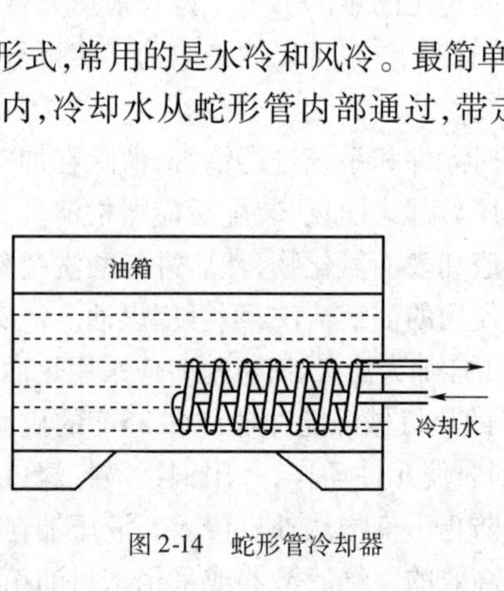

图2-14　蛇形管冷却器

液压系统中采用较多的冷却器是强制对流式多管冷却器(图2-15)。油液从进油口流入,从出油口流出;冷却水从进水口进入,通过多根水管后由出水口流出。油液在水管外部流动时,它的行进路线因冷却器内设置了隔板而加长,因而增加了热交换效果,冷却效率高。但这种冷却器重量较大。

此外,还有一种翅片式冷却器也是多管式水冷却器(图 2-16),它是在圆管或椭圆管外嵌套上许多径向翅片,其散热面积可达光滑程的 8 ~ 10 倍,椭圆管的散热效果一般比圆管更好。液压系统亦可采用汽车的风冷式散热器来进行冷却,这种方式不需要水源,结构简单,使用方便,特别适用于行走机械的液压系统,但冷却效果较水流式差。

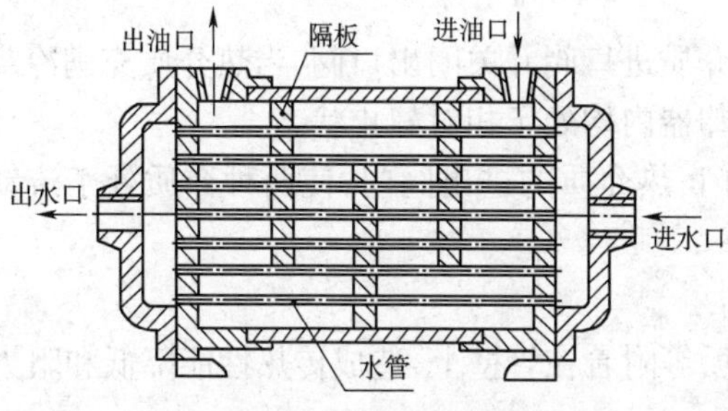

图 2-15　多管式热交换器

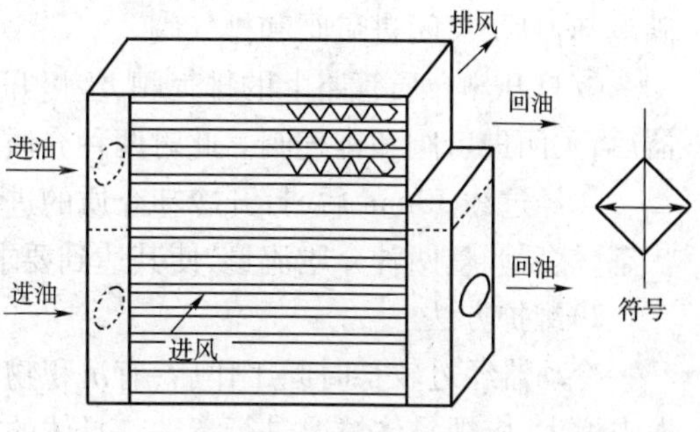

图 2-16　翅片式冷却器

冷却器一般应安装在回油管或低压管路上,图 2-17 所示为其在液压系统中冷却器的各种安装位置及有关的简单说明。

①滤油器(滤清器)1。安装在泵的吸入口,用于保护液压泵。

②滤油器 2。安装在泵的出口,属于压力管用滤油器,用来保护系统以外的其他元件,一般装在溢流阀下游的管路上或和安全阀并联,以防止滤油器被堵塞时泵形成过载。

③滤油器 3。安装在回油管路上,属于回油管用滤油器,此滤油器的壳体耐热件可较低。

④滤油器 4。安装在溢流阀的回油管上,出口只通过泵部分的流量。故滤油器容积可较小。

⑤滤油器 5。为独立的过滤系统,其作用是不断净化系统中的液压油,常用在大型的液压系统中。

(二)加热器

液压系统的加热一般常采用结构简单、能按需要自动调节最高和最低温度的电加热器,这种加热器的安装方式如图 2-18 所示。加热器应安装在油箱内液流流动处,以利于热量的交换。由于油液是热的不良导体,单个加热器的功率容量不能太大,以免其周围油液过度受热后发生变质现象。

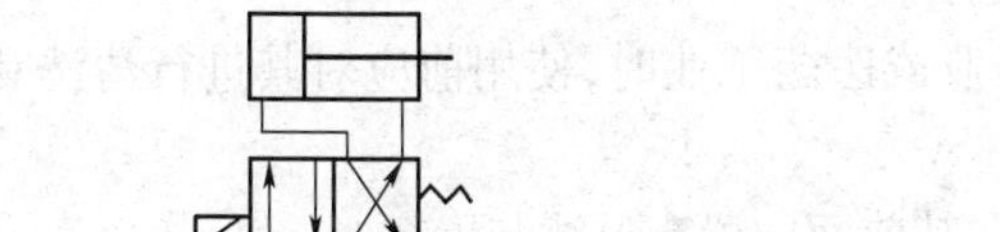

图 2-17　冷却器在回路中的安装位置

图 2-18　电加热器及符号

二、热交换器的检修任务实施

1. 管式冷却器的使用与维护

1）使用注意事项

①使用前检查所有附件，查看各处连接是否牢固，如有松动，可自行拧紧。

②打开冷却介质管路上的排气阀，缓慢开启冷却介质进口阀，关闭出口阀，当冷却介质充满冷却器后，关闭进口阀和排气阀。

③打开热介质管路上的排气阀，缓慢开启热介质进口阀并关闭出口阀，当热介质充满冷却器后，关闭进口阀和排气阀。此时两种介质在冷却器内均处于相对静止状态。

④经过约30min后，打开冷却介质的进出阀门、热介质的进出阀门，使两种介质处于流动状态，然后调整两种介质流量，使其达到要求。

2）维护方法

冷动器经过较长时间工作后，有沉积物及水垢等附着在管壁上，造成传热性能降低和阻力损失增大，应视具体情况进行清洗。具体的方法为：

①关闭冷热两种介质的进出口阀门，排除冷却器内的存液，将冷却器从管路中拆卸下来。

②拆除两端前后盖及密封件。

③将壳体中的冷却芯从前盖端抽出，不得碰撞翅片管，注意轻拿轻放，以免损坏换热管。

④清洗后，按拆卸的相反顺序安装冷却器。

3）清洗方法

①用软管引洁净水冲洗前后盖、壳体、冷却芯，洗刷翅片管内外表面，最后用压缩空气吹干。

②清洗液冲洗法：用泵将清洗液强制通过冷却器，并不断循环，清洗液压力小于0.5MPa，流向与工作介质流向相反；最后排尽清洗液，用清水冲净。

2. 板式冷却器的使用与维护

1）板式冷却器操作及维修

①使用前应检查压紧螺栓是否松动，压紧尺寸是否符合说明书中的规定尺寸，如不符合规定，应均匀拧紧螺栓，使其达到规定尺寸。

②使用前应对设备进行水压试验，对冷热两侧分别试压，试验压力为操作压力的1.25倍，保压时间为30min，各密封部位无泄漏方可投入使用。

③当板式冷却器用于卫生要求较高的食品工业或医药工业时，使用前应对其进行清洗和消毒，消除内部的油污和杂物。

④当操作介质含有大量泥沙或其他杂物时，在其前面应置有过滤装置。

⑤冷热介质进出口接管应按压紧板上的标志进行连接，否则，会影响其性能。

⑥操作时，应缓慢注入低压侧液体，然后再注入高压液体；停车时应缓慢切断高压侧液体，再切低压侧液体。

⑦长期运行后，板片表面将产生不同程度的水垢或沉物，这样会降低传热效率并增加流阻，因此应定期打开检查，清除污垢。清洗板片时，不得用金属刷子，以免划伤板片，降低耐腐蚀性能。

⑧损坏的板片应及时进行更换，若没有备用板片，在操作允许的情况下可以拆下两张相邻的板片（注意：拆下的板片不应是换向板片，而应是带四孔的板片），同时相应减小压紧尺寸。

⑨维修时，对于已经老化的密封垫片应进行更换，脱落的垫片应重新粘接，粘接时应清洗垫片槽，涂上胶黏剂，将垫片摆正粘牢。

2）板式冷却器的清洗（严禁用盐酸清洗）

①板式换热器应定期检修，热效率明显降低、压降明显变化时应该进行清洗。

②清洗时可将板式冷却器打开，逐张板片冲洗，如果结垢严重，应将板片拆下，放平清刷。

③如果使用化学清洗剂，可在其内部打循环，若用机械清洗，要使用软刷，禁止使用钢刷，避免划伤板片。

④冲洗后，需用干净布擦干，板片及胶垫间不允许存有异物颗粒及纤维等杂物。

⑤清洗完毕后，应对板片、胶垫仔细检查，发现问题及时处理。

⑥在清洗过程中，对于要更换的胶垫和脱胶胶垫应粘牢固，并在组装前仔细检查是否贴合均匀，将多余的胶黏剂擦干净。

3）常见故障与排除方法

①板式冷却器运行过程中常出现的故障有渗漏、泄漏、串液。

②产生渗漏的原因有夹紧尺寸不够，垫圈粘接不好，垫圈表面有异物颗粒或缺陷。应该根据情况夹紧螺栓或拆装设备。

③若在运行过程中出现少量渗漏，应将压力降至零，拧紧螺栓，每次拧紧量2～3mm，不可过多，若拧紧后仍然渗漏则需要更换胶垫。

④长期运行后出现泄漏，当尺寸夹紧后仍不能解决，证明胶垫老化，应重新更换胶垫。

⑤板式冷却器出现串液现象，原因是板片裂纹或穿孔。应打开设备，检查板片情况，个别板片出现问题应更换。若使用年限过长，应更换设备。

学习任务三　液压工作装置运行无力故障检修

学习目标

1. 能够对液压工作装置运行无力故障进行故障诊断;
2. 掌握工程机械液压回路的基本功能;
3. 能够掌握液压回路基本故障诊断和检修方法;
4. 正确使用工具对液压泵性能、液压油工作流量进行测定。

任务描述

对工程机械液压工作装置运行无力故障进行故障判断,对液压回路进行诊断和排故,对液压泵性能和液压油工作流量进行测定,在测定过程中符合国家或行业相关规范。

学习引导

液压回路、液压泵性能、液压油基本知识→测试与诊断→故障排除→整机调试

单元1　液压回路检修

一、工程机械液压系统回路的检修

(一)液压回路的基本知识

任何机械设备的液压传动系统,都是由一系列液压基本回路组成的。所谓基本回路,就是由有关的液压元件组成,用来完成特定功能的典型油路。下面对一些常用的基本回路分别予以介绍。

1. 压力控制回路

压力控制回路是利用压力控制阀来控制系统中油液的压力,以满足执行元件对力或转矩的要求。这类回路包括调压、减压、增压、卸荷、保压和平衡等多种回路。

1)调压回路

调压回路的功用是:使液压系统整体或某一部分的压力保持恒定或不超过某个数值。

(1)单级调压回路

在图3-1中,在液压泵的出口处设置并联的溢流阀来控制回路的最高压力为恒定值。在工作过程中,溢流阀是常闭的,液压阀的工作压力取决于溢流阀的调定压力,溢流阀的调定压力必须大于液压缸最大工作压力和油路各种压力损失的总和,一般为系统工作压力的1.1倍。

(2)双向调压回路

执行元件正反向行程需不同的供油压力时,可采用双向调压回路,如图 3-2 所示。当换向阀在左位工作时,活塞为工作行程,泵出口由溢流阀 1 调定为较高压力,缸右腔油液通过换向阀回油箱,溢流阀 2 此时不起作用。当换向阀如图示在右位工作时,缸作空行程返回,泵出口由溢流阀 2 调定为较低压力,溢流阀 1 不起作用。缸退到终点后,泵在低压下回油,功率损耗小。

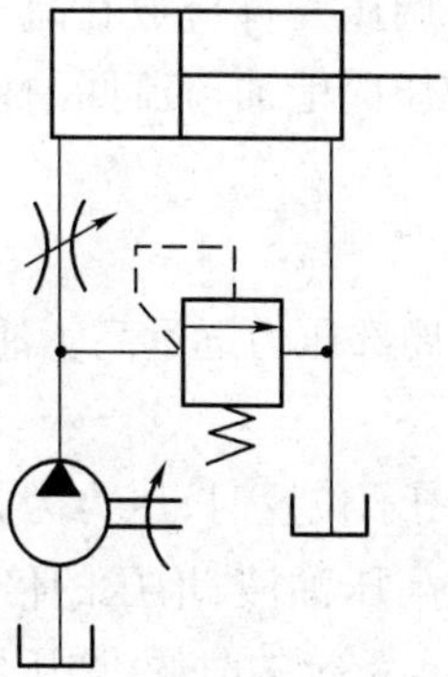

图 3-1　单级调压回路

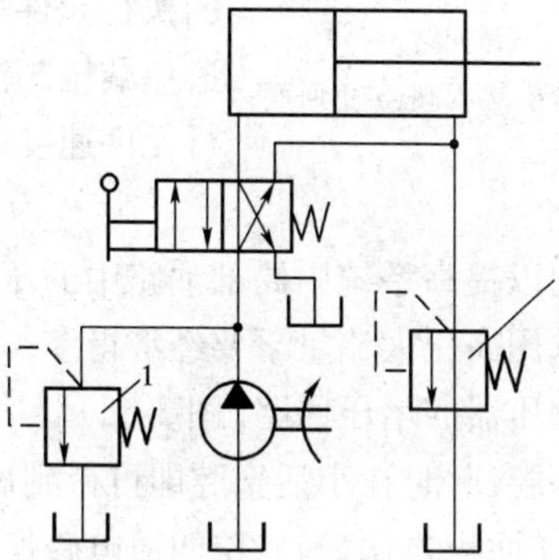

图 3-2　双向调压回路

1、2-溢流阀

(3)多级调压回路

有些液压设备的液压系统需要在不同的工作阶段获得不同的压力。如图 3-3a)所示为二级调压回路,在图示的状态,泵出口压力由溢流阀 1 调定为较高压力;二位二通换向阀通电后,则由远程阀 2 调定为较低压力。阀 2 的调定压力必须小于阀 1 的调定压力。

图 3-3b)为三级调压回路。图示状态时,泵出口压力由阀 1 调定为最高压力(若阀 4 采用 H 型中位机能的电磁阀,则此时泵卸荷,即为最低压力);当换向阀 4 的左、右电磁铁分别通电时,泵压由远程调压阀 2 和 3 调定。阀 2 和阀 3 的调定压力必须小于阀 1 的调定压力值。

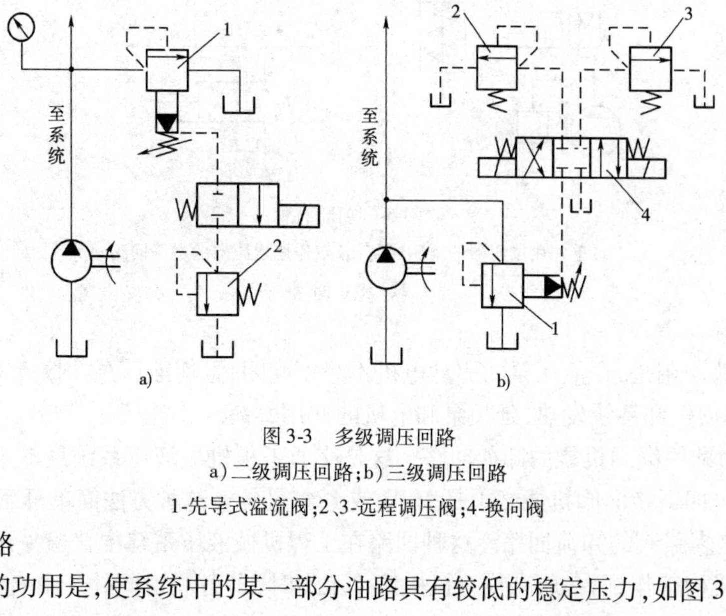

图 3-3　多级调压回路

a)二级调压回路;b)三级调压回路

1-先导式溢流阀;2、3-远程调压阀;4-换向阀

2)减压回路

减压回路的功用是,使系统中的某一部分油路具有较低的稳定压力,如图 3-4 所示。回路

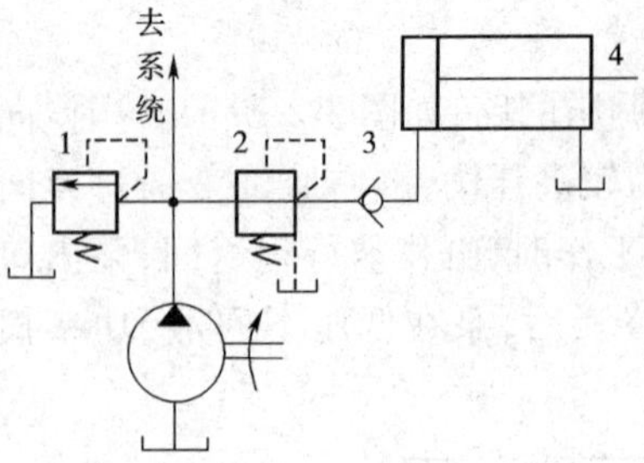

图 3-4　减压回路

1-溢流阀；2-定量输出减压阀；3-止回阀；4-液压缸

中的止回阀 3 供主油路压力降低（低于减压阀 2 的调整压力）时防止油液倒流，起短时保压作用。

也可采用类似两级或多级调压的方法获得两级或多级减压。还可采用比例减压阀来实现无级减压。为了使减压回路工作可靠，减压阀的最低调整压力不应小于 0.5MPa，最高调整压力至少比系统压力小 0.5MPa。当减压回路中的执行元件需要调速时，调压元件应放在减压阀的下游，以避免减压阀泄漏（指由减压阀泄油口流回油箱的油液）对执行元件速度产生影响。

3）增压回路

增压回路用以提高系统中局部油路中的压力。它能使局部压力远远高于油源的压力。采用增压回路比选用高压大流量泵要经济得多。

①单作用增压器的增压回路［图 3-5a）］。当系统处于图示位置时，压力为 P_1 的油液进入增压器的大活塞腔，此时在小活塞腔即可得到压力为 P_2 的高压油液，增压的倍数等于增压器大、小活塞的工作面积之比，当二位四通电磁换向阀右位接入系统的时候，增压器的活塞返回，补油箱的油液经止回阀补入小活塞中。这种回路只能间断增压。

②双作用增压器的增压回路［图 3-5b）］。在图示位置，泵输出的压力油经二位四通换向阀和止回阀 2 进入增压器左端大、小活塞腔，右端大活塞腔的回油到油箱，右端小活塞腔增压后的高压油经止回阀 4 输出，此时止回阀 2、3 被关闭；当活塞移到右端时，换向阀得电换向，活塞向左移动，左端小活塞腔输出的高压油经止回阀 3 输出：这样，增压缸的活塞不断往复运动，两端便交替输出高压油，实现了连续增压。

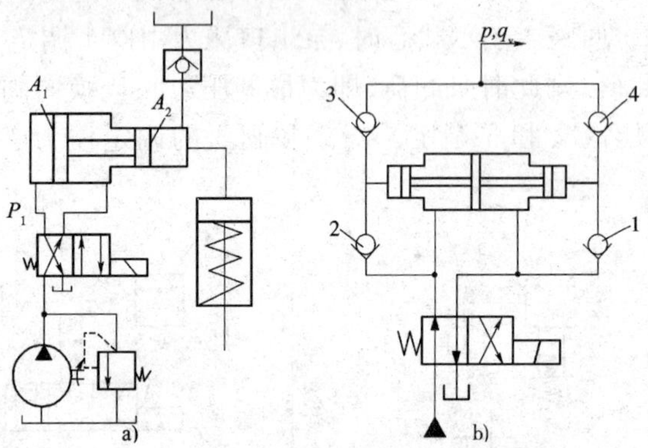

图 3-5　增压回路

a）单作用增压器的增压回路；b）双作用增压器的增压回路

1、2、3、4-止回阀

4）卸荷回路

卸荷回路的功用是，在液压泵的驱动电机不频繁起闭，且使液压泵在接近零压的情况下运转，以减少功率损失和系统发热，延长泵和电机的使用寿命。

图 3-6a）为利用滑阀机能的卸荷回路。这是交通工程机械液压系统最常用的卸荷方法之一。回路中三位四通换向阀机能必须是 M、H 或 K 型号的。这种方法简单可靠。

图 3-6b）是多路阀的卸荷回路。这种回路在工程机械液压系统中普遍采用。它可以同时控制几个执行机构工作，而在所有执行机构停止工作时（即各联滑阀处于中立位置时）液压泵

即实现卸荷。

图 3-6c)是采用电磁溢流阀的卸荷回路。电磁溢流阀是由常闭式二位二通电磁阀和先导式溢流阀组合成的复合阀,可遥控。需要卸荷时,可使电磁阀通电后换向,则溢流阀远控口与油箱相通,溢流阀全开,液压泵输出的油液便以很低的压力经溢流阀流回油箱。溢流阀远控口流量很小,故只需要选用小通径的电磁阀。电磁阀的规格应按液压泵最大供油量选定。

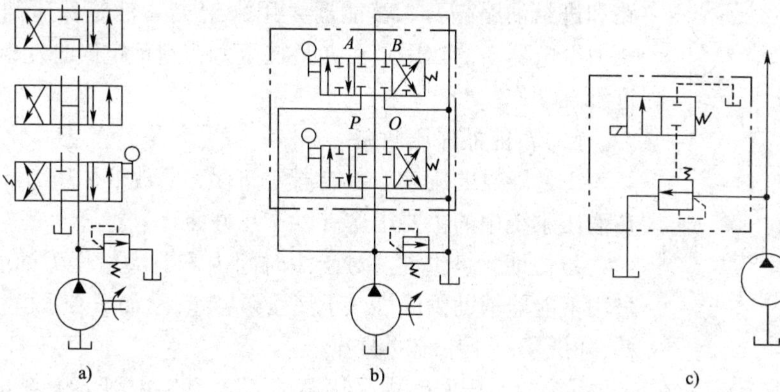

图 3-6 卸荷回路

a)滑阀机能的卸荷回路;b)多路阀的卸荷回路;c)电磁溢流阀的卸荷回路

5)保压回路

执行元件在工作循环的某一阶段内,若需要保持规定的压力,就应采用保压回路。

(1)利用泵卸荷的保压回路

如图 3-7 所示的回路,当换向阀在左位工作时,液压缸前进压紧工件,进油路压力升高,当油压达到压力继电器调整压力值时,压力继电器发出信号使二通阀通电,泵即卸荷,止回阀自动关闭,液压缸则由蓄能器保压。

泵压不足的时候,压力继电器复位使泵重新工作。保压时间取决于蓄能器容量,调节压力继电器的通断调节区即可调节缸压力的最大值和最小值。

(2)用泵保压的回路(图 3-8)。

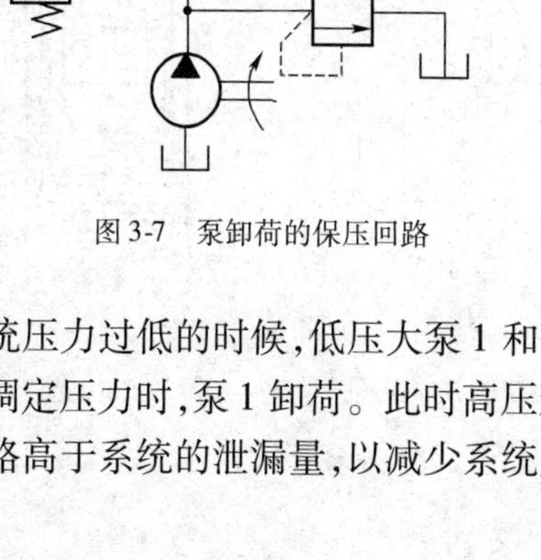

图 3-7 泵卸荷的保压回路

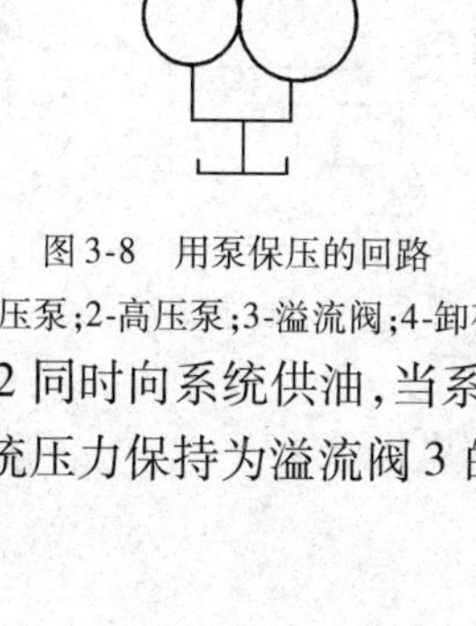

图 3-8 用泵保压的回路

1-低压泵;2-高压泵;3-溢流阀;4-卸荷阀

当系统压力过低的时候,低压大泵 1 和高压小泵 2 同时向系统供油,当系统压力升高到卸荷阀 4 的调定压力时,泵 1 卸荷。此时高压泵 2 使系统压力保持为溢流阀 3 的调定值;泵 2 的流量只需略高于系统的泄漏量,以减少系统发热。

也可采用限压式变量泵来保压,它在保压期间仅输出少量足以补偿系统泄漏的油液,效率较高。

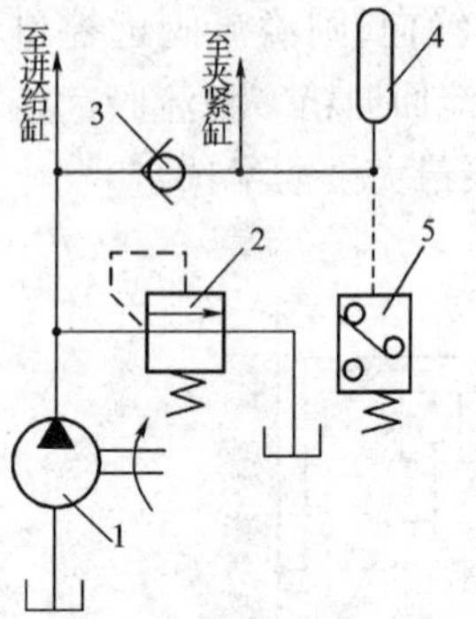

图 3-9　缸保压回路

1-液压泵;2-溢流阀;3-止回阀;4-蓄能器;5-继电器

(3)多缸系统——缸保压回路

多缸系统中负载的变化不应影响保压缸内压力的稳定,如图 3-9 所示的回路中,进给缸快进时,泵压下降,止回阀 3 关闭,将夹紧油路和进给油路隔开。蓄能器 4 用来给夹紧油路保压并补偿泄漏。压力继电器 5 的作用是在夹紧缸压力达到预定值时发出电信号,使进给缸动作。

(4)蓄能器保压回路

①蓄能器的用途。蓄能器是储存和释放液体压力能的装置,它在液压系统中的主要用途有以下几方面:

a)短期大量供油。对于短时间内需要大量压力油的液压系统采用蓄能器辅助供油可减小液压泵容量,从而减少了电机功率的消耗,降低了液压系统的温升。

b)维持系统压力。在液压系统的保压回路中采用蓄能器。图 3-10 所示是蓄能器用于夹紧油路的情况。当压力达到压力继电器调定压力时,压力继电器发出信号,使二位二通电磁阀换向,液压泵卸荷。由蓄能器把原先储存起来的压力油供应出来补偿系统泄漏,以维持系统压力,这样做也可以减少电机功率消耗,降低系统温升。

c)吸收冲击压力或液压泵的脉动压力。对于由液压缸的突然停止或换向,换向阀的突然关闭或换向以及液压泵的突然起停所引起的液压冲击,可采用蓄能器来加以吸收,避免系统压力过高造成元件损坏。对于一些要求液压源供油压力恒定的液压系统,需要在液压泵出口处安装蓄能器以吸收液压泵的脉动压力。图 3-11 给出了在上述情况下使用蓄能器的情况,用来吸收冲击压力的蓄能器尽可能安装在靠近产生冲击的地方。

除以上三项用途外,蓄能器还可作紧急动力源用,以及作热膨胀补偿器用。也可用来改善压力补偿式变量泵的频率特性。

②蓄能器的种类。蓄能器的类型有重锤式、弹簧式和充气式等几种,下面介绍充气式蓄能器。

a)活塞式蓄能器(图 3-12)。在活塞 2 的上腔 1 中充有高压气体,下腔 3 与液压系统管路相通。进入压力油使活塞随着蓄能器中油压的增减在缸筒内移动,这种蓄能器结构简单,油气

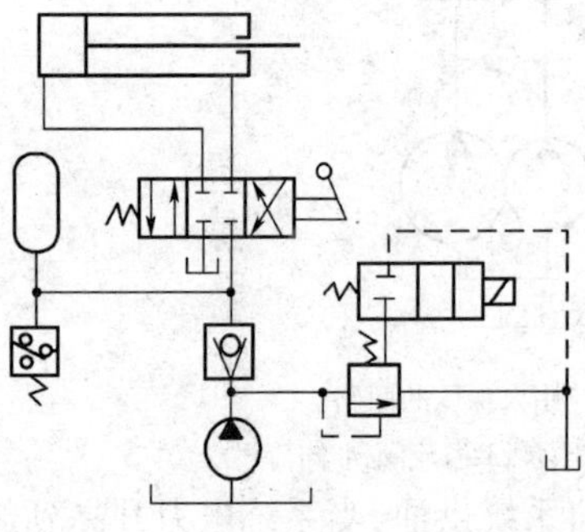

图 3-10　蓄能器用于夹紧系统

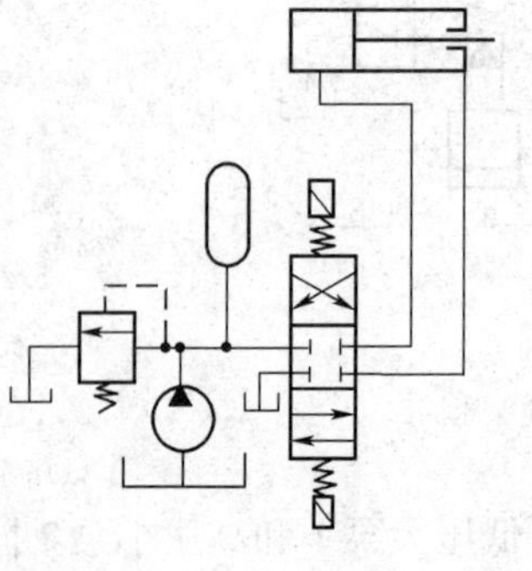

图 3-11　蓄能器用于吸收冲击压力

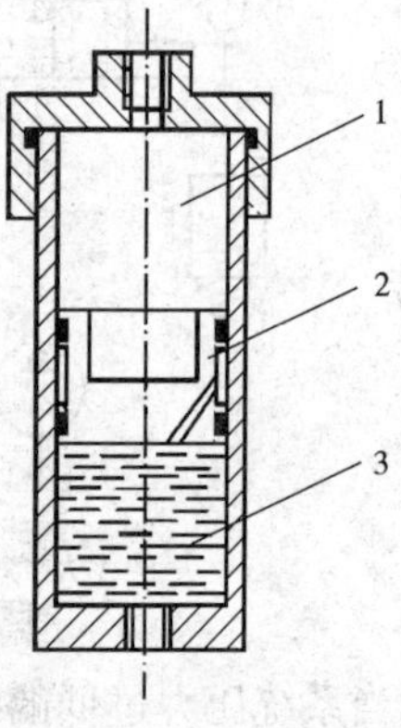

图 3-12　活塞式蓄能器

1-上腔;2-活塞;3-下腔

隔离,油液不易氧化又能防止气体进入,工作可靠,安装容易,维护方便寿命长。但活塞有惯性和摩擦阻力,故反应不灵敏,容量小,主要用来蓄压。

b)气囊式蓄能器(图 3-13)。气囊 3 用特殊橡胶制成,固定在壳体 2 的上半部。气体(常用氮气)从气门 1 充入,气囊外面加压力油。在蓄能器下部有一受弹簧力作用的提升阀,它的作用是防止油液全部排出时气囊膨胀出壳体之外。这种蓄能器的优点是气囊的惯性小,因而反应快,容易维护,重量轻,尺寸小,安装容易;缺点是气囊制造困难。气囊有折合型和波纹型两种,前者容量较大,适用于蓄能,后者则适用于吸收冲击。

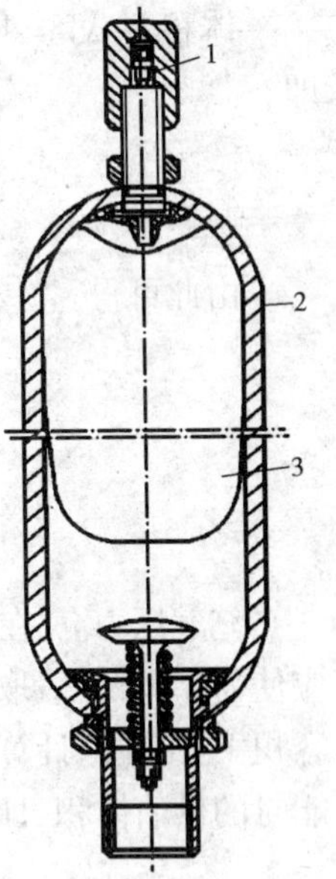

图 3-13　气囊式蓄能器
1-气门;2-壳体;3-气囊

c)隔膜式蓄能器(图 3-14)。用耐油橡胶隔膜把油和气分开,工作原理与上述两种相同,其优点是容器为球形,重量与体积之比值最小;缺点是容量很小,适用于吸收冲击,广泛用在航空机械中。

d)气瓶式蓄能器。这是一种油和气在壳体内直接接触的蓄能器。其优点是容量大,惯性小,反应灵敏,轮廓尺寸小,没有摩擦损失;缺点是气体易混入油中,影响系统工作的平稳性,气体消耗量大,需经常补充,附属设备多(空气压缩机、高低位液面计等)。仅适用于中低压大流量回路。

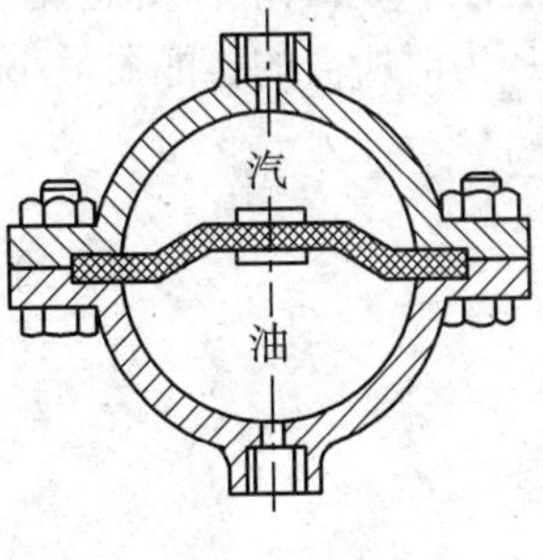

图 3-14　隔膜式蓄能器

③蓄能器的容量计算。容量是选用蓄能器的依据,其大小视用途而定。在选用蓄能器时,要根据液压系统的最高工作压力、最低工作压力和执行元件所需耗油量来确定。合理地选择蓄能器将会提高其容积利用率。现以气囊式蓄能器为例加以说明。

a)作辅助动力源时的容量计算。这时的蓄能器存储和释放压力油的容量和气囊中气体体积的变化量相等,而气体状态的变化应符合玻意尔定律。即为了防止立式液压缸及其工作部件因自重而自行下落,或在下行运动中由于自重而造成失控、失速的不稳定运动,可设置平衡回路。

$$p_0V_0 = p_1V_1^n = p_2V_2^n = 常数 \tag{3-1}$$

式中:p_0——气囊的充气压力;

V_0——气囊充气的体积,即蓄能器容量,这时气囊应充满壳体内腔;

p_1——系统最高工作压力,即泵对蓄能器储油结束时的压力;

V_1——气囊被压缩后相应于 p_1 时的气体体积;

p_2——系统最低工作压力,即蓄能器向系统供油结束时的压力;

V_2——气体膨胀后相应于 p_2 时的气体体积;

n——多变指数。

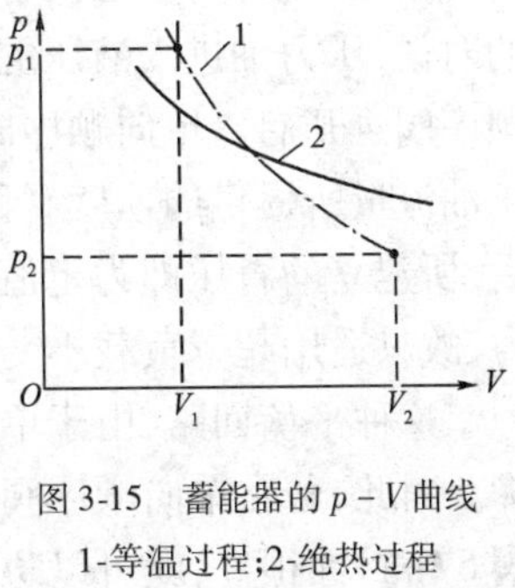

图 3-15　蓄能器的 $p-V$ 曲线
1-等温过程;2-绝热过程

当蓄能器用于保压和补漏时,气体膨胀过程缓慢,与外界热交换充分,可认为是等温变化过程,$n=1$;当蓄能器作辅助或应急动力源时,释放液体的时间短,气体快速膨胀,热交换不充分。这时可视为绝热过程,$n=1.4$。$p-V$ 曲线如图 3-15 所示。在实际工作中,状态变化在绝热过程和等温过程之间,因此 $1<n<1.4$。

体积差 $\Delta V = V_2 - V_1$ 为供给系统的油液体积，代入式（3-1），便可求得蓄能器容量 V_0，即：

$$V_0 = \left(\frac{p_2}{p_1}\right)^{\frac{1}{n}} = \left(\frac{p_2}{p_0}\right)^{\frac{1}{n}}(V_1 + \Delta V) = \left(\frac{p_2}{p_0}\right)^{\frac{1}{n}}\left[\left(\frac{p_2}{p_0}\right)^{\frac{1}{n}} V_0 + \Delta V\right] \tag{3-2}$$

由此可得

$$V_0 = \frac{\Delta V\left(\frac{p_2}{p_0}\right)^{\frac{1}{n}}}{1 - \left(\frac{p_2}{p_1}\right)^{\frac{1}{n}}} \tag{3-3}$$

充气压力 p_0 在理论上应与 p_2 相等，但为保证在压力 p_2 时蓄能器仍有能力补偿系统泄漏，应使 $p_0 < p_2$，一般取 $p_0 = (0.8 \sim 0.85)p_2$，或 $0.9p_2 > p_0 > 0.25p_1$。在实际选用时，蓄能器的总容积 V_0 比理论计算值大5%为宜，具体可查有关手册和资料。如已知 V_0，也可反过来求出储能时的供油体积，即：

$$\Delta V = p_0^{\frac{1}{n}} V_0\left[\left(\frac{1}{p_2}\right)^{\frac{1}{n}} - \left(\frac{1}{p_1}\right)^{\frac{1}{n}}\right] \tag{3-4}$$

b）作吸收冲击用时的容量计算。这时准确计算比较困难，因其与管路布置、液体流态、阻尼情况及泄漏大小等因素有关。一般按经验公式计算缓和最大冲击压力时所需的蓄能器最小容量，即：

$$V_0 = \frac{0.004qp_2(0.016L - t)}{p_2 - p_1} \tag{3-5}$$

式中：q——阀口关闭的管内流量；

p_2——系统允许的最大冲击压力，一般取 $p_2 \approx 1.5p_1$；

L——发生冲击的管长，即压力油源到阀口的管道长度；

t——阀口从开到关的时间，突然关闭时取 $t = 0$；

p_1——阀口开、闭前管内工作压力。

本式只适用于在数值上 $t < 0.0164L$ 的情况下。

6）平衡回路

（1）采用单向顺序阀的平衡回路

如图3-16所示，单向顺序阀4串联在液压缸下行的回油路上，其调定压力略大于运动部件自重在液压缸5下腔中形成的压力。当换向阀3处于中位时，自重在液压缸5下腔形成的压力不足以使单向顺序阀4开启，防止了运动部件的自行下滑；当1YA通电换向阀处于左位的时候，压力油进入液压缸的上腔，液压力使下腔的压力超过单向顺序阀4的调定压力，单向顺序阀4开启。单向顺序阀开启后在活塞下腔的压力超过背压平衡了自重，活塞以液压泵1供油流量所提供的速度平稳下行，避免了超速。此种回路活塞下行运动平稳，单向顺序阀调定后，所建立的背压即为定值。若下行过程中，超越负载变小时，将产生平衡而增加泵的供油压力，故只适用超越负载不变的场合。

这种平衡回路，由于单向顺序阀4的泄漏，当液压缸停留在某一位置后，活塞还会缓慢下降。因此，若在单向顺序阀4和液压缸5之间增加一液控止回阀6（图3-16b）），由于液控止回阀6密封性很好，就可以防止活塞因单向顺序阀泄漏而下降。

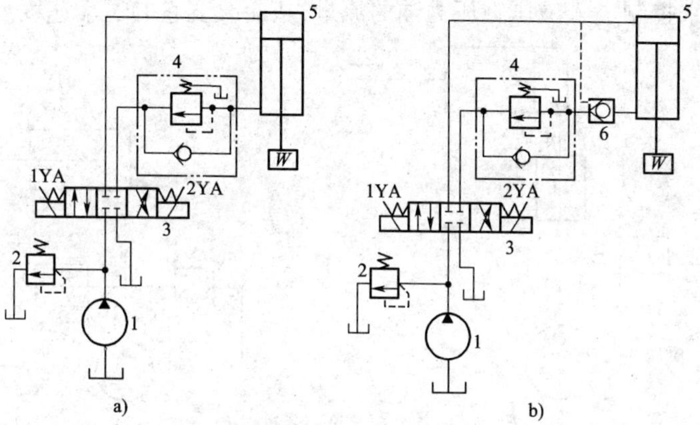

图 3-16　采用单向顺序阀的平衡回路

a)无液控止回阀;b)有液控止回阀

1-液压泵;2-溢流阀;3-电磁换向阀;4-单向顺序阀;5-液压缸;6-液控止回阀

(2)采用液控顺序阀的平衡回路

如图 3-17a)所示是采用液控顺序阀的起重机平衡回路。此种平衡回路适于应用在超越负载有变化的情形。

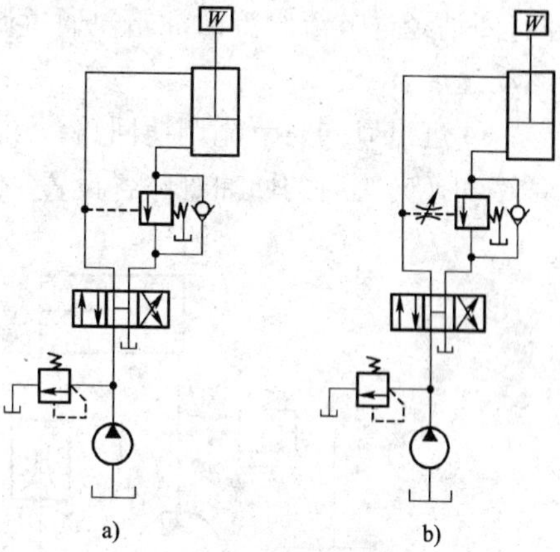

图 3-17　采用液控顺序阀的平衡回路

a)无节流阀;b)有节流阀

当换向阀切换至右位的时候,液压泵所提供的压力油通过止回阀进入液压缸下腔,举起重物。当换向阀切换到左位的时候,压力油进入液压缸上腔,只有在此压力升高到液控顺序阀的调定压力后,通过控制油路使液控顺序阀打开,活塞下行放下重物。将换向阀切换至中位,液压缸上腔迅速卸压,液控顺序阀关闭,活塞停止运动。这一回路的特点是液控顺序阀的启闭取决于控制口的油压,与负载大小无关。但此平衡回路是不完善的。当压力油使液控顺序阀关闭,活塞停止运动,紧接着压力升高,液控顺序阀又被打开,活塞又开始运动,所以活塞断续下降,产生所谓的"点头"现象。为克服这一缺陷,可在控制油路上加一节流阀。如图 3-17b)所示,使液控顺序阀的启闭减慢。

2. 速度控制回路

在很多液压装置中,要求能够调节执行元件的运动速度,这就需要控制液压系统的流量,或改变执行元件的有效作用面积来实现调速。

在采用定量泵的液压系统中,利用节流阀或调速阀改变进入或流出液动机的流量来实现速度调节的方法称为节流调速。采用节流调速,方法简单,工作可靠,成本低,但它的效率不高,容易产生温升。

①进口节流调速回路。进口节流调速回路如图 3-18 所示,节流阀设置在液压泵和执行元件之间的压力管路上,压力油通过节流之后才进入液压缸。它通过调整节流口的大小,控制压力油进入液压缸的流量,从而改变它的运动速度。

②旁路节流调速回路。旁路节流调速回路如图 3-19 所示,节流阀设置在液压泵与油箱之间,液压泵输出的压力油的一部分进入液压缸,另一部分经节流阀流回油箱。通过调整旁路节

流阀开口的大小来控制进入液压缸压力油的流量,从而改变它的运动速度。

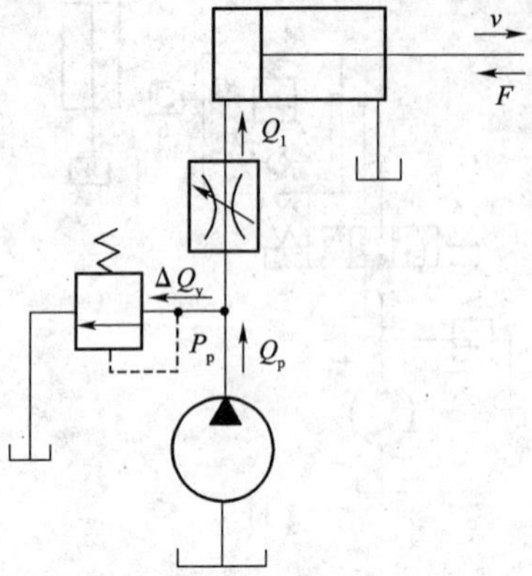

图 3-18　进口节流调速回路

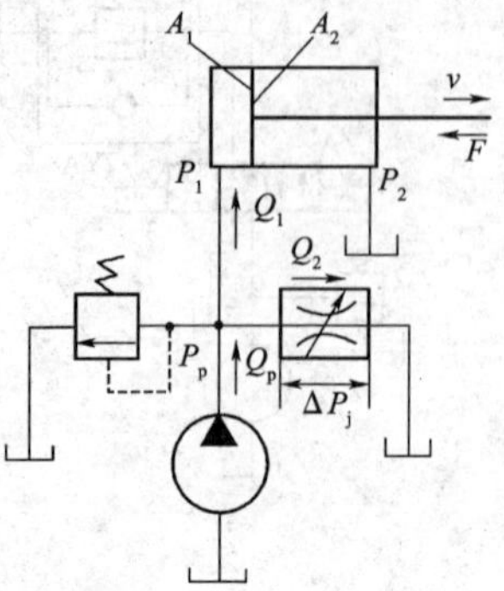

图 3-19　旁路节流调速回路

③出口节流调速回路。出口节流调速回路如图 3-20 所示,节流阀设置在液压缸与油箱之间,回油经过节流阀流回油箱。通过调整节流口的大小,控制液压缸回油的流量从而改变它的运动速度。

④进出口同时节流调速回路。图 3-21 是进出口同时节流调速回路,它在换向阀前的压力管路和换向阀后的回油管路各设置一个节流阀同时进行节流调速。

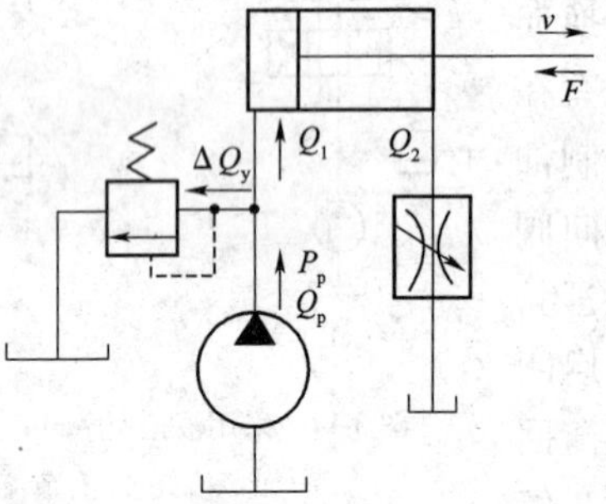

图 3-20　出口节流调速回路

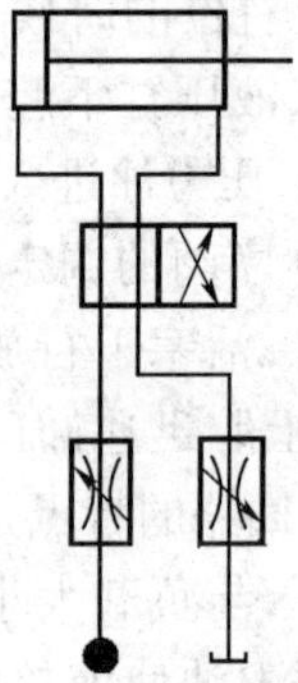

图 3-21　进出口同时节流调速回路

⑤双向节流调速回路。在单活塞杆液压缸的液压系统中,有时要求往复运动的速度都能独立调节,以满足工作的需要,此时可采用两个单向节流阀,分别设在液压缸的进出油管上。3-22 所示为双向进口节流调速回路。当换向阀 1 处于图示位置时,压力油经换向阀 1、节流阀 2 进入液压缸左腔,液压缸向右运动,右腔油液经止回阀 5、换向阀 1 流回油箱。换向阀切换到右端位置时,压力油经换向阀 1、节流阀 4 进入液压缸右腔,液压缸向左运动,左腔油液经止回阀 3、换向阀 1 流回油箱。3-23 为双向出口节流调速回路,它的工作原理与双向进口节流调速回路基本相同,只是两个止回阀的方向恰好相反。

⑥调速阀的桥式回路。调速阀的进出油口不能颠倒使用,当回路中必须往复流经调速阀时,可采用图 3-24 所示的桥式连接回路。换向阀 6 处于左端工作位置时,压力油经换向阀进入液压缸的左腔,活塞向右运动,右腔回油经止回阀 1、调速阀 5、止回阀 2、换向阀 6 流回油箱,形成出口节流调速。换向阀 6 切换到右端工作位置时,压力油经换向阀 6、止回阀 3、调速阀 5、止回阀 4 进入液压缸右腔,推动活塞向左运动,左腔油液经换向阀 6 流回油箱,形成进口节流调速。

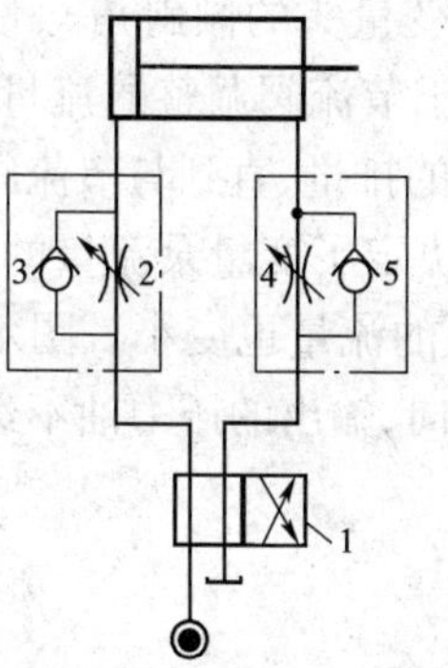

图 3-22 双向节流调速回路

1-换向阀;2、4-节流阀;3、5-止回阀

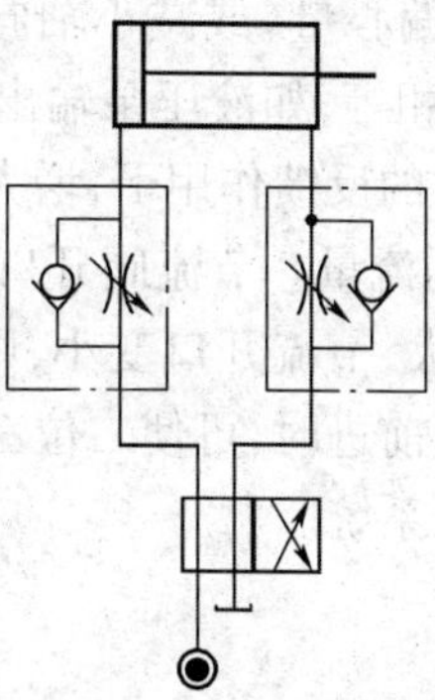

图 3-23 双向出口节流调速回路

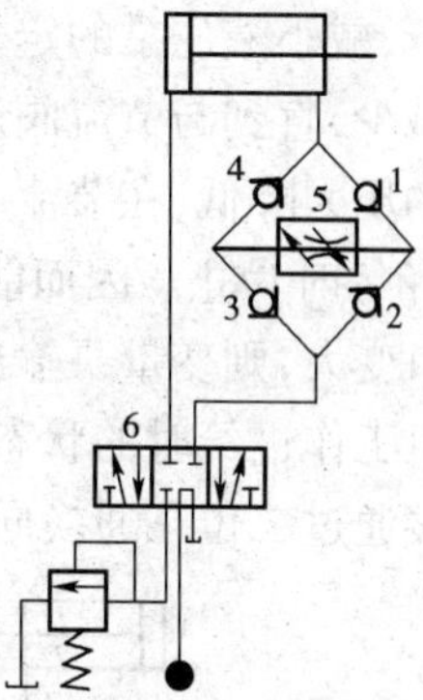

图 3-24 桥式正反节流调速回路

1、2、3、4-止回阀;5-调速阀;6-换向阀

1)容积调速回路

①开式容积调速回路。图 3-25 是液压缸直线运动的开式容积调速回路。改变变量泵的流量可以调节液压缸的运动速度,止回阀用以防止停机时系统油液流空,溢流阀 1 在此回路作安全阀使用,溢流阀 2 作背压阀使用。

②闭式容积调速回路 图 3-26 是采用双向变量泵的闭式容积调速回路,改变变量泵的输油方向可以改变液压缸的运动方向,改变输油流量可以控制液压缸的运动速度。图中两个溢流阀 1、2 作安全阀使用,止回阀 3、4 在液压缸换向时可以吸油以防止系统吸入空气,手动滑阀 5 的启闭可以控制液压缸的开停。

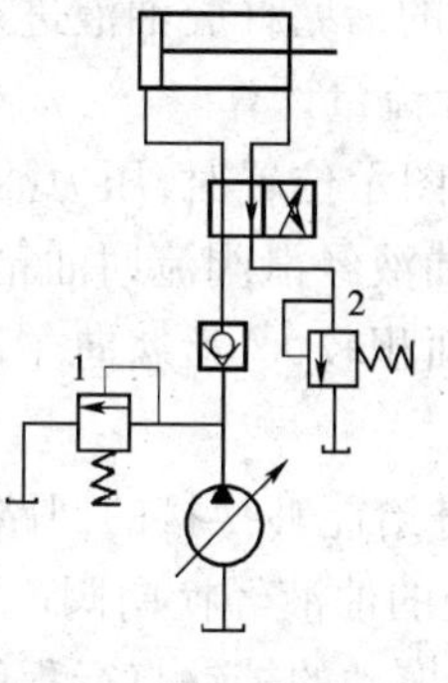

图 3-25 容积调速回路(开式)

1-溢流阀;2-背压阀

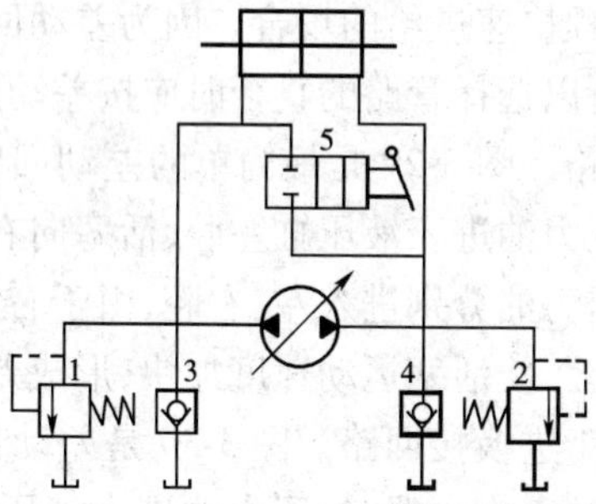

图 3-26 容积调速回路(闭式)

1、2-溢流阀;3、4-止回阀;5-手动滑阀

2)联合调速回路

采用变量油泵供油,由节流阀或调速阀改变通过液动机的流量,同时对液压泵输出的流量进行控制,使之与通过节流阀或调速阀的流量相适应,这种调速方法称为联合调速。

①限压式变量泵和调速阀的联合调速回路。如图 3-27 所示,限压式变量泵输出的压力油经过调速阀流入系统,液压缸的回油经换向阀和背压阀流回油箱;假设调速阀调整的流量为 Q,变量泵输出的流量大于 Q 时,多余的流量没有去路,致使变量泵和调速阀之间油路的压力上升。由于压力升高,可使变量泵自动减小输出的流量,直到与 Q 值相等,从而实现调速阀对变量泵流量的控制。

②恒流量变量泵和节流阀的联合调速回路。图 3-28 所示是恒流量变量泵,输出的压力油经过节流阀进入液压系统。节流阀前后分别与控制油路与变量控制机构的两个油腔相通,当液压泵输出的流量大于节流阀调整的流量 Q 时,使节流前的管路压力 P_1 升高,在液压力的反

馈作用下,减小液压泵的定子与转子的偏心量(或减小轴向柱塞泵变量头的倾斜角),使液压泵排量减少,直到与节流阀调整流量 Q 相等;如液压泵输出流量小于节流阀调整的流量 Q,则节流前的压力降低,在节流出口压力 P_2 的反馈作用下,增大液压泵的排量,直到与节流阀调整流量 Q 相等时为止。因而能得到稳定的流量。节流阀开口的大小决定了变量泵流量的大小。节流开口变大,则变量泵输出的流量变大,节流开口变小,则变量泵的流量也变小。图示位置为液动机工作进给时的状态。当需快速前进时,可使二位三通阀换向,输出的压力油不经节流阀而直接通过二位三通换向阀进入液压系统。

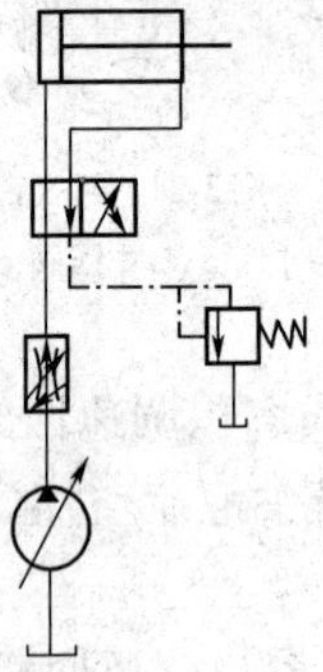

图 3-27　限压式变量泵和调速阀联合调速回路

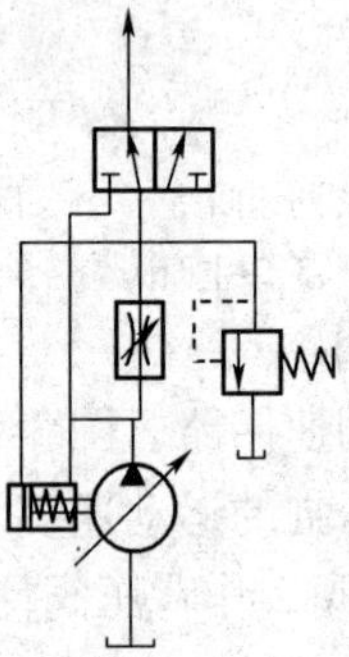

图 3-28　恒流量变量泵和节流阀联合调速回路

3)差动回路

液压缸的差动回路可以用较小流量获得较快的运动速度,但是会相应减小活塞的推力,因此一般用于空程快速进给的场合。因为差动回路中液压缸的活塞杆腔油液进入无活塞杆腔,增加了流量,所以选择管路的直径时应按差动连接后的实际流量计算。

①差动回路。图 3-29 是最简单的差动回路,该阀处于图示位置时,压力油卸荷。切换到右端位置时,压力油进入液压缸左腔,活塞向右运动,右腔油液经滑阀流回油箱。滑阀切换到左端位置时,压力油分别进入左、右腔,由于右腔有效作用面积较大,活塞向左运动,左腔油液经滑阀进入右腔,使活塞运动速度加快,形成差动回路。

②差动—工进换接回路。图 3-30 是差动快进与工作进给能够换接的回路。三位五通换向阀 1 处于左端工作位置时,压力油进入液压缸左腔,右腔的油液经换向阀 1、行程阀 2 也进入液压缸左腔,形成差动回路,使活塞快速前进。当活塞杆拖动的挡铁将行程阀压下时,液压缸右腔的油液只能从调速阀 3 流回油箱,变为工作进给。当换向阀 1 处于右端工作位置时,液压缸退回。

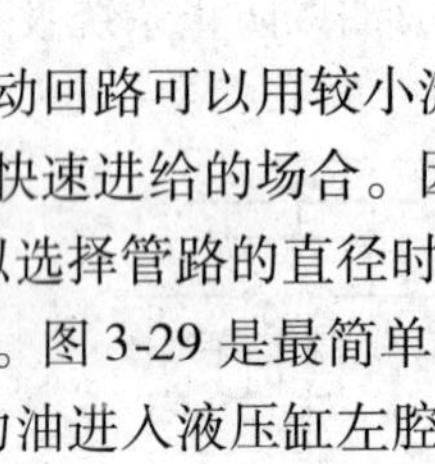

图 3-29　差动回路

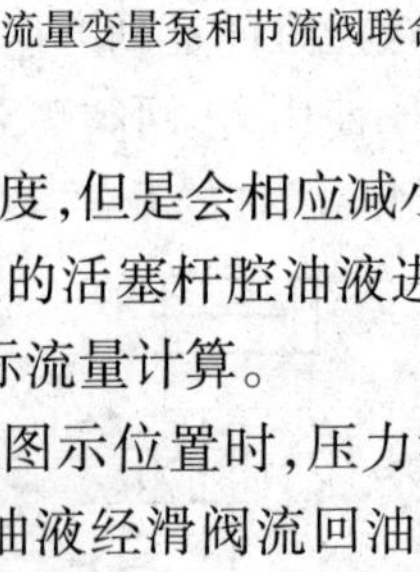

图 3-30　差动—工进换接回路

1-二位五通换向阀;2-行程阀;3-调速阀

③差动—全压换接回路。图 3-31 是差动快速运动与全压工作的换接回路。当换向阀处于

右端工作位置时,压力油经换向阀 1 进入液压缸上腔。下腔的油液经换向阀 1、调速阀 2 进入液压缸上腔形成差动回路,活塞快速下行。当液压缸抵住工件加压时,系统压力上升,达到溢流阀 3 的调定压力后,溢流阀打开,液压缸下腔油液经换向阀 1、溢流阀 3 流回油箱,实现全压工作。

④手动滑阀操纵的差动回路。图 3-32 是用手动四位四通滑阀控制的回路,它可任意选择前进的快慢速。滑阀右边三个位置为普通连接,最左边的工作位置为差动连接。

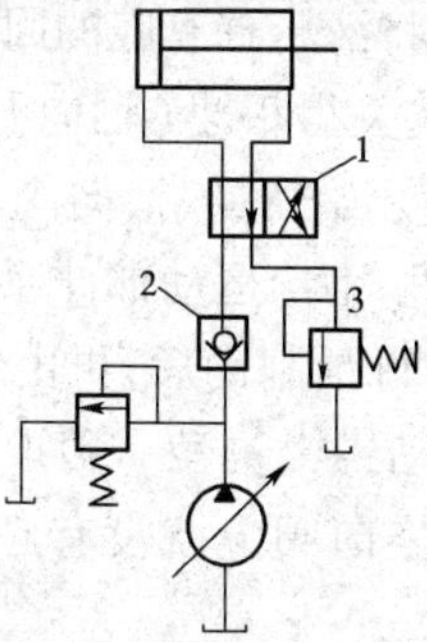

图 3-31　差动—全压换接回路
1-换向阀;2-调速阀;3-溢流阀

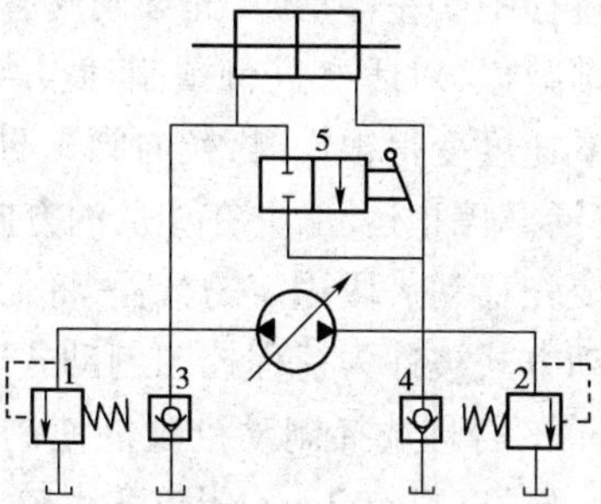

图 3-32　手动滑阀操纵的差动回路
1、2-溢流阀;3、4-调速阀;5-换向阀

3. 方向控制回路

1)简单换向回路

简单换向回路,只需在泵与执行元件之间用标准的普通换向阀即可。

2)复杂换向回路

当需要频繁、连续自动作往复运动且对换向过程有很多附加要求时,则需采用复杂换向回路。对于换向要求高的主机,若用手动换向阀就不能实现自动往复运动。采用机动换向阀,利用工作台上的行程块推动(连接在换向阀杆上的)拨杆来实现自动换向,但若工作台慢速运动,当换向阀移至中间位置时,工作台会因失去动力而停止运动(称"换向死点"),不能实现自动换向;当工作台高速运动时,又会因换向阀芯移动过快而引起换向冲击。若采用电磁换向阀由行程挡块推动行程开关发出换向信号,使电磁阀动作推动换向,可避免"死点",但电磁阀动作一般较快,存在换向冲击,而且电磁阀还有换向频率不高、寿命低、易出故障等缺陷。

为解决上述两个矛盾,采用特殊设计的机液换向阀,以行程挡块推动机动先导阀,由它控制一个可调式液动换向阀来实现工作台的换向,既可避免"换向死点",又可消除换向冲击。这种换向回路,按换向要求不同可分为时间控制制动式和行程控制制动式两种。

(1)时间控制制动式换向回路

如图 3-33 所示,这种回路中的主油路只受换向阀 3 控制。在换向过程中,例如,当先导阀 2 在左端位置时,控制油路中的压力油经止回阀 I_2 通向换向阀 3 右端,换向阀左端的油经节流阀 J_1 流回油箱,换向阀芯向左移动,阀芯上的制动锥面逐渐关小回油通道,活塞速度逐渐减慢,并在换向阀 3 的阀芯移过一段距离后将通道闭死,使活塞停止运动。换向阀阀芯上的制动锥半锥角一般取 $\alpha = 1.5° \sim 3.5°$,在换向要求不高的地方还可以取大一些。制动锥长度可根据试验确定,一般取 2.3 ~ 12mm。当节流阀 J_1 和 J_2 的开口大小调定之后,换向阀阀芯移过距离 L 所需的时间(即活塞制动所经历的时间)就确定不变(不考虑油液黏度变化的影响)。因此,这种制动回路被称为时间控制制动式。这种换向回路的主要优点是:其制动时间可根据主机部件运动速度的快慢、惯性的大小通过节流阀 J_1 和 J_2 的流量得到调节,以便控制换向冲击,提高工作效率;此外,换向阀中位机能采用 H 型,对减小冲击量和提高换向平稳性都有利。其主要缺点是:换向过程的冲击量受运动部件的速度和其他一些因素的影响,换向精度不高。

这种换向回路主要用于工作部件运动速度较高,要求换向平稳,减小冲击、但换向精度要求不高的场合。

(2)行程控制制动式换向回路

如图 3-34 所示,这种回路中的主油路除受换向阀 3 控制外,还受先导阀 2 控制。当先导阀 2 在换向过程中向左移动时,先导阀阀芯的右制动锥将液压缸有腔的回油通道逐渐关小,使活塞速度逐渐减慢,对活塞进行预制动。当回油通道被关得很小(轴向开口量尚留约 0.2 ~ 0.5mm)、活塞速度变得很慢时,换向阀 3 的控制油路才开始切换,换向阀芯向左移动、切断主油路通道,使活塞停止运动,并在相反的方向起动。这里,不论运动部件原来的速度快慢如何,先导阀总是要先移动一段固定的行程,将工作部件先进行预制动后,再由换向阀来使它换向。所以这种制动方式被称为行程控制制动式。先导阀制动锥半锥角一般取 $\alpha = 1.5° \sim 3.5°$,长度 $L = 5 \sim 12$mm,合理选择制动锥度能使制动平稳(而换向阀上就没有必要采用较长的制动锥,一般制动锥长度只有 2mm,半锥角也较大,$\alpha = 5°$。

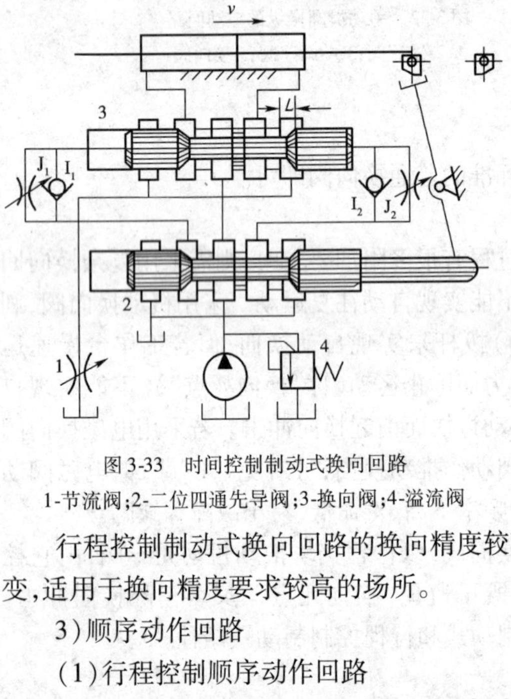

图 3-33　时间控制制动式换向回路

1-节流阀;2-二位四通先导阀;3-换向阀;4-溢流阀

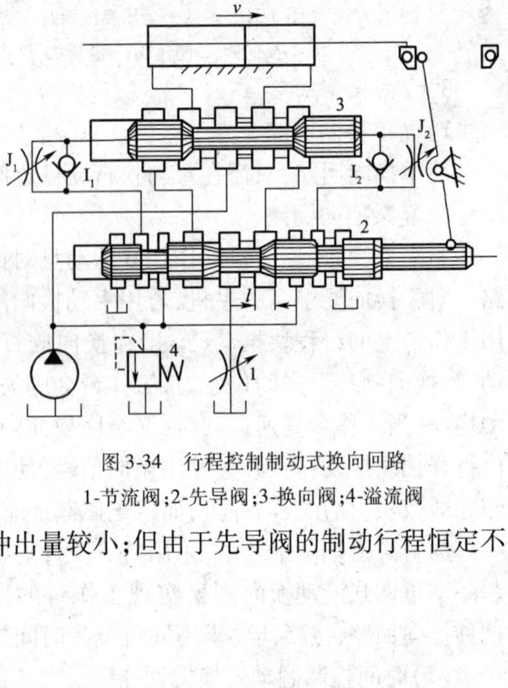

图 3-34　行程控制制动式换向回路

1-节流阀;2-先导阀;3-换向阀;4-溢流阀

行程控制制动式换向回路的换向精度较高,冲出量较小;但由于先导阀的制动行程恒定不变,适用于换向精度要求较高的场所。

3)顺序动作回路

(1)行程控制顺序动作回路

图 3-35a)所示为用行程阀控制的顺序动作回路,在图示状态下,A、B 两缸的活塞均在右端。当推动手柄,使阀 C 左位工作,缸 4 左行,完成动作①;挡块压下行程阀 D 后,缸 B 左行,完成动作②;手动换向阀 C 复位后,缸 4 先复位,实现动作③;随着挡块后移,缸 B 左行,缸 B 退后实现动作④,完成一个工作循环。

图 3-35b)所示为用行程开关控制的顺序动作回路。当阀 E 得电换向时,缸 4 左行完成动作①;其后,缸 A 触动行程开关 S_1 使阀 F 得电换向,控制缸 B 左行完成动作②;当缸 B 左行至触动行程开关 S_2 使阀 E 失电时,缸 A 返回,实现动作③;其后,缸 B 触动 S_4 断电,缸 B 返回完成动作④;最后,缸 B 触动 S_4 使泵卸荷或引起其他动作完成一个工作循环。

(2)压力控制顺序动作回路

图 3-36 所示为使用顺序阀的压力控制顺序动作回路。当换向阀左位接入回路且顺序阀 D

的调定压力大于缸 A 的最大前进工作压力时,压力油先进入缸 A 左腔,实现动作①;缸行至终点后压力上升,压力油打开顺序阀 D 进入缸 B 的左腔,实现动作②;同样地,当换向阀右位接入回路且顺序阀 C 的调定压力大于缸 B 的最大返回工作压力时,两缸按③和④的顺序返回。

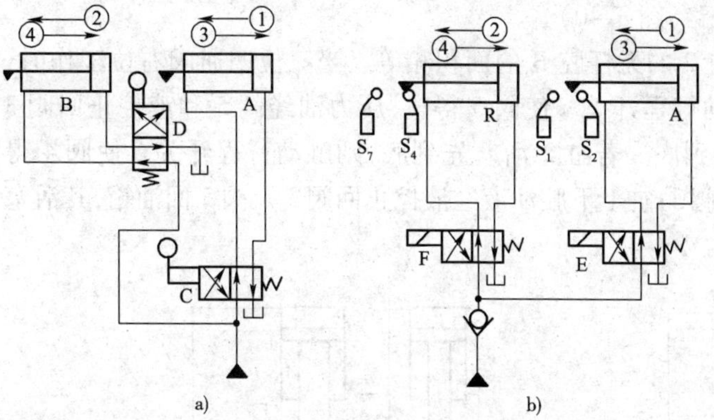

图 3-35 行程阀控制顺序动作回路

a)用行程阀控制;b)用行程开关控制

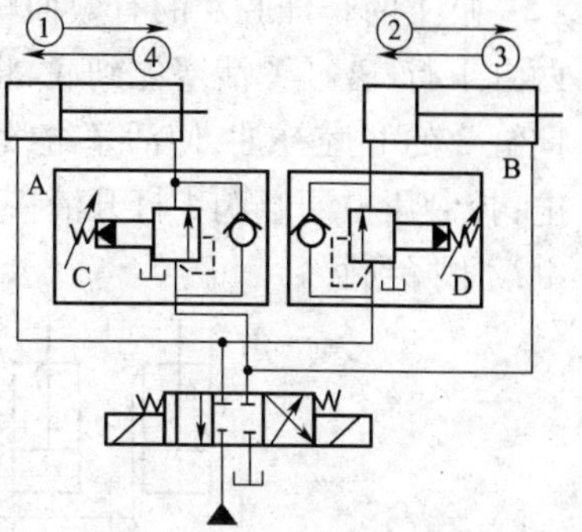

图 3-36 压力控制顺序动作回路

4)同步回路

同步回路的功用是:保证系统中的两个或多个缸(马达)在运动中以相同的位移或相同的速度(或固定的速比)运动。在多缸系统中,影响同步精度的因素很多,如:缸的外负载、泄漏、摩擦阻力、制造精度、结构弹性变形以及油液中含气量,都会使运动不同步。为此,同步回路应尽量克服或减少上述因素的影响。

(1)同步泵的同步回路(图 3-37)

用两个同轴等排量的泵分别向两缸供油,实现两缸同步运动。正常工作时,两换向阀应同时动作;在需要消除端点误差时,两阀也可以单独动作。

(2)同步马达的同步回路(图 3-38)

用两个同轴等排量马达作配流环节,输出相同流量的油液来实现两缸同步运动。由止回阀和溢流阀组成交叉溢流补油回路,可在行程端点消除误差。

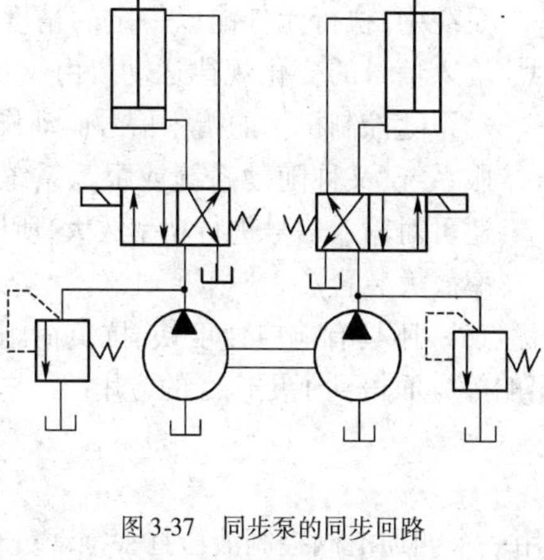

图 3-37 同步泵的同步回路

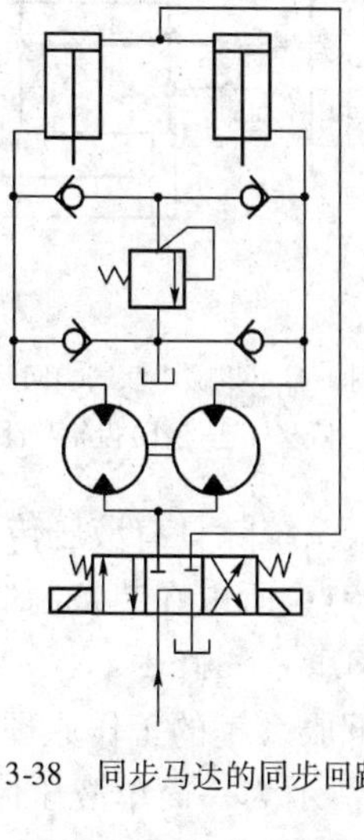

图 3-38 同步马达的同步回路

(3)同步缸的同步回路(图 3-39)

同步缸 3 由两个尺寸相同的双杆缸连接而成,当同步缸的活塞左移时,油腔 a 与 b 中的油液使缸1与缸2同步上升。若缸1的活塞先到达终点，则油腔a的余油经止回阀4和安全阀5排回油箱，油腔b的油继续进入缸2下腔，使之到达终点。同理，若缸2的活塞先达终点，也可使缸1的活塞相继到达终点。

(4)带补偿装置的串联缸同步回路(图3-40)

缸1的有杆腔4的有效面积与缸2的无杆腔B的面积相等。当三位四通阀右位工作时，两缸下行，若缸1活塞先到底，将触动行程开关a使阀5得电，压力油经阀5和液控止回阀3向缸2的B腔补油，使活塞继续下降到底。若缸2活塞先到底，则触动行程开关6使阀4得电，控制压力油经阀4打开液控止回阀3；缸1下腔油液经液控止回阀3及阀5回油箱，其活塞继续下降到底。

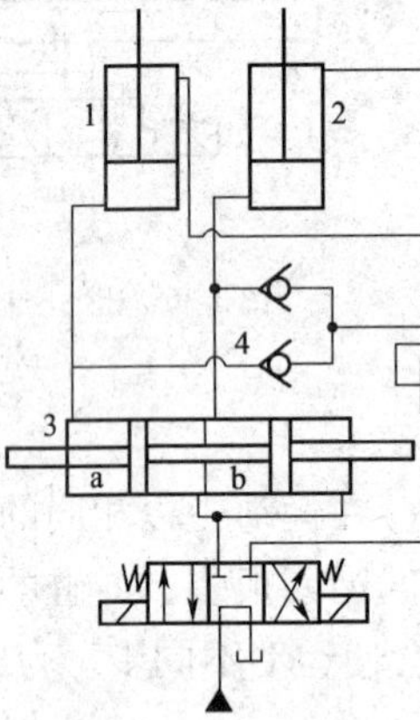

图3-39　同步缸的同步回路

1、2-活塞缸；3-换向阀；4-止回阀；5-安全阀

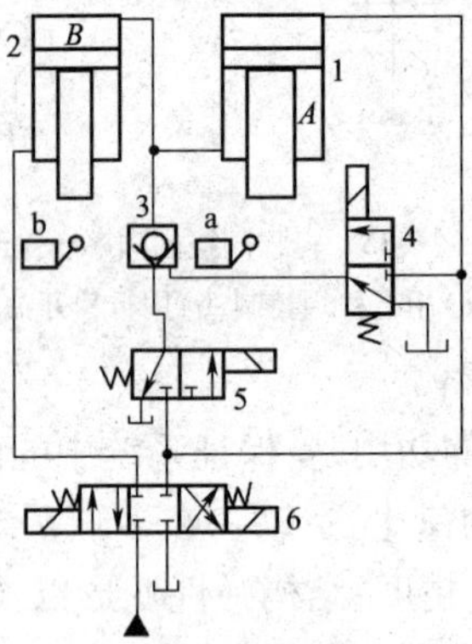

图3-40　带补偿装置的串联缸同步回路

1、2-活塞缸；3-调速阀；4、5、6-换向阀

(5)机械连接同步回路(图3-41)

这种回路是用刚性梁、齿轮及齿条等机械零件，使两缸活塞杆间建立刚性的运动联系，实现位移同步。

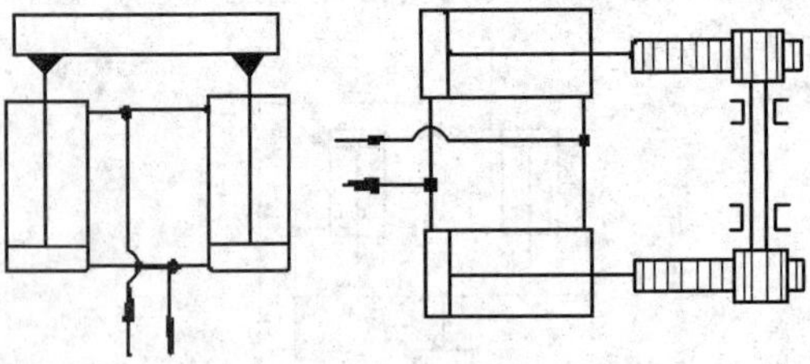

a)　　b)

图3-41　机械串联同步回路

a)刚性梁与活塞杆连接；b)齿轮与活塞杆连接

(二)液压伺服系统

液压伺服系统是一种采用液压伺服机构、根据液压传动原理建立起来的自动控制系统。在系统中，执行元件能以一定的精度，自动地按照输入信号的变化规律运动。由于执行元件能自动跟随控制机构的指令信号而动作，所以控制伺服系统，又称随动系统或跟踪系统。同时，系统还可对输入信号进行功率放大，所以也是一个功率放大装置。

液压伺服系统除具有液压传动的所有优点外，还具有响应速度快、抗负荷刚性大、控制精度高等显著特点，所以在装备制造、国防、船舶等方面得到了更广泛的应用。

1. 液压伺服系统概述

1)液压伺服系统的工作原理

图3-42所示为一简单液压传动系统，用一个四通滑阀控制液压缸去推动负载运动。当向右给阀芯一个输入位移量x_i时，则滑阀移动某一开口量x_s，此时，压力油进入液压缸右腔，液压缸左腔回油，在压力油的作用下缸体向右运动，输出位移x_p。若将滑阀和液压缸组合成一

个整体，上述系统就变成一个简单的液压伺服系统，如图3-43所示。由于阀体与缸体制成一个整体，从而构成反馈控制。其反馈控制过程是：当控制滑阀处于中间位置（零位，即没有信号输入，$x_i=0$）时，阀芯凸肩恰好遮住通往液压缸的两个油口，阀没有流量输出，缸体不动，系统的输出量 $x_p=0$，系统处于静止平衡状态。

若给控制滑阀一个输入位移 x_i（如图3-43向右），阀芯将偏离其中间位置，则节流口a、b便有一个相应的开口量 $x_v=x_i$，压力油经a口进入液压缸右腔，左腔油液经b口回油，缸体右移 x_p，由于缸体与阀体是一体的，因此阀体也右移 x_p。受阀芯输入端的限制，阀的开口量逐渐减小，即 $x_v=x_i-x_p$，直到 $x_p=x_i$（$x_v=0$）时，阀的输出流量等于零，缸体停止运动，处在一个新的平衡位置，完成了液压缸输出位移对滑阀输入位移的跟随运动。

如果控制滑阀反向运动，液压缸也反向跟随运动。控制滑阀作为转换、放大元件，把输入的机械信号（位移或速度等）转换并放大成液压信号（流量或压力等）输出至液压缸。

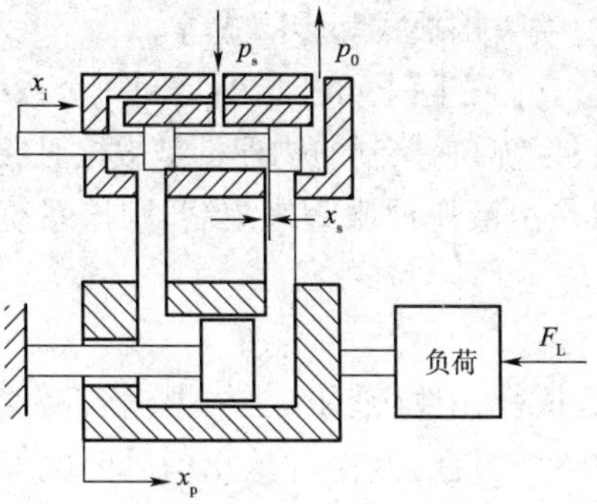

图3-42　液压传动系统

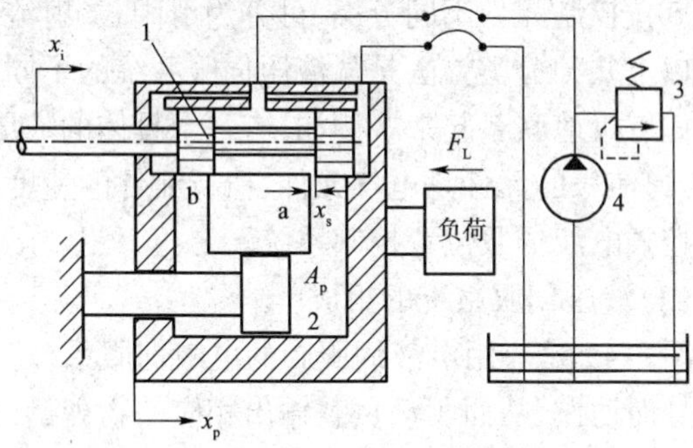

图3-43　液压伺服系统原理

1-控制阀；2-液压缸；3-溢流阀；4-液压泵

在这个系统中，输出位移 x_p 之所以能够精确地复现输入位移 x_i 的变化，是因为缸体和阀体是一个整体，构成反馈控制。缸体的输出信号（位移 x_p）反馈至阀体，并与滑阀输入信号（位移 x_i）进行比较，有偏差（即有开口量）缸体就继续移动，直到偏差消除为止。可见，这个系统是靠偏差信号进行工作的，即以偏差来消除偏差，这就是反馈控制原理。系统的工作原理可以用图3-44框图来表示。

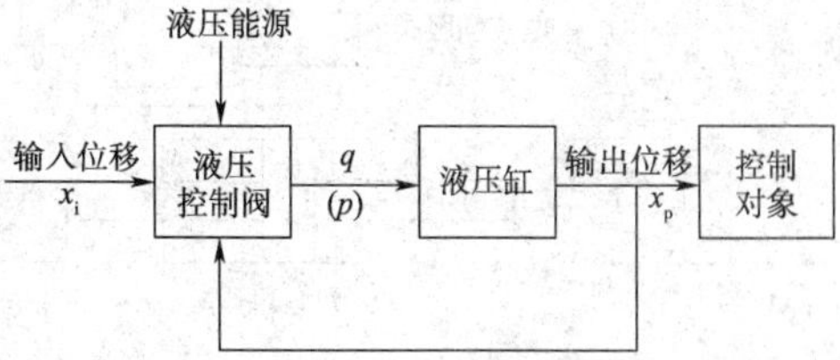

图3-44　液压伺服系统工作原理

在此系统中如果滑阀阀芯不动，液压缸也不动；阀芯移动多少距离，液压缸也移动多少距离；阀芯移动速度快，液压缸移动速度也快；阀芯向哪个方向移动，液压缸也向哪个方向移动。只要给控制滑阀以某一规律的输入信号，则执行元件（系统输出）就自动地、准确地跟随控制滑阀，按照这个规律运动。

系统中，反馈介质是机械连接，称为机械反馈。实际应用中，反馈介质也可以是电气的、气动的、液压的或它们的组合形式。

在这个系统中，移动滑阀阀芯所需要的信号功率很小，而系统的输出功率（液压缸输出的功率和力）却可以达到很大，因此这是一个功率放大装置。

综上所述，液压伺服控制的基本原理是：利用反馈信号与输入信号相比较得出偏差信号，该偏差信号控制液压能源输入到系统的能量，使系统向着减小偏差的方向变化，直至偏差等于零或足够小，从而使系统的实际输出与希望值相符。

2)液压伺服系统的类型及组成

(1)液压伺服系统的分类

液压伺服系统的种类很多,可以从不同角度分类。

①按控制信号(指输入和偏差信号)的元件分类,有机液伺服系统、电液伺服系统和气液伺服系统等。

②按输入信号变化规律分类,有定值控制系统、程序控制系统和伺服控制系统三类。

当系统输入信号为定值时,称为定值控制系统,其基本任务是提高系统的抗干扰能力。当系统的输入信号按预先给定的规律变化时,称为程序控制系统。伺服系统也称为随动系统,其输入信号是时间的函数,输出量能够准确、迅速地复现输入量的变化规律。

③按输出物理量分类,有位置伺服系统、速度伺服系统和力(或压力)伺服系统等。

④按控制方式分类,有节流型和容积型两类。

⑤按控制元件不同分类,可分为滑阀式、射流管式、喷嘴挡板式和转阀式等。

以上几种分类方法是从液压伺服系统的不同角度,它们实际上可能指的是同一个系统,应将它们有机地联系起来。例如,有一个具体的液压伺服系统,它控制的物理量是被控对象的位置,传递信号的元件是电气元件,执行元件的速度和力是由液压伺服阀来控制,则该系统可称为阀控式电液伺服位置控制系统。

(2)液压伺服系统的组成

图3-45是应用电液伺服阀的电液伺服系统。液压执行元件(液压缸)根据输入系统的电气信号而动作,从而驱动负载输出相应的物理量(如位移、速度、力等)。输出信号经电气测量反馈装置测得并回输到系统输入端与输入信号相比较,产生反映二者偏差大小的电压信号,即偏差信号,该信号经过伺服放大器放大成具有一定功率输出的电流信号输入电液伺服阀。电液伺服阀首先将输入的电流信号通过电气—机械转换装置按比例地变换成控制阀阀芯的机械位移,从而改变了相应的节流口状态,输出具有一定压力和流量的压力油(即输出具有足够大的液压功率)去驱动液压执行元件及负载,执行元件运动到输入信号与反馈信号完全一致、偏差信号消失为止。

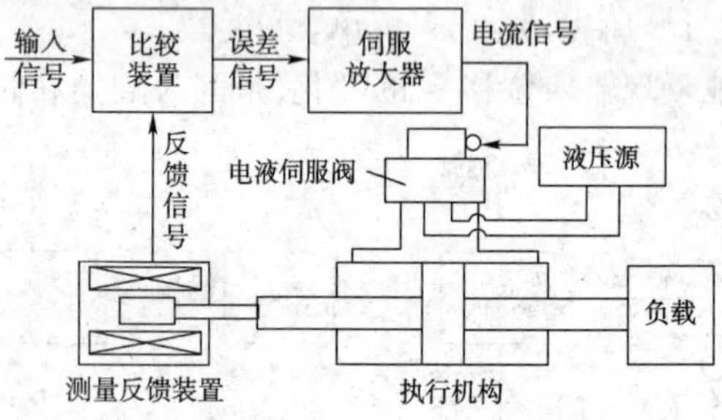

图3-45 电液位置伺服控制系统

液压伺服系统结构各异,功能也不相同,但都是由功能相同的基本单元组成,如图3-46所示。图中虚线表示可能存在的内部检测与反馈。各基本元件及其在系统中的功能如下:

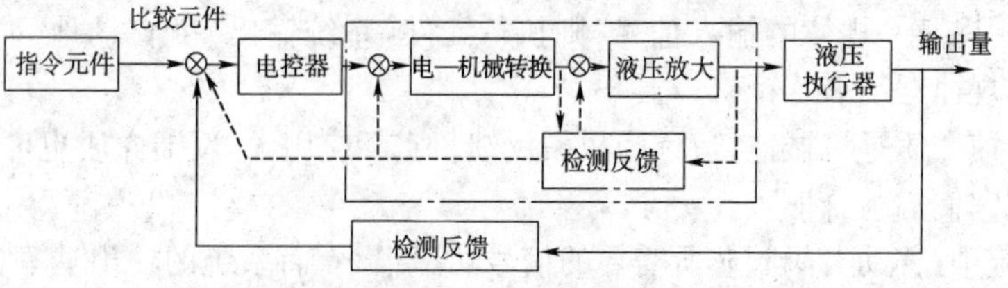

图3-46 液压伺服系统职能

①指令元件。给出与被控制对象所希望的运动规律相对应的指令信号(输入信号),加在系统中的输入端。给定元件可以是机械装置(如凸轮、连杆、模板等),给出位移信号;也可以是电气元件(如电位计、程序装置等),给出电压信号。

②比较元件。用来比较输入信号和反馈信号,并将它们的差值作为偏差信号输送给后面的元件。实际系统中,一般没有专门的比较元件,而是由某一结构元件替代完成比较元件的功能。

③放大转换元件(液压功率放大器)。将偏差信号放大并转换成液压信号(压力或流量),如伺服放大器、液压控制阀、电液伺服阀等。

④液压执行元件。驱动控制对象动作的液压元件,通常指液压缸或液压马达。

⑤检测反馈元件。用来检测系统输出量,将其转换成与输入信号具有相同形式的反馈信号,并回输给比较元件。反馈元件可以是机械装置(如齿轮副、连杆等),也可以是电气元件(如电位计、测速电机等)。

⑥控制对象。即被控制的机械设备。

以上六部分是液压伺服系统的基本组成。为改善系统性能,可增设校正元件;为了使输入信号按比例放大或缩小,可增设比例元件。这两部分在图中没有画出。此外,也可把液压源部分归入液压伺服系统组成中,因液压源的压力和流量的波动以及供油压力的大小对系统的性能会产生直接影响。

(3)液压伺服系统的特点

它是一个自动跟踪系统(或随动系统):输出量能够自动地跟随输入量变化规律而变化;它是一个误差控制系统:系统的输出信号和输入信号之间存在偏差是液压伺服系统工作的必要条件;它是一个负反馈闭环系统;它是一个信号放大系统。

①液压伺服系统控制的优点。

a)液压元件可以组成结构紧凑、体积小、重量轻、承载能力大、加速性好的伺服系统。

b)液压动力元件快速性好,自动化程度高、系统响应快。

c)液压伺服系统抗负载的刚度大,输出位移受负载变化的影响小,定位准确,控制精度高。

②液压伺服控制的缺点。

a)精密的液压控制元件(如电液伺服阀)抗污染能力差,对工作油液的清洁度要求高。

b)油温变化时对系统的性能有很大的影响。

c)当液压元件的密封设计、制造和使用维护不当时,容易引起外漏,造成环境污染。

d)液压元件制造精度要求高,成本较高。

2. 液压伺服系统的控制元件

液压伺服系统按控制方式和控制元件的形式分为:节流式(阀控系统)和容积式(泵控系统)两类。在节流式系统中,主要控制元件是伺服阀或电液伺服阀。在容积式系统中,主要控制元件是变量泵,目前变量马达控制用得较少。

变量泵控制液压伺服系统的优点是效率较高、系统刚性大,缺点是响应速度慢、结构复杂。另外,操纵变量泵变量的机构所需的力较大,需要一套专门的操纵机构,从而使系统复杂化。变量泵控制液压伺服系统特别适合大功率而响应速度要求又不太高的场合。

阀控制伺服系统的优点是响应速度快、控制精度高,缺点是效率低。由于它的性能优越而得到广泛应用,特别是在中、小功率的快速、高精度液压伺服系统中采用。

节流式系统中的控制元件主要有三类:滑阀式伺服阀、喷嘴挡板式伺服阀、射流管式伺服阀。滑阀式伺服阀具有很高的功率放大倍数,既可作为单级伺服阀使用,又可作为多级伺服阀的功率放大级;后两种阀的功率放大倍数小,一般用于多级(二、三级)伺服阀的前置放大级。下面分别介绍三种伺服阀的结构及工作原理。

(1)滑阀式液压伺服阀

滑阀式液压伺服阀具有优良的控制性能，在液压伺服系统中应用广泛。它的结构与液压换向滑阀很相似，但由于工作目的不同，在设计要求上有很大差异。滑阀式换向阀实际上是一种液压开关，每个阀口有两个状态，要么完全打开，要么完全封死，结构上容易保证；而滑阀式液压伺服阀则是一种比例控制的液压放大器，每个阀口具有连续变化的开启度，以便连续调节通过液体的流量，其加工精度（特别是轴向尺寸加工精度）要求很高。

根据滑阀式液压伺服阀控制边数（起控制作用的阀口数）的不同，可以分为单边控制、双边控制和四边控制三种类型。

单边滑阀式液压伺服阀如图 3-47 所示。滑阀控制边的开口量 δ 控制着液压缸右腔的压力和流量，从而控制液压缸运动的速度和方向。来自泵的压力油进入单杆液压缸的有杆腔 A，通过活塞上的小孔 a 后进入无杆腔 B，压力由 p_1 降为 p_2 然后再经过开口量为 δ 的单边滑阀的开口流回油箱。在液压缸不受外载荷作用的条件下，$p_2B=p_1A$。当阀芯根据输入信号向左移动时，开口量 δ 增大，无杆腔压力减小，于是 $p_2B<p_1A$，缸体向左移动。因为缸体和阀体连接成一个整体，所以阀体左移又使开口量 δ 减小（负反馈），直至平衡。

图 3-48 所示为双边滑阀式液压伺服阀的工作原理。压力油一路直接进入液压缸有杆腔，另一路经滑阀左控制边的开口 x_{S1} 和液压缸无杆腔相通，并经滑阀右控制边的开口 x_{S2} 流回油箱。当滑阀向左移动时，x_{S1} 减小，x_{S2} 增大，液压缸无杆腔压力 p_1 减小，两腔受力不平衡，缸体向左移动。反之缸体向右移动。双边滑阀式液压伺服阀比单边滑阀式液压伺服阀的调节灵敏度高、工作精度高。

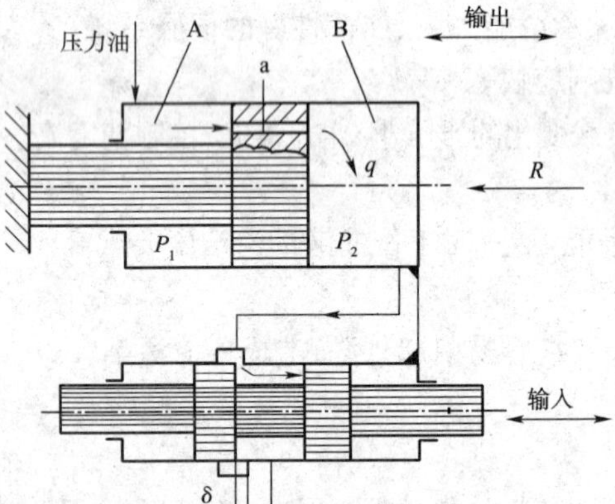

图 3-47　单边滑阀式液压伺服系统

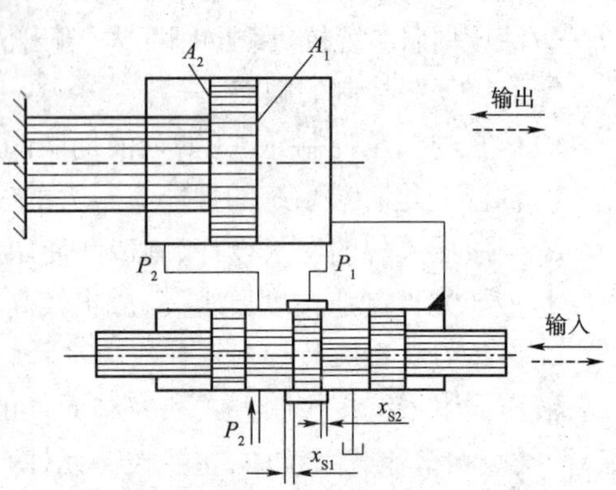

图 3-48　双边滑阀的工作原理

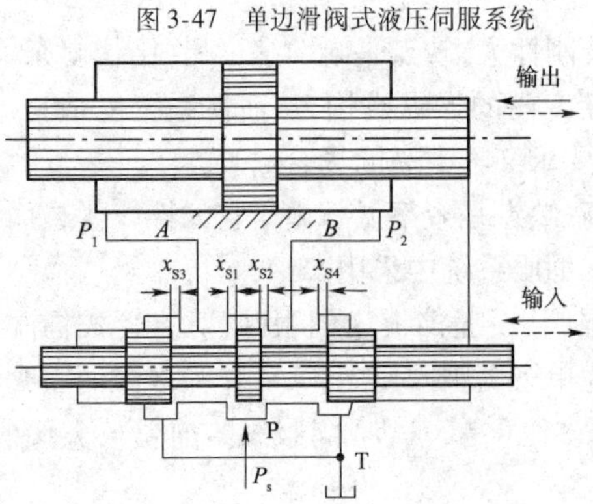

图 3-49　四边滑阀的工作原理

四边滑阀式液压伺服阀有 4 个油口，故也称为四通液压伺服阀。如图 3-49 所示，它有 3 个凸肩和 4 个控制边。在结构上，3 个凸肩的直径相同，液压力在阀芯上产生的轴向作用力基本自平衡，控制阀芯移动的作用力可以很小；左凸肩的右棱边、右凸肩的左棱边、中间凸肩的左右两个棱边均为控制边。这类液压伺服阀与各种液压执行元件均可配合使用。如图 3-49 所示，开口 x_{S1}、x_{S2} 分别控制进入液压缸两腔的压力油，开口 x_{S3}、x_{S4} 分别控制液压缸两腔的回油。液压源

提供的恒压压力油 p_s 接滑阀入口 p,控制口 A、B 分别接液压缸的两腔,回油口 T 接油箱。当四边滑阀式液压伺服阀处于常态(无推动阀芯移动的输入控制信号)时,各节流工作边将 p、T 油口恰好接通,液压缸缸体不运动;当输入信号使阀芯向左移动一微小距离时,液压缸左腔的进油口 x_{S1} 减小,回油口 x_{S3} 增大,使 p_1 迅速减小;与此同时,液压缸右腔的进油口 x_{S2} 增大,回油口 x_{S4} 减小,使 p_2 迅速增大。这样就使活塞迅速左移。反之,当输入信号使阀芯向右移动一微小距离时,液压缸右腔的进油口 x_{S2} 减小,回油口 x_{S4} 增大,使 p_2 迅速减小;与此同时,液压缸左腔的进油口 x_{S1} 增大,回油口 x_{S4} 减小,使 p_1 迅速增大。这样就使活塞迅速右移。缸体运动的速度与阀口开启度(或阀芯位移量)成正比。若把液压缸缸体与滑阀阀体固连,便形成负反馈连接,液压缸缸体将跟随阀芯作随动运动,实现伺服控制,即若阀芯在外力(输入信号)作用下向左(右)移动一微小距离,使阀口开启,液压油进入液压缸推动液压缸缸体也向左(右)移动一相同距离,直至阀口关闭,液压缸又停止运动。与双边滑阀式液压伺服阀相比,四边滑阀式液压伺服阀同时控制液压缸两腔的压力和流量,故调节灵敏度高,工作精度也高,在工程中使用很广泛。

由上述可知,单边、双边和四边滑阀式液压伺服阀的控制作用是相同的,均起到换向和调节的作用。控制的边数越多,控制质量就越好,但其结构工艺差。在通常情况下,四边滑阀式液压伺服阀多用于精度要求较高的系统,单边、双边滑阀式液压伺服阀用于一般精度系统。

按照控制边相对于阀套槽边的位置不同,滑阀式液压伺服阀可制成正开口、零开口和负开口三种类型,如图 3-50 所示,即当滑阀处于平衡位置(无输入控制信号)时,阀芯凸肩控制边与阀套槽边的相对位置分别为负开口($x_S<0$)、零开口($x_S=0$)和正开口($x_S>0$)。

具有零开口的滑阀,其工作精度最高;负开口有较大的不灵敏区,较少采用;具有正开口的滑阀,工作精度较负开口高,但功率损耗大,稳定性也差。

(2)喷嘴挡板式液压伺服阀

喷嘴挡板式液压伺服阀有单喷嘴和双喷嘴两种。

如图 3-51 所示为单喷嘴挡板式液压伺服阀。它由固定节流孔、中间油室、喷嘴及挡板等组成。喷嘴和挡板共同组成一个可变截面的节流装置。中间油室 b 与执行元件的工作油腔相连通。当从液压泵来的压力油压力为 p_1,经过固定节流孔 a 后,一部分油液经喷嘴端面和挡板所形成的间隙 δ 排出而流回油箱。挡板的位置(即间隙 δ 的大小)由输入信号来控制,可以直接用机械方法控制,也可以由电信号控制。当 δ 的大小改变时,就改变了喷嘴和挡板处的节流作用,因而使中间油室中的油压力 p_2 也随之改变,这样就使执行元件产生运动。

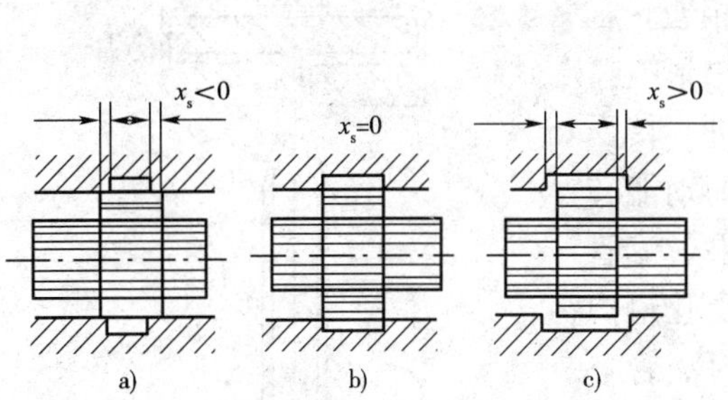

图 3-50 滑阀式的三种开口形式

a)负开口;b)零开口;c)正开口

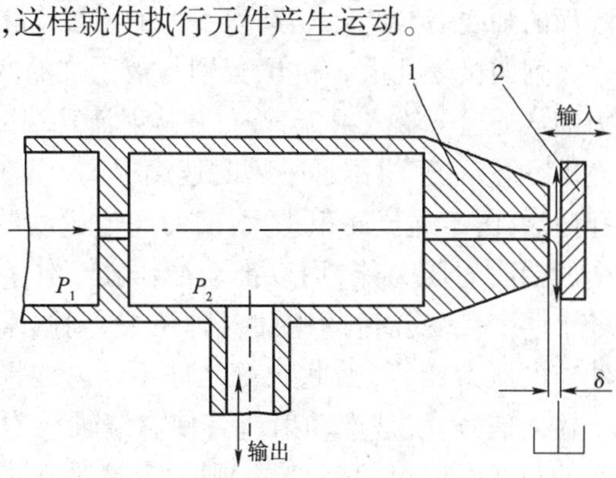

图 3-51 单喷嘴挡板式液压伺服系统工作原理

1-喷嘴;2-挡板

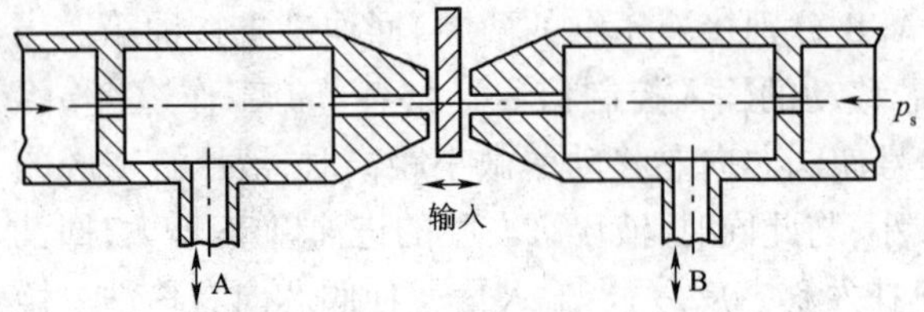

图 3-52　双喷嘴挡板阀

双喷嘴挡板式液压伺服阀具有较高的功率放大倍数，因而应用较多。如图 3-52 所示为双喷嘴挡板式液压伺服阀的结构及工作原理示意图。在结构上，该阀左右完全对称，各有一直径确定的固定节流口和喷嘴；两喷嘴的正中间有一挡板，挡板支撑在上部的转轴上（未画出），可随转轴左右小幅度摆动。这样，挡板与两喷嘴就构成了可变节流口。液压源提供的恒压力为 p_s 的油同时进入左、右输入端，经两固定节流口流入左、右控制腔，又沿喷嘴高速喷向挡板，并由喷嘴与挡板之间的缝隙流回油箱。在左、右控制腔处各设一控制口，分别与执行元件（假设为液压缸）的两油腔 A、B 相连。当伺服阀处于零位（无输入信号，挡板未发生偏转）时，挡板到两喷嘴的距离均相同，两喷嘴处的节流压降相同，从而使两控制腔的压力相等，因此，液压缸左、右腔压力也相等，活塞不动；当输入信号使挡板绕转轴顺时针转动一微小角度而靠近左喷嘴时，左喷嘴处的节流压降增大，右喷嘴处的节流压降减小，导致左腔 A 的控制压力大于右腔 B 的控制压力，液压缸左腔进油，右腔排油，活塞向右运动；反之，当挡板绕转轴逆时针转动一微小角度而靠近右喷嘴时，结果与上述情况正好相反，活塞向左运动。很明显，活塞移动的速度以及产生推力的大小与输入信号（或挡板的偏移量）的大小成正比，活塞运动的方向取决于输入信号的极性（或挡板偏移的方向）。

由上可见，用很小的机械功率操纵挡板，便可以在喷嘴挡板式液压伺服阀的输出端得到较大的液压功率，实现信号转换及功率放大的功能。但是，在喷嘴处自始至终有液压油泄漏，能量损失较大，因而这种阀只能用在小功率场合。

与滑阀式液压伺服阀相比，喷嘴挡板式液压伺服阀结构简单，加工精度要求不高，制造容易；运动部件（挡板）质量轻，惯性小，位移量小，灵敏度高，动态响应快；对油液的污染不太敏感；没有径向不平衡力，不会发生“卡紧”现象，因而工作可靠。其缺点是：功率损耗大，喷嘴挡板间距离很小时的抗污染能力差，因此适宜在多级放大伺服系统中用作第一级（前置级）伺服装置。

（3）射流管式液压伺服阀

射流管式液压伺服阀的工作原理如图 3-53 所示。它由射流管、接受板和液压缸等组成。射流管可绕垂直于图面的轴线 O 向左右摆动一不大的角度。接受板上有两个并列的接受孔道 a 和 b，分别与液压缸的两腔相通。压力油从通道 c 输入射流管内，并从射流管端部的锥形喷嘴射出，油液在经过锥形喷嘴时速度提高，当油液进入接受孔道后，由于通流面积扩大，又使高速运动油液的动能转变成油液的压力能，用以推动液压缸工作。如果射流管处于两个接受孔道的中间对称位置，则两个接受孔道内油液的压力相等，因此执行元件不动。如果给射流管一个输入信号，就是推动射流管使它绕轴线 O 摆动一个很小的角度而偏离中间位置，则一个接受孔道内的油压升高，而另一个接受孔道内的油压降低，在压力差的作用下，液压缸就向射流管偏移的相同方向移动，直到跟着液

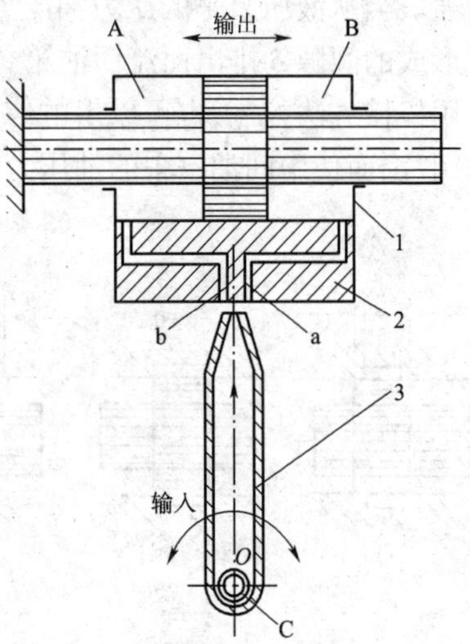

图 3-53　射流管式液压伺服系统工作原理

1-液压缸；2-接受板；3-射流管

压缸移动的接受板到达射流孔又处于两个接受孔道的中间对称位置时为止。

射流管式液压伺服阀是一种非节流式液压伺服阀,其工作原理与滑阀式和喷嘴挡板式液压伺服阀有本质区别。前者是靠改变液体动能的分配比例来控制执行元件运动的;而后两者是利用节流口开口量不同形成不同的压力降来控制执行元件运动的。与喷嘴挡板式液压伺服阀一样,射流管式液压伺服阀多用于多级(二、三级)伺服阀的前置放大级。射流管式液压伺服阀所用的介质可以是液体,也可以是气体。由于气体输入压力不可能很高,密度又较小,故功率放大倍数相对较小,目前多用液体。

射流管式液压伺服阀的优点是:结构简单、元件加工精度要求低;射流管出口处面积大,抗污染能力强,能适应恶劣的工作条件下工作;射流管上没有不平衡的径向力,不会产生"卡紧"现象。其缺点是:射流管运动部分惯性较大,工作性能较差;射流能量损失大,零位(两接受孔道中间的对称位置)处功率损耗也大,效率较低。因此,这种伺服系统只适用于低压、功率较小的场合,例如液压仿形机床的伺服系统中。

3. 电液伺服阀

电信号在传输、运算、转换等方面既快速又方便,几乎各种物理量都能方便地转化为电信号。因此,在一些复杂的、高精度的自动控制系统中,广泛地采用电气装置作为信号的比较、放大、检测反馈等元件,而用液压元件作为功率输出部分。这种将电、液两种元件的长处结合起来而组成的电液伺服系统是一个重要的发展方向。液压与气压用伺服阀是电液或电气联合控制的多级伺服元件,它能将微弱的电气输入信号放大成大功率的液压或气压能量输出,以实现对流量和压力的控制。它接受一种模拟量电控信号,输出随电控信号的大小及极性变化的液压模拟量。电液或电气伺服阀具有控制精度高和放大倍数大等优点,在液压与气压控制系统中得到了广泛的应用。

液压伺服阀主要指的是电液伺服阀,它在接受电气模拟信号后,相应输出调制的流量和压力。它既是电液转换元件,也是功率放大元件,它能够将小功率的微弱电气输入信号转换为大功率的液压能(流量和压力)输出,在电液伺服系统中,它将电气部分与液压部分连接起来,实现电液信号的转换与液压放大。电液伺服阀是电液伺服系统控制的核心。

1)电液伺服阀的分类

电液伺服阀广泛地应用在电液位置、速度、加速度、力伺服系统,以及伺服振动发生器中。它具有体积小、结构紧凑、功率放大系数高、控制精度高,直线性好、死区小、灵敏度高、动态性能好以及响应速度快等优点。

电液伺服阀按用途、性能和结构特征可分为通用型和专用型;按输出量可分为流量控制伺服阀和压力控制伺服阀;按液压放大级数可分为单级、双级和三级伺服阀;按电气—机械转换后动作方式可分为转矩马达式(输出转角)和力马达式(输出直线位移);按电气—机械转换装置可分为动铁式(一般为衔铁传动)与动圈式和干式与湿式;按液压前置级的结构形式可分为单喷嘴挡板式、双喷嘴挡板式、四喷嘴挡板式、射流管式、偏转板射流式和滑阀式;按反馈形式可分为位置反馈、负载流量反馈和负载压力反馈;按输入信号形式可分为连续控制式和脉宽调制式。

通用型流量伺服阀的分类情况如图 3-54 所示。

专用型流量伺服阀是为满足系统的某些特殊要求而特殊制造的伺服阀。它通常是按特殊的性能、附加控制作用、安装尺寸及形式、工作环境、实验方法、质量保证措施、电气接插头、材料、工作液以及其他特殊要求等分类。

- 通用型流量伺服阀
  - 单向伺服阀
    - 动力圈(力马达或转矩马达)——滑阀式
    - 永磁式(力马达或转矩马达)
      - 单喷嘴挡板式
      - 双喷嘴挡板式
      - 四喷嘴挡板式
      - 射流管式
      - 偏转板射流式
  - 两级伺服阀
    - 永磁式
      - 单喷嘴挡板式
      - 双喷嘴挡板式
        - 力反馈
        - 直接反馈
        - 电反馈
        - 流量反馈
        - 弹簧对中
      - 四喷嘴挡板式
      - 射流管式
      - 偏转板射流式——力反馈
    - 动力圈——(力马达或转矩马达)——滑阀式
  - 三级伺服阀
    - 通用型两级伺服阀前置
    - 非标准两级伺服阀前置

图 3-54　通用型流量伺服阀的分类

通用型压力伺服阀一般按液压控制阀的级数及压力反馈原理来分类。通用型压力伺服阀的分类情况如图 3-55 所示。

- 通用型压力伺服阀
  - 单级压力伺服阀双喷嘴挡板式
  - 两级压力伺服阀
    - 阀芯力综合式压力反馈
    - 反馈喷嘴式压力反馈

图 3-55　通用型压力伺服阀的分类

在伺服阀中采用不同的反馈形式可以得到不同的伺服阀输出特性。利用位置反馈和负载流量反馈可实现流量控制,利用负载压力反馈可实现压力控制。而连续控制式伺服阀的输入信号是连续变化的信号,脉宽调制式伺服阀的输入信号是脉宽调制的脉冲信号。

连续控制式伺服阀多用于模拟调制的伺服系统中,脉宽调制式伺服阀多用于计算机控制的系统中。专用型压力伺服阀一般是按其特殊的压力控制特性、特殊的安装结构及其他特殊因素来分类的。

2)电液伺服阀的组成

电液伺服阀是电液伺服系统的核心部分。如图 3-56 所示,输入信号 e_i 及反馈信号 e_f 均为微弱的电信号,两者经过比较,在电伺服放大器中放大,并转化为差动电流 Δi 输入到转矩马达中,再转化成机械位移而输入到下级液压放大元件。液压放大元件(可以是多级)输出具有一定压力和流量的压力油,推动液压执行元件拖动负载运动。系统的输出位移量 x_p 经检测反馈元件转化为电压信号 e_f 后返回比较元件,形成负反馈闭环关系。这里,电液伺服阀是联系电信号和液压信号的桥梁,被称为电液伺服系统的心脏。

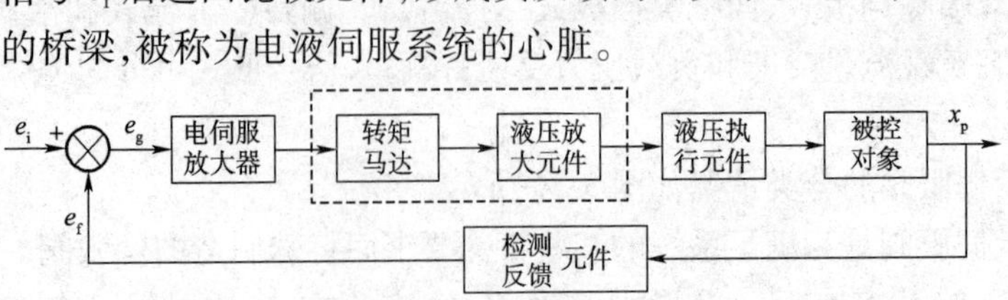

图 3-56　电液伺服系统的组成

从图中可以看出，电液伺服阀由转矩马达和液压放大元件构成。其中，转矩马达是电气—机械转换器，它将差动电流信号转换成平动或摆动的机械位移信号，去推动液压放大元件工作；而液压放大元件将转矩马达输出的小功率机械位移信号转换并放大成大功率的液压信号，驱动执行元件运动。实际上，这里的液压放大元件就是前面介绍的液压伺服阀。

电液伺服阀具有各种不同的结构形式。按液压放大级数的不同有二级、三级放大式。最常用的是二级放大式电液伺服阀。

3）电液伺服阀的结构及工作原理

二级放大式电液伺服阀由转矩马达、液压前置放大器和液压功率放大器三部分组成。其中，液压前置放大器是喷嘴挡板式液压伺服阀或射流管式液压伺服阀，而液压功率放大器则采用带有四条控制边的滑阀式液压伺服阀（四通液压伺服阀）。

（1）双喷嘴挡板式电液伺服阀

在双喷嘴挡板式电液伺服阀中，最常用的是力反馈式，如图3-57所示为力反馈双喷嘴挡板式电液伺服阀的结构原理图。它由上部电磁元件和下部液压元件两大部分组成。电磁元件就是转矩马达，由永久磁铁1和4、导磁体2、衔铁3、弹簧管5和绕在衔铁上的控制线圈组成。控制线圈有两组，根据需要可将它们串联、并联或差动连接。如图3-57所示。液压元件是一个两级液压伺服阀，前置放大级是双喷嘴挡板式液压伺服阀，功率放大级是带有四条控制边的滑阀式液压伺服阀。阀芯9通过力反馈杆8上的小球与衔铁挡板组件相连。

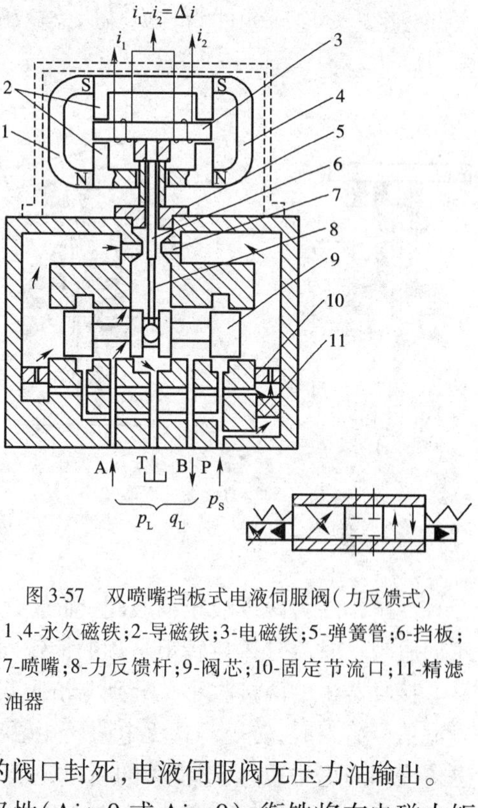

图3-57　双喷嘴挡板式电液伺服阀（力反馈式）

1、4-永久磁铁；2-导磁铁；3-电磁铁；5-弹簧管；6-挡板；7-喷嘴；8-力反馈杆；9-阀芯；10-固定节流口；11-精滤油器

当输入转矩马达的差动电流 Δi 为零时，衔铁由弹簧管支撑在上、下导磁体之间的正中位置。此时，挡板6也位于两喷嘴7之间的正中位置，即伺服阀常态，液压源提供的压力为 p_s 的恒压油经精滤油器11、左右两固定节流口10进入控制腔。由于挡板到两喷嘴的距离相同，两控制腔的压力也相等，作用于阀芯左、右端面的推力也相等，阀芯在力反馈杆的约束下处于中间位置，液压伺服阀的阀口封死，电液伺服阀无压力油输出。

若转矩马达有差动电流输入，根据差动电流的极性（$\Delta i>0$ 或 $\Delta i<0$），衔铁将在电磁力矩作用下发生顺时针或逆时针的偏转。假设 $\Delta i>0$ 时，衔铁顺时针偏转，如图3-58所示，挡板随之偏转并向左喷嘴靠近，左控制腔压力升高，右控制腔压力降低，阀芯在压差作用下向右移动。电液伺服阀阀口 P→B、A→T，有液压油输出。这时的力反馈杆一方面要随着挡板顺时针偏转而向左移动；另一方面又要随着阀芯向右移而迫使挡板向中间位置回复，结果使力反馈杆发生图3-58b）所示的弯曲变形。当作用于衔铁上的电磁转矩与弹簧管和力反馈杆的变形弹性反力矩平衡时，衔铁处于一个新的平衡位置；同时，作用于阀芯的液压作用力与力反馈杆的变形弹性力也处于平衡，阀芯也处于一个新的平衡位置。结果是阀芯向右移动了 x_v，阀口对应一个相应的开启度，伺服阀输出端输出相应的流量 q_L。由于转矩马达的电磁力矩与输入的差动电流 Δi 成比例，也可以证明，阀芯的位移量与转矩马达的电磁转矩也成比例，因而阀芯的位移量与输入差动电流成比例,也就意味着伺服阀输出流量与输入差动电流成比例,而输出液流的方向取决于输入差动电流的极性。

这样就使输出流量与输入差动电流对应起来,当改变输入电流信号的大小和极性,就可以改变电液伺服阀的输出流量的大小和方向,以实现电液伺服阀的功能要求。

该阀的特点是:采用了力反馈杆,使得挡板基本在零位附近工作,输出流量与输入电流之间关系的线性度较好;阀特性不受中间参数影响,抗干扰能力强;喷嘴与挡板间的缝隙很小,易受污染而卡住,故对油液清洁度要求较高。

在上述电液伺服阀中,若去掉力反馈杆,并在阀芯两端增设对中弹簧,就由“力反馈式”变为“对中弹簧式”,但其性能不如“力反馈式”,故用的不是太多。

(2)射流管式电液伺服阀

如图 3-59 为射流管式电液伺服阀的结构原理图。它由上部电磁元件和下部液压元件两大部分组成。电磁元件为转矩马达,与双喷嘴挡板式电液伺服阀的转矩马达一样。

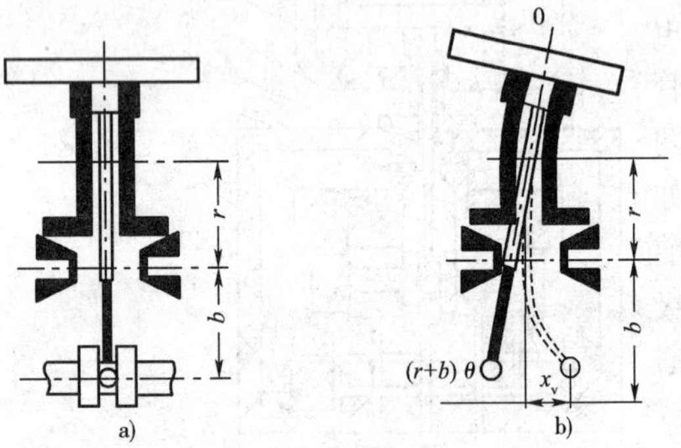

图 3-58　力反馈杆变形

a)当 $\Delta i=0$ 时;b)当 $\Delta i\neq 0$ 时

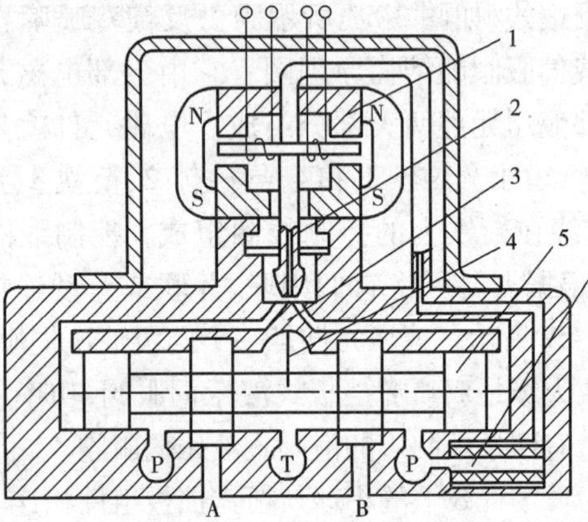

图 3-59　射流管式电液伺服阀

1-导磁体;2-射流管;3-接收器;4-定位弹簧板;5-阀芯;6-精滤油器

液压元件为两级液压伺服阀,前置放大级为射流管式液压伺服阀,功率放大级为滑阀式液压伺服阀。射流管 2 与转矩马达的衔铁固定连接,它不但是供油通道,而且是衔铁的支撑弹簧管。接收器 3 的两接收小孔分别与滑阀式液压伺服阀的阀芯 5 的左右两端的容腔相通。当无电流信号输入时,转矩马达无电磁转矩输出,衔铁在弹簧管制作的射流管支撑下,处于上、下导磁体之间的正中位置,射流管的喷口处于两接收小孔的正中间,液压源提供的恒压力液压油进入电液伺服阀的供油口 P,经精滤油器 6 进入射流管,由喷口高速喷出。由于两接收小孔接收的液体动能相等,因而阀芯左右两端容腔的压力相等,阀芯在定位弹簧板 4 的作用下处于中间位置(常态位置),电液伺服阀输出端 A、B 口无流量输出。当转矩马达有电流信号输入时,衔铁在电磁力矩作用下偏转一微小角度(假设其顺时针偏转),射流管也随之偏转使喷口向左偏移一微小距离。这时,左接收小孔接收的液体动能增多,右接收小孔接收的液体动能减少,阀芯左端容腔压力升高,右端容腔压力降低,在压差作用下,阀芯向右移动,并使定位弹簧板变形。当作用于阀芯的液压推力与定位弹簧板的变形弹力平衡时,阀芯处于新的平衡位置,阀口对应一个相应的开启度,P→A、B→T(回油口),输出相应的流量。由于定位弹簧板的变形量(也就是阀芯的位移量)与作用于阀芯两端的压力差成比例,该压力差与喷口偏移量成比例,喷口偏移量与转矩马达的电磁转矩成比例,电磁转矩又与输入的电流信号成比例,因而阀芯位移量与输入电流信号成比例，也就是该电液伺服阀的输出流量与输入的电流信号大小成比例。改变输入电流信号的大小和极性，就可以改变电液伺服阀的输出流量的大小和方向。

与喷嘴挡板式电液伺服阀相比，射流管式电液伺服阀的最大优点是抗污染能力强。在电液伺服阀出现的故障中，约有80%是由液压油的污染引起的，因而射流管式电液伺服阀越来越被广泛的应用。

(3)动圈式电液伺服阀

动圈式电液伺服阀主要有位置直接反馈式和电反馈式两种。如图3-60为动圈位置直接反馈式电液伺服阀结构原理图。它由左部电磁元件和右部液压元件组成。电磁元件为动圈式转矩马达，由永久磁铁3、导磁体4、左右复位弹簧7、调零螺钉1和带有线圈绕组的动圈6组成。线圈绕组有两个，根据需要可将它们串联、并联或差动连接。如图3-60所示。动圈与一级阀芯8固定连接，并由其支撑在两导磁体形成的气隙5之中。当有电流通过线圈绕组时，动圈会带动一级阀芯移动，电流的方向不同，阀芯的移动方向也左右不同。液压元件是带有四条控制边的滑阀式液压伺服阀(即四通液压伺服阀)。液压伺服阀阀芯9(二级阀芯)是中空的，中间装有可随动圈左右移动的一级阀芯。

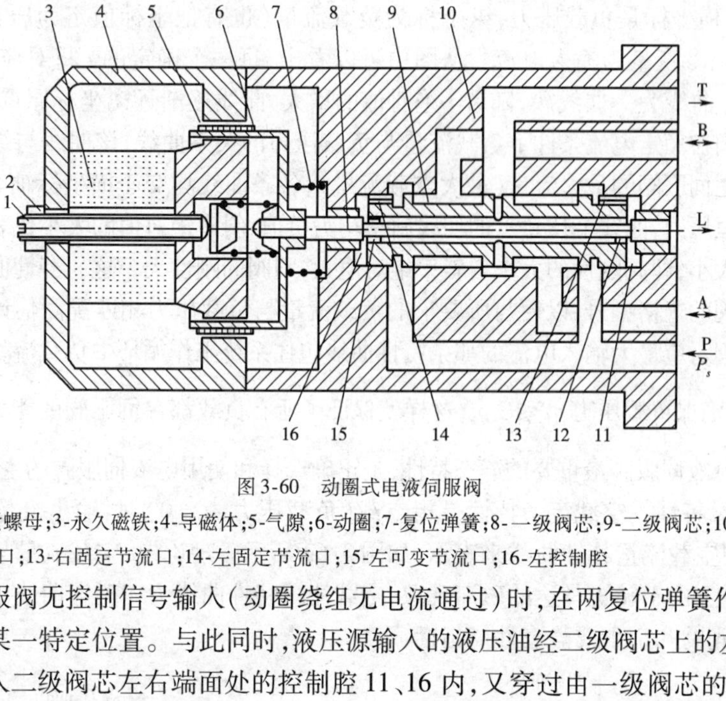

图3-60　动圈式电液伺服阀

1-调零螺钉;2-锁紧螺母;3-永久磁铁;4-导磁体;5-气隙;6-动圈;7-复位弹簧;8-一级阀芯;9-二级阀芯;10-阀体;11-右控制腔;12-右可变节流口;13-右固定节流口;14-左固定节流口;15-左可变节流口;16-左控制腔

当电液伺服阀无控制信号输入(动圈绕组无电流通过)时，在两复位弹簧作用下，动圈和一级阀芯处于某一特定位置。与此同时，液压源输入的液压油经二级阀芯上的左、右两固定节流孔13、14进入二级阀芯左右端面处的控制腔11、16内，又穿过由一级阀芯的左右凸台和二级阀芯左右端面构成的可变节流口12、15进入一、二级阀芯之间形成的环形空间，经二级阀芯的径向孔流回油箱。由于二级阀芯处于浮动状态，在端面处的液压力作用下，一定会处于某一平衡位置，使得两可变节流口的开口相同，两端面控制腔内的液体压力相等。此时，二级阀芯的四条控制边应该正好将电液伺服阀的4个工作油口堵死，输出流量为零。否则，需要调节调零螺钉，达到该要求。该调节过程称为电液伺服阀的“调零”。

当电液伺服阀有控制信号输入(动圈绕组有电流通过)时，动圈受磁场力的作用而移动(假设向左)，一级阀芯被动圈拖动也左移，使左、右节流口开口分别增大和减小，左、右控制腔内的压力分别下降和上升，二级阀芯在压力差的作用下也跟随一级阀芯向左移动，直到左、右节流口的开度相等为止，又处于一个新的平衡位置。此时，P→B、A→T，伺服阀有液压油输出。若输入电流增大,阀口开启度也增大,输出流量便增大。若改变输入电流的方向,则会出现与上面相反的过程。

该阀的特点是:结构紧凑,抗污染能力强,流量和压力增益高;但转矩马达的动圈与一级阀芯固定连接,惯性大,所以动态响应较低。

4. 电液伺服阀的特性

电液伺服阀是复杂而又精密的伺服控制元件,性能要求非常严格,有关电液伺服阀的术语和技术要求,请参阅国家标准。根据使用情况,电液伺服阀的特性主要有液压特性、电器特性、静态特性和动态特性(频率特性)四项。这些特性通常可以在产品目录中查到。要正确使用和选择电液伺服阀必须对这些特性有一定的了解。这里主要介绍电液伺服阀的静态特性和动态特性(频率特性)。

1)静态特性

电液伺服阀的静态特性是指控制电流、负载流量与负载压力三者之间的关系。它包括负载流量特性、空载流量特性、压力特性及泄漏特性等。

①负载流量特性。负载流量特性表示在稳态工作时,输入电流 I、负载流量 q_L 和负载压力 p_L 三者之间的关系,又称为压力流量特性。如图 3-61 所示为这一关系曲线,称为负载流量特性曲线。图中,横坐标是负载压力,纵坐标为负载流量(也有把坐标值定为压力、流量与它们额定值的比值),参变量为输入电流。从图中可以看出,每一个确定的 i 将对应一条 q_L—p_L 曲线,因而 q_L—p_L 曲线为一曲线簇,随着 i 绝对值的增大,曲线逐渐远离坐标原点;最外侧那条曲线是电液伺服阀在额定电流条件下负载流量与负载压力的关系曲线,该曲线与纵坐标轴的交点所对应的流量是伺服阀的最大流量(最大空载流量);各条曲线均交于横坐标轴上的 p_s 点,p_s 为液压源提供的恒压力,曲线上任意点的切线斜率均为负值,斜率绝对值的大小代表了该阀抵抗负载变化能力的大小,即阀刚性的大小。斜率绝对值大,则阀的刚性大。这一特性曲线主要用来估计或确定伺服阀的规格型号,以便与所要求的负载流量与负载压力相匹配。估计伺服阀规格的主要方法是把阀对应最大输入电流的那条特性曲线包住系统工作循环中负载流量与负载压力的所有工况点,并确保负载压力 $p_1 \leqslant \frac{2}{3}p_s$,这样就保证了所有负载都在伺服阀的能力范围之内。负载流量特性是电液伺服阀最重要的静态特性,是正确选择和使用电液伺服阀的主要依据。

②空载流量特性。空载流量特性是指空载(负载压力 $p_L=0$)时,输出流量与输入电流之间的关系,常用空载流量特性曲线来表示,如图 3-62 所示。理论上,空载流量与输入电流是线性关系,但实际上由于转矩马达的磁滞现象,空载流量特性曲线为一磁滞曲线。由此曲线可以得到电液伺服阀的几个重要静态性能指标:

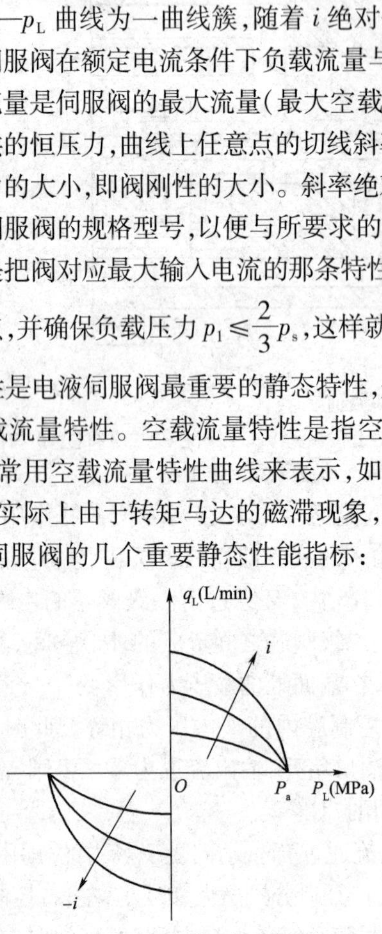

图 3-61 负载流量特性曲线

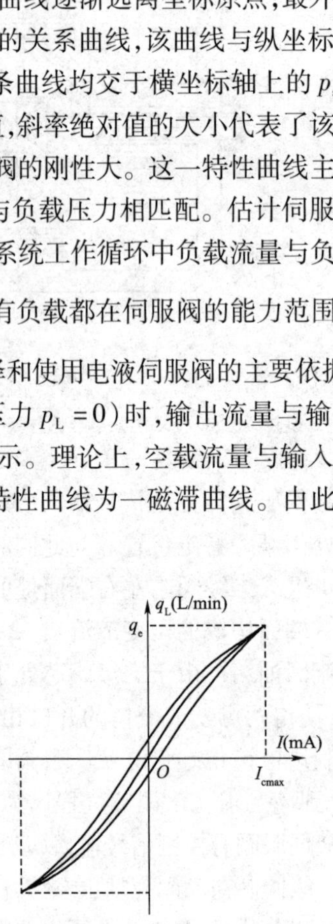

图 3-62 空载流量特性曲线

a）滞环。从图中可以看出，当输入电流改变方向时，空载流量特性曲线并不重合，形成一个滞环，这是由于摩擦力和磁滞等原因造成的。滞环常以曲线上同一流量下电流的最大差值 ΔI_{max} 与阀的额定电流 ΔI_{cmax} 之比来表示。滞环越大，表明阀内摩擦力越大，磁滞现象也越严重，这是不理想的。

b）额定电流 ΔI_{cmax}。它是指在正常工作状态下，输入转矩马达控制线圈的最大控制电流，它因线圈的连接方式不同而不同。一个转矩马达有两组线圈，可以有串联、并联、与伺服放大器差动连接等三种连接方式，如图 3-63 所示。其中，图 a）为两线圈并联，其额定电流 $\Delta I_{cmax}=2\Delta I_{max}$，$I$ 为流过每一个线圈的控制电流；图 b）为两线圈串联，其额定电流 $\Delta I_{cmax}=\Delta I_{max}$；图 c）为差动连接，其额定电流 $I_{cmax}=\Delta I_{max}$，而 $\Delta I_{max}=i_1-i_2$，是两个线圈的电流之差，简称差动电流。

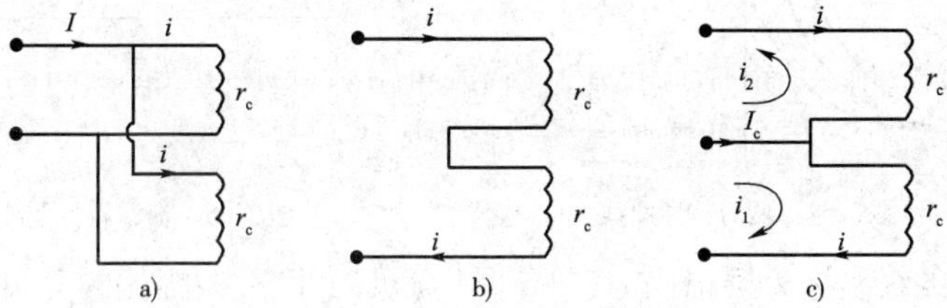

$I_{cmax}=2i_{max}$　　$I_{cmax}=i_{max}$　　$I_{cmax}=i_1-i_2=i_{max}$

$r=r_c/2$　　$r=2r_c$　　$r=r_c$

图 3-63　转矩马达线圈的连接方式

a）并联；b）串联；c）差动连接

c）额定流量 q_e。它是指在额定电流下，电液伺服阀的最大空载流量。

d）流量增益。它是指输出流量随输入电流的变化率，也就是空载流量特性曲线的斜率。由于空载流量特性曲线不是直线，因而不同工作点处的流量增益是不等的。常取空载流量特性曲线在原点附近某一范围内的平均斜率表示流量增益，称为名义流量增益，也可以用额定流量除以额定电流求出。

此外，曲线还可以确定非线性度、不对称度、零偏、零漂、分辨率等指标，可参考相关资料。

③压力特性。压力特性指输出流量为零时，负载压力与输入电流之间的关系，又称压力增益特性。用压力特性曲线表示，如图 3-64 所示，中间过 O 点的曲线为理想状态（无磁滞现象）下的压力特性曲线，而实际的压力特性曲线为两侧的两条曲线。由于磁滞现象的存在，当电流改变方向时，压力特性曲线并不重合。压力特性的最重要参数是压力增益，即输出流量为零时，负载压力随输入电流的变化率，也就是压力特性曲线的斜率。

通常把负载压力限定在最大负载压力的 ±40% 之间，取压力特性曲线在该区域的平均斜率作为伺服阀的压力增益。压力增益大，表明阀的压力灵敏度高，有利于提高伺服系统的控制精度，但对系统的稳定性不利。新阀的压力增益大，表明阀的制造精度高；旧阀的压力增益大，表明使用后的磨损小。

④泄漏特性。泄漏流量是输出流量为零时，由回油口流出的内部泄漏流量。如图 3-65 所示为泄漏特性曲线。泄漏流量随输入电流而变化，当阀处于零位时为最大值。对于常用的两级伺服阀来说，泄漏量由前置级或第一级的泄漏量 q_{p0} 和输出级泄漏量 q_c 组成。q_c 与系统压力 p_s 的比值可用来作为滑阀的流量——压力系数。

2）动态特性

通常用频率特性来表示电液伺服阀的动态特性。当负载压力为零、输入电流为等幅变频的正弦波信号时，输出流量（一般用主阀芯的位移量代替流量）也按同频率的正弦规律变化，此时，输出流量的振幅比和频率的关系，以及输出流量与输入电流的相位差和频率的关系总称为频率特性。振幅比与频率的关系称为幅频特性，相位差与频率的关系称为相频特性，一般用实测曲线表示，如图 3-65 所示。

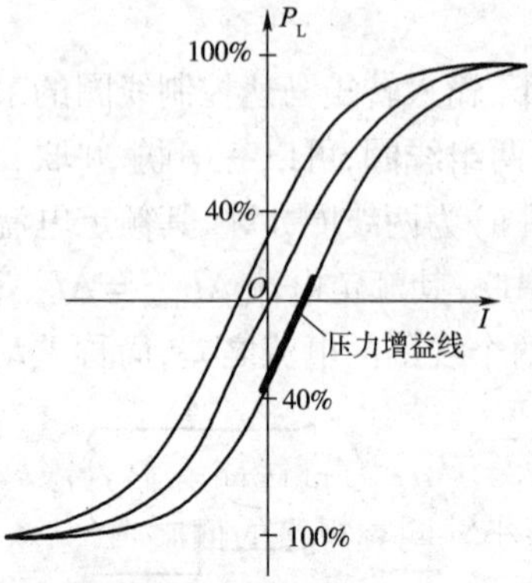

图 3-64　压力特性曲线

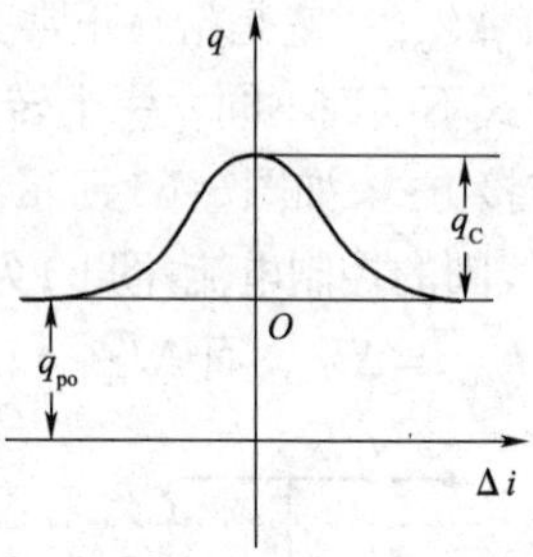

图 3-65　泄漏特性曲线

幅频特性曲线的纵坐标为振幅比，其单位是“分贝”（dB），振幅比的分贝数为 $20\lg\left(\frac{A_1}{A_0}\right)$，其中，$A_0$ 为低频时输出流量的振幅（以 A_0 作为比较振幅变化的标准，一般取 5～6Hz），A_1 为某频率（应高于基准低频）下输出流量的振幅。横坐标为频率的对数值（Hz）。从图 3-65 可以看出，振幅比的分贝数均为负值，并且随频率增加，其值越负。这表明，频率越高，输出流量振幅值衰减得越大。

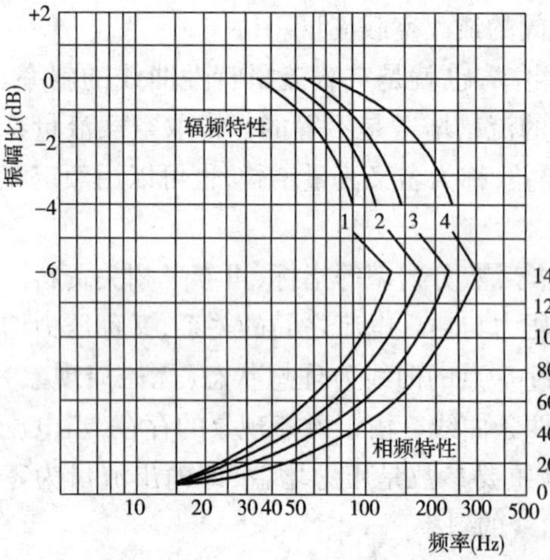

图 3-66　电液伺服阀的频率特性

相频特性曲线的纵坐标为相位差，即输出流量变化的相位角与输入电流变化的相位角的差值，横坐标仍为频率的对数值。从图 3-66 可以看出，随频率增加，相位差增大。这表明，频率越高，输出流量变化的相位角滞后得越多。

根据上述频率特性，可得到衡量电液伺服阀动态特性的两个指标：

①幅频宽。当输出电流振幅比的分贝数为 −3dB（即 $A_1=0.7A_0$）时所对应的频率值称为幅频宽。例如，由图 3-66 可查出曲线 1 所代表的各阀的幅频宽约为 80Hz，曲线 2 所代表的各阀的幅频宽为 100Hz。幅频宽是衡量电液伺服阀动态响应速度的重要指标。幅频宽小，响应速度慢，使系统的灵敏度降低；反之，响应速度快，可提高系统灵敏度，但容易将外界高频干扰传往负载。

②相频宽。输出流量与输入电流的相位差为 90°（即滞后角为 90°）时的频率值称为相频宽。例如，由图 3-66 可查出曲线 1 所代表的各阀的相频宽约为 90Hz。与幅频宽一样，相频宽也是衡量电液伺服阀动态响应速度的指标，两者作用相同。频宽（幅频宽和相频宽统称频宽）是衡量电液伺服阀动态特性的一个重要参数。为了使液压伺服系统有较好的性能，应有一定的频宽。但频带过宽，可能使电噪声和高频干扰信号传给系统，对系统工作不利。

5. 电液伺服阀的选用

由于电液伺服阀具有控制精度高、响应速度快等优点，所以在工业设备、航天航空以及军事装备中获得广泛的应用，它常用来实现电液位置、速度、加速度和力的控制。它的正确使用，直接影响到系统的性能、工作可靠性和寿命。电液伺服阀的选择和使用必须从静态特性、动态特性两方面来考虑。在静态方面，必须满足负载压力 p_L 和负载流量 q_L 的要求；在动态方面，既要动态品质好，又要能稳定工作。也就是说，一方面动态响应速度应足够快，而不至于影响伺服系统的响应；另一方面又必须抑制不必要的高频干扰信号。

从静、动态特性两方面考虑，在选用电液伺服阀时，应遵循以下几个原则：

①对于额定电流 I_{cmax} 下的负载流量特性曲线必须包络所有的工作点，并且使 $p_{.L} < \frac{2}{3}p_s$，以保证有足够的流量和功率输送到液压执行元件中去，这就是估计伺服阀规格的基本因素。

②空载流量特性曲线的线性度要好，也就是空载流量特性曲线尽可能接近直线。要做到这一点，电液伺服阀的功率放大元件应选择矩形阀口的零开口滑阀式液压伺服阀。

③压力灵敏度要高，即压力增益应足够大。在压力特性曲线上表现为曲线应尽可能陡。要满足此要求，阀在关闭时的泄漏量应尽可能小。同类规格的伺服阀，其压力增益的差异在很大程度上反映了制造质量的差异，即阀芯凸肩与阀套配合密封状态的好坏。

④内泄漏量应足够小。一般要求最大泄漏量不应超过额定流量的 10%，以防止不必要的功率损耗。内泄漏量不但是评价新阀质量好坏的指标，而且是评价旧阀在使用过程中磨损情况的指标。

⑤频宽应适当，既满足伺服系统动态响应要求，又不致将高频干扰传到执行元件。

⑥液压油的过滤精度应足够高。油液的污染可能会使阀口的工作棱边产生腐蚀性磨损；也可能堆积在阀芯与阀套的间隙中，使阀芯被粘住，增大摩擦力，还会堵塞喷口、节流口等。一般推荐进入电液伺服阀的油液至少需要经过 8μm 的过滤器过滤。

⑦为防止使用中主阀芯的液压卡紧，减小阀芯运动时的摩擦力，可设法使阀芯在工作中不停地高频小幅振动。最简单的方法就是在输入主控制信号之外，再加入一个交变电流信号使阀芯的衔铁抖动，从而引导阀芯抖动。

⑧为了改善伺服系统的动态性能，一般要尽量缩短阀和执行元件之间的连接管道，常将阀直接固定在执行元件上，这时要注意阀的外形尺寸是否影响到机器的布局。如图 3-67 所示为按传递功率大小和动态特性指标（以 −90°时的相频宽表示）的要求而使用电液伺服阀的情况。

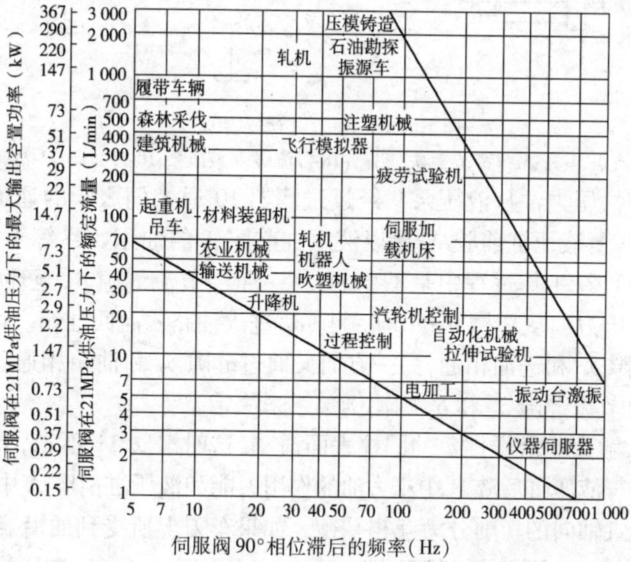

图 3-67　伺服阀的应用情况

6. 典型液压伺服系统实例

液压伺服阀应用很广泛,按照输入信号的形式不同,大致可以分为两大类:机械液压式伺服系统和电气液压式伺服系统(简称机液和电液伺服系统)。

1)机液伺服系统

机液伺服系统是以机械位移作为输入,以液压能作为动力,自动地控制系统工作的。这种伺服系统大都有机械式的反馈装置,而且几乎都是用来进行位置控制的。

(1)车床仿形刀架液压伺服系统

在车床上,利用液压仿形刀架可以仿照样件(或样板)的形状自动加工出多台阶的轴类零件或曲线轮廓的旋转表面,从而大大提高劳动生产率和减轻劳动强度。

如图 3-68 所示表示一个装在卧式车床上的液压仿形刀架的原理图。仿形刀架装在车床溜板箱后部,随溜板箱一起作纵向移动,并按照样件的轮廓形状车削工件,样件 7 安装在床身支架上,是固定不动的,液压泵安放在车床附近的地面上,和仿形刀架用软管连接。仿形刀架的活塞杆 2 固定在刀架的底座上,液压缸的缸体连同刀架 1 可在刀架底座的导轨上沿液压缸的轴向移动。控制滑阀 11 的一端有弹簧 5,经杆 4 使触头 6 经常压紧在样件 7 上。

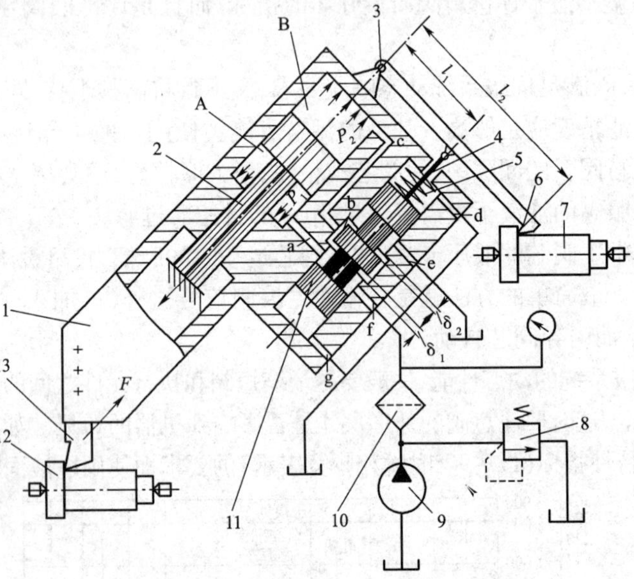

图 3-68 车床液压仿形刀架原理

1-刀架;2-活塞杆;3-支点;4-杆;5-弹簧;6-触头;7-样件;8-溢流阀;9-液压泵;10-过滤器;11-滑阀;12-工件;13-车刀

仿形刀架工作时,压力油从液压泵 9 经过过滤器 10 通入伺服阀的通道 f 并分两路:一路不经节流进入油路 a 至液压缸前腔 A,所以液压缸前腔 A 的油压始终等于液压泵的供油压力 p_1(由溢流阀 8 调整),在工作过程中是不变的;另一路经节流缝隙 δ_1 至环槽 b 进入油路 c 至液压缸后腔 B,同时压力油从环槽 b 和节流缝隙 δ_2 进入油路 e 而回油箱。可以看出,液压缸后腔 B 一方面通过缝隙 δ_1 和进油相通,另一方面又通过缝隙 δ_2 和油箱相通。因此,液压缸后腔 B 中的压力 p_2,就由节流缝隙 δ_1 和 δ_2 的比例关系来决定。

车削圆柱面时,触头 6 沿样件 7 的圆柱表面滑动,这时滑阀 11 不动,节流缝隙 δ_1 和 δ_2 保持某一比例关系,使得液压缸后腔 B 中压力油的作用力能和液压缸前腔 A 中压力油的作用力以及车刀 13 处沿液压缸轴向的切削分力互相平衡。如果车刀上所受到的沿液压缸轴向的切削分力为 F(N),液压缸前腔 A 的有效工作面积为 A_1(m^2),压力为 p_1(pa),液压缸后腔 B 的有效工作

面积为 A_2(m^2),压力为 p_2(pa),并且忽略摩擦力,则作用力的平衡关系可以用下式来表示:

$$p_1A_1 = p_2A_2 + F$$

这时,仿形刀架处于相对平衡状态,由溜板箱带动仿形刀架作纵向进给车出圆柱面。如图 3-69 中的 a 点。

车台肩时,当触头 6 碰到样件 7 上的凸肩时,触头 6 就绕本身的支点 3 抬起,并经杆 4 向右上方拉动滑阀 11,使节流缝隙 δ_1 增大,δ_2 减小,于是液压缸后腔中的油压增大,破坏了原来的平衡,液压缸的缸体连同刀架 1 带动车刀 13 后退,这时溜板箱的纵向进给运动速度 $v_{纵}$ 和仿形刀架带动车刀 13 的后退运动速度 $v_{仿}$ 所形成的合成运动速度 $v_{合}$,就使车刀车出工件的台肩部分,如图 3-68 中的 b 点。因此,一般作为附件的仿形刀架的液压缸轴线,多与主轴中心线安装成 45°~60°的斜角,目的就是为了可以车削直角的肩部。

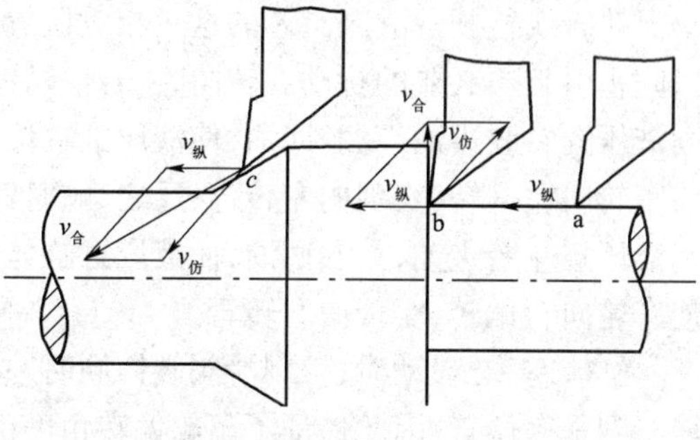

图 3-69　进给运动合成

当液压缸的缸体后退时,带动触头 6 的支点 3 后退,同时通过杆 4 也拉动滑阀 11 作较小的后退。这样,当触头只抬起了一小段距离时,在液压缸的缸体也跟着后退同样一小段距离后,就使节流缝隙 δ_1 和 δ_2 恢复到原来的大小,仿形刀架又处于平衡状态。车连续变化台肩时,由于样件 7 的凸肩不断将触头 6 抬起使节流缝隙 δ_1 增大,δ_2 减小,使平衡状态连续受到破坏,所以液压缸的缸体连同刀架也就带动车刀 13 不断后退,跟随触头作随动运动。因此,仿形过程就是不平衡和恢复平衡的不断相互转化的过程。但是,车刀上的切削力要比触头上的靠模力大得多,所以说仿形刀架又是一个力放大器。

在该系统中,由于阀体与液压缸连在一起,使刀架的位移量直接反馈给伺服阀,因而液压缸(或刀架)将完全跟随滑阀(或触头)运动,实现仿形。这里,触头充当了发令元件和比例元件,将样件高度变化量缩小后传给滑阀;系统中没有专门的反馈元件,而采用了机械式直接反馈,反馈量与系统输出量相同。

(2)汽车转向液压助力器

在汽车上,为了减轻驾驶员操作转向盘的体力劳动,提高汽车的转向灵活性,常采用转向液压助力器,这种液压助力器也是一种机液伺服位置控制系统。如图 3-70 所示是转向液压助

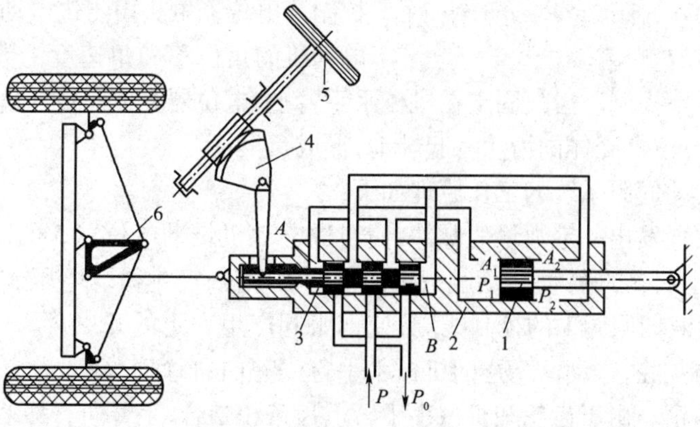

图 3-70　转向液压助力器工作原理

1-活塞;2-缸体;3-阀芯;4-摆杆;5-转向盘;6-转向梯形机构

力器的工作原理图。它主要由液压缸和控制滑阀两部分组成。液压缸活塞1的右端通过铰链固定在汽车车架上,液压缸缸体2和控制滑阀阀体连在一起,形成负反馈,由转向盘5通过摆杆4控制滑阀阀芯3移动。当缸体前后移动时,通过转向梯形机构6等控制车轮向左或向右偏转,从而操纵汽车转向。控制滑阀的阀芯和阀体做成负开口。

当阀芯3处于图3-70所示位置时,因液压缸左、右腔油液被封闭,因此缸体固定不动,汽车保持直线行驶。滑阀阀芯的这一相应位置通常称为平衡位置。由于控制滑阀为负开口,可以防止引起不必要的扰动。转向时,若逆时针方向转动转向盘,通过摆杆带动阀芯向右移动,则液压缸右腔进油,左腔回油,使液压缸缸体向右移动,带动转向梯形机构向逆时针方向摆动,使车轮向左偏转,实现向左转弯;反之,顺时针方向转动转向盘,通过摆杆带动阀芯向左移动,则液压缸左腔进油,右腔回油,使液压缸缸体向左移动,带动转向梯形机构向顺时针方向摆动,使车轮向右偏转,实现向右转弯。

缸体左、右移动时,控制滑阀阀体同时左、右移动,即实现刚性负反馈,使阀体和阀芯重新恢复到平衡位置,因此保证了车轮偏转角度由转向盘控制。为了使驾驶员操纵转向盘时能感觉到路面的好坏情况(即路感),在控制滑阀两端增加两个油腔A、B,分别与液压缸左、右腔相通,这时,移动控制滑阀阀芯时所需的力和液压缸两腔的压力差成正比,驾驶员操纵转向盘时就会感觉到转向阻力的大小。

2)电液伺服系统

(1)机械手伸缩运动伺服系统

一般机械手能实现伸缩、回转、升降和手腕的动作,每一个动作都是由液压伺服系统驱动的,其原理相同。这里只介绍机械手伸缩运动伺服系统的工作原理。

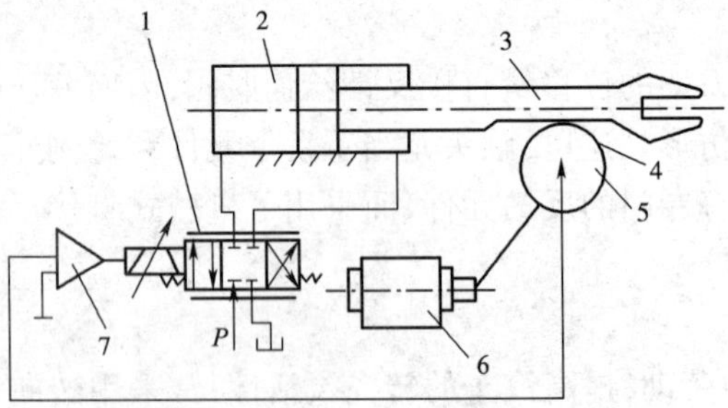

图3-71 机械手伸缩运动电液伺服系统原理

1-电液伺服阀;2-液压缸;3-机械手手臂;4-齿轮齿条机构;5-电位器;6-步进电动机;7-放大器

如图3-71所示为机械手伸缩运动电液伺服系统原理图。它主要由电液伺服阀、液压缸、活塞杆带动的机械手手臂、齿轮齿条机构、电位器、步进电动机和放大器等元件组成,它是电液位置伺服系统。当电位器的触头处于中位时,触头上没有电压输出。当它偏离这个位置时,由于产生了偏差就会输出相应的电压。电位器触头产生的微弱电压,经放大器放大后对电液伺服阀进行控制。电位器触头由步进电动机带动旋转,步进电动机的角位移和角速度由数字控制装置发出的脉冲数和脉冲频率控制。齿条固定在机械手手臂上,电位器壳体固定在齿轮上,所以当手臂带动齿轮转动时,电位器壳体同齿轮一起转动,形成负反馈。

机械手伸缩运动伺服系统的工作原理如下:

由数字控制装置发出一定数量的脉冲,使步进电动机带动电位器5的动触头转过一定的角度θ_i(假定为顺时针方向转动),动触头偏离电位器中位,产生微弱电压u_i,经放大器7放大成u_2后,输入给电液伺服阀1的控制线圈,使伺服阀产生一定的开口量。这时压力油经阀的开口进入液压缸的左腔,推动活塞连同机械手手臂一起向右移动,行程为x_v;液压缸右腔的回油经伺服阀流回油箱。由于齿轮和机械手手臂上齿条相啮合,手臂向右移动时,电位器随着作顺时针方向转动。当电位器的中位和触头重合时,偏差为零,则动触头输出电压为零,电液伺服阀失去信号,阀口关闭,手臂停止移动。手臂移动的行程决定于脉冲数量,速度决定于脉冲频率。当数字控制装置发出反向脉冲时,步进电动机逆时针方向转动,手臂缩回。

(2)带状材料跑偏控制系统

在带状材料生产过程中,机械卷取带材时常会出现跑偏,即带材边缘位置偏移的问题,如造纸厂纸张卷取过程中的跑偏,轧钢厂钢带卷取生产过程中的跑偏等。为了使带材自动卷齐,就需要进行跑偏控制,即边缘位置控制。引起跑偏的主要原因有:张力不适当或张力波动较大,辊系不平行,辊子偏心或有锥度,带材厚度不均、波浪形及横向弯曲等。跑偏控制的作用在于避免带边跑偏过大,使带边实现自动卷齐,可减小带边的剪切量而提高成品率,使成品纸(钢)卷整齐,包装、运输及使用方便。

常用的带材跑偏控制系统有气液伺服跑偏控制和光电伺服跑偏控制两种不同的系统。两者工作原理相同,区别仅在于检测器和伺服阀不同。前者为气动检测器和气液伺服阀;后者为光电检测器和电液伺服阀。

如图 3-72a)为带材跑偏控制系统组成示意图,图 3-72b)所示为液压控制系统图。卷筒 4、传动装置 3 和电动机 2 构成了卷带机主机部分,它们的机架固定在同一底座上,该底座支撑在水平导轨上(图中未画出),在伺服液压缸 1 的驱动下,主机整体可横向(与卷带方向垂直)移动。带材的横向跑偏量及方向由光电位置检测器 5 检测。安放在卷筒机架上的光电位置检测器在辅助液压缸 8 的作用下,相对卷筒有“工作”和“退出”两个位置,即在开始卷带前,辅助液压缸将其推入“工作”位置,自动对准带边;当卷带结束后,又将其退出,以便切断带材。光电位置检测器由光源和灵敏电桥组成,当带材正常运行时,电桥一臂的光敏电阻接收来自光源的一半光照,其电阻值为 R,使电桥恰好平衡,输出电压信号为零。当带材偏离检测器中间位置时,光敏电阻接收的光照量发生变化,电阻值也随之变化,使电桥的平衡被破坏,电桥输出反映带边偏离量的电压信号。该信号经伺服放大器 7 放大后输入电液伺服阀 9,伺服阀则输出相应的液流量,推动伺服液压缸 1,使卷筒带着带材向纠正跑偏的方向移动。当纠偏位移与跑偏位移相等时,电桥又处于平衡状态,电压信号为零,卷筒停止移动,在新的平衡状态下卷取,完成自动纠偏过程。通常纠偏精度为 ±(1 ~2mm)。

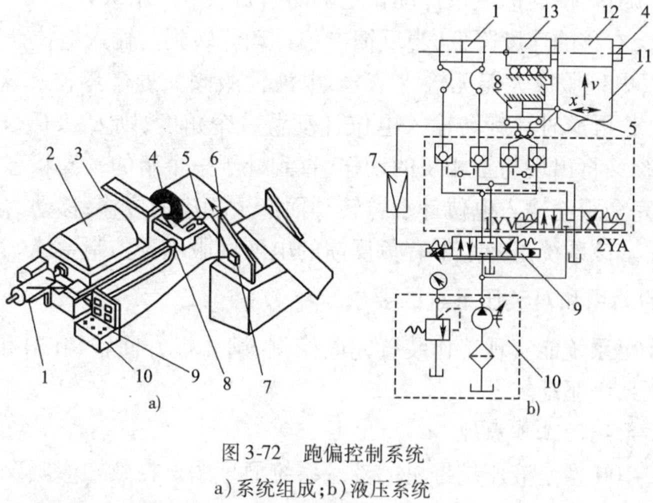

图 3-72　跑偏控制系统

a)系统组成;b)液压系统

1-伺服液压缸;2-电动机;3-传动装置;4-卷筒;5-光电检测器;6-跑偏方向;7-伺服放大器;8-辅助液压缸;9-伺服阀;10-能源装置;11-钢带;12-钢卷;13-卷取机

在该系统中,由于检测器和卷筒一起移动,形成了直接位置反馈,无专门的反馈元件。图 3-72b)中三位四通 Y 型电磁换向阀的作用是使伺服液压缸 1 与辅助液压缸 8 互锁。正常卷带时,1YA 通电,辅助液压缸锁紧;卷带结束时,2YA 通电,伺服液压缸锁紧。

(3)工作台位置控制系统

如图 3-73 所示为工作台位置控制系统的工作原理图,是利用电液伺服阀系统来控制工作台的准确位置。工作台 7 安放在导轨上(图中未画出),由液压缸 5 推动。电液伺服阀 4 的输出端接液压缸左、右腔。液压缸向伺服阀供油口输入恒压压力油 p_S。伺服阀的控制信号由输入电位计 1 和反馈电位计 2 提供,经伺服放大器 3 放大后输入转矩马达。齿轮齿条副 6 与反馈电位计组成了系统的检测反馈元件,齿轮轴与电位计动臂转轴间接相连,齿轮轴的转角经机械传动,以一定的传动比传到电位计的转轴,从而将工作台位移信号转换成电位信号并反馈到电液伺服阀中。

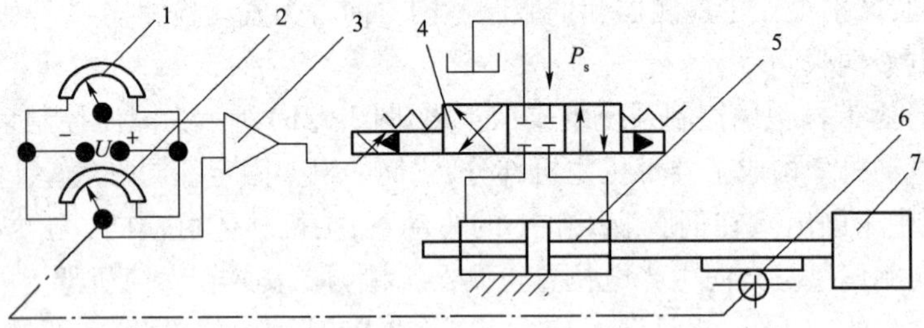

图 3-73　工作台位置控制电液伺服系统

1-输入电位计;2-反馈电位计;3-伺服放大器;4-电液伺服阀;5-液压缸;6-齿条齿轮副;7-工作台

该电液伺服系统的工作原理是:输入电位计和反馈电位计的两个固定端上加一个恒定电压 U,根据两动臂的位置分别截取电位 U_r 和 U_c,将这两个电位加在电伺服放大器的两极,伺服放大器获得的电压为两电位的差值 $U_r - U_c$。开始时,令两动臂处在同一角度上,则 $U_r = U_c$,电伺服放大器无输入信号,电液伺服阀处于零位,输出端无液压油输出,活塞停在某一位置上。若使输入电位计动臂顺时针旋转一角度,则 $U_r > U_c$,电伺服放大器有正电压信号输入,电液伺服阀主阀芯向右移动一距离,液压缸左腔进油,右腔回油,推动工作台右移。与此同时,齿条也带动齿轮轴顺时针旋转,使反馈电位计动臂也顺时针旋转,U_c 增大,$U_r - U_c$ 减小,伺服阀的阀口开度减小,工作台右移的速度降低,当反馈电位计动臂转到与输入电位计动臂处于同一角度时,又使得 $U_r = U_c$,电伺服放大器无输入信号,电液伺服阀又处于零位。这样,系统又处于一个新的平衡状态。若再逆时针旋转输入电位计动臂一个角度,则 $U_r < U_c$,电放大器输入某一负的电压信号,系统又将出现与上相反的动作,直到处于一个新的平衡状态为止。

可见,工作台完全跟随输入电位计动臂转动而产生相应的位移,移动的距离与输入电位计动臂的转角成正比。该系统是一个带有负反馈的电液伺服位置控制系统。

(三)挖掘机的功用和对液压系统的要求

挖掘机要求液压系统能实现工作装置完成挖掘、满斗提升回转、卸料和返回等动作;同时整机行走也由液压系统驱动。

1. 挖掘机液压系统的工作原理

图 3-74 为 W2-100 型全液压挖掘机的液压系统原理图。在熟知液压系统主要元件作用的情况下,可直接对系统工作循环和工作回路进行分析。

W2-100 型全液压挖掘机的液压系统为双泵双路定量系统。系统中所用的是曲轴式径向柱塞泵。它有两个出油口,相当于 A、B 两台泵向外供油,其流量均为 $1.667 \times 10^{-3}\,m^3/s$(100L/min)。A 泵输出的压力油进入多路阀 I(带合流阀 5)驱动回转马达 18、铲斗缸 22 和辅助缸 20 动作,并经中央回转接头驱动右行走马达17。泵B输出的压力油进入多路阀组Ⅱ(带限速阀10)驱动动臂缸19、斗杆缸21,并经中央回转接头驱动左行马达16和推土缸15。每组多路阀中的四联换向阀组成串联油路。

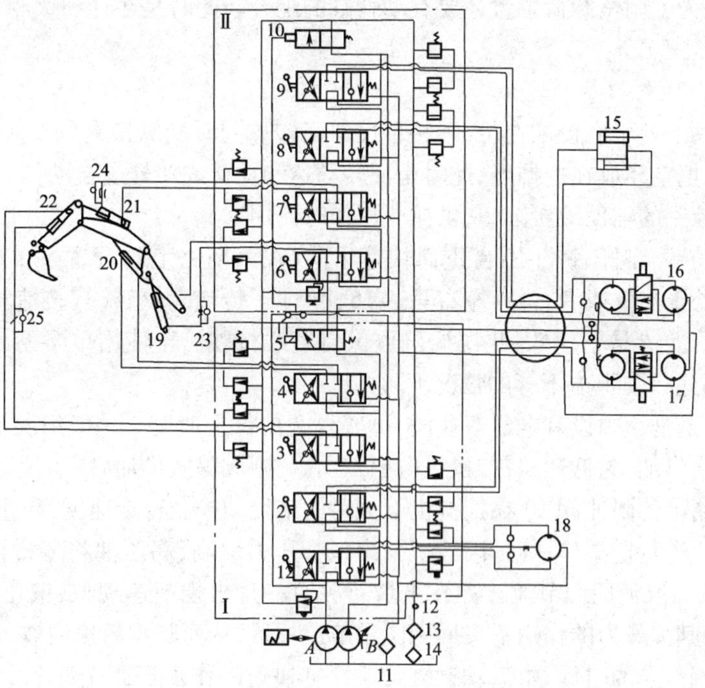

图3-74　W2-100型全液压挖掘机液压系统

A、B-液压泵;1、2、3、4-第Ⅰ组四联换向阀;5-合流阀;6、7、8、9-第Ⅱ组四联换向阀;11-梭阀;12-背压阀;13-散热器;14-滤油器;15-推土液压缸;16-左行走马达;17-右行走马达;18-回转马达;19-动臂液压缸;20-辅助液压缸;21-斗杆液压缸;22-铲斗液压缸;23、24、25-单向节流阀;26-双向补油阀

2.挖掘机的功用及对液压系统的要求

根据挖掘机的作业要求,液压系统应完成挖掘、满斗提升回转、卸荷和返回工作循环。上述工作循环由系统中的一般回路实现。

1)挖掘

通常以铲斗缸或斗杆缸两者配合进行挖掘;必要时配以动臂动作。操纵多路阀Ⅰ中的换向阀3处于右位,这时油液的流动路线是:

进油路:A泵→换向阀→换向阀1、2的中位→换向阀3右位→铲斗缸22大腔。

回油路:铲斗缸22小腔→单向节流阀25→换向阀3右位→换向阀4中位→合流阀右位→多路阀Ⅱ→限速阀10右位→止回阀12→散热器13→滤油器14→油箱。

此时铲斗缸活塞伸出,推动铲斗挖掘。

或者同时操纵换向阀3、7使两者配合进行挖掘。必要时操作换向阀6,使处于右位或左位,则B泵来油进入动臂缸19的大腔或小腔,使动臂上升或下降以配合铲斗缸和斗杆缸动作,提高挖掘效率。

2)满斗提升回转

操纵换向阀6处于右位,B泵来油进入动臂缸大腔将动臂顶起,满斗提升;当铲斗提升到一定高度时操纵换向阀1处于左位或右位,则A泵来油进入回转马达带动转台转卸土处。完成满斗回转主要是动臂和回转马达的复合动作。

3)卸载

操纵换向阀7控制斗杆缸,调节卸荷半径;然后操纵换向阀3处于左位,使铲斗缸活塞回缩,铲斗卸荷。为了调整卸荷位置还要有动臂缸的配合。此时是斗杆和铲斗复合动作,兼以动臂动作。

4)返回

操纵换向阀1处于右位或左位,则转台反向回转。同时操纵换向阀6和7使动臂缸和斗杆缸配合动作,把空斗放在挖掘点,此时是回转马达和动臂或斗杆复合动作。

换向阀4控制的辅助液压缸20供抓斗工作时使用。

为了限制动臂、斗杆、铲斗因自重而快速下降,在其回路上均设置了单向节流阀23、24、25。阀8和2处于左位或者右位,左右马达16、17即正传或者反转,且转速相同(在两条油路的容积效率相等的情况下)。因此挖掘机可保持直线行驶。若使用单泵系统,则难以做到这一点(在左右马达行驶阻力不等的情况下)。

在左、右行走马达内设有电磁双速阀,可获得两挡行走速度。一般情况下,行走马达内部两排柱塞缸并联供油,为低速挡;如操纵电磁双向阀,则成串联供油(图示位置),为高速挡。

系统回油路上的限速阀10在挖掘机下坡时用来自动控制行走速度,防止超速溜坡。在平路上正常行驶或进行挖掘作业时,因液压泵出口油压力较高,高压油将通过梭阀11使限速阀10处于左位,从而取消回油节流。如在下坡行驶时一旦出现超速现象,液压泵输出的油压力降低,限速阀在其弹簧力的作用下又回到图示节流位置,从而防止超速溜坡。

该机在挖掘作业的时候,常需动臂缸与斗杆缸快速动作以提高生产率。为此在系统中增加了合流阀5。合流阀在图示位置时,泵A、B不合流。当操纵合流阀处于左位时,A泵输出的压力油经合流阀5的左位进入多路阀组Ⅱ,与B泵一起向动臂缸和斗杆缸供油,以加快动臂和斗杆的动作速度。

在两组多路阀的进油路上设有安全阀以限制系统的最高工作压力。在各液压缸和液压马达的分支油路上均设有过载阀以吸收工作装置的冲击能量。

在该机液压系统中,还有以下几种低压油路:

背压油路:由系统回油路上的背压阀产生的低压油(0.8~1MPa)在制动或出现超速吸空时通过双向补油阀26向液压马达的低压腔补油,以保证柱塞滚轮始终紧贴导轨表面,使马达工作平稳并有可靠的制动性能。

排灌油路:将低压油经节流阀减压后引入液压马达壳体,使马达即使在不运转的情况下壳体内仍保持一定的循环油量。其目的:一是使马达壳体内的磨损物能经常得到冲洗;二是对马达进行预热,防止当外界温度过低时由主油路通入温度较高的的工作液体以后引起配油轴及柱塞副等精密配合部位局部不均匀的热膨胀,使马达卡住或螺丝发生故障。

泄漏回路:将多路阀和液压马达的内部漏油用油管集中起来,经过滤油器引回油箱,以减少外泄漏。

二、液压回路的故障排除方法

1.压力控制回路故障分析与排除

1)调压回路常见故障及排除方法

利用调压回路控制整个系统或局部的压力,使液压系统的压力与负载相适应,节省动力损耗,减少油液发热。在定量泵系统中,油泵的供油压力可以通过溢流阀来调节;在变量泵系统中,用溢流阀限定系统的最高工作压力,防止系统过载,起安全阀的作用;当系统中需要两种或两种以上工作压力时,可采用多级调压回路。

调压回路易出现的故障与排除方法如下。

(1)二级调压回路中的压力冲击

在图3-75a)所示的二级调压回路中,当1DT不通电时,系统压力由溢流阀2来调节,当1DT通电时,系统压力由溢流阀3来调节,这种回路的压力由换向阀4来实现。当压力由p_1切换到p_2($p_1>p_2$)时,由于阀4与阀3间的油路内切换前没有压力,故当阀4切换(1DT通电)时,溢流阀2遥控口处的瞬时压力由p_1下降到几乎为零后再升到p_2,系统自然产生较大的压力冲击。

排除方法:如图3-74b)所示,将阀4接在阀3的出油口处,即阀4与阀3的位置互换,由于阀4与阀3油路里经常充满压力油,阀4切换时系统压力从p_1下降到p_2,便不会产生过大的压力冲击。

(2)在二级调压回路中,调压时升压时间长

在图3-76所示的二级调压回路中,当遥控管路较长,而由系统卸荷(阀3处于中位)状态处于升压状态(阀3处于右位)时,由于遥控管通油液,压力油要先填充遥控管路才能升压,所以升压时间长。

排除方法:尽量缩短遥控管路,并且在遥控管路回油处设一背压阀(或止回阀)5,使之有一定的压力,这样升压时间即可缩短。

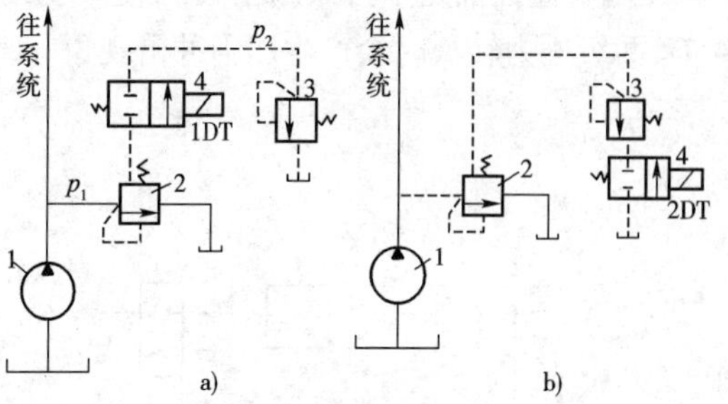

图3-75　二级调压回路故障排除(一)

a)换向阀接在阀3的进油口处;b)换向阀接在阀3的出油口处

1-液压泵;2、3-溢流阀;4-二位二通电磁阀

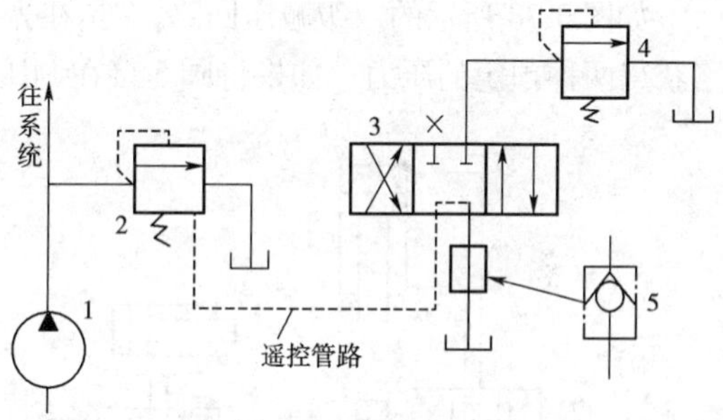

图3-76　二级调压回路(二)

1-液压泵;2、4-溢流阀;3-换向阀;5-背压阀

2)保压回路的故障分析与排除

(1)不保压,在保压期间压力严重下降

即在需要的保压时间内,油缸的工作压力逐渐下降,保不住压。产生不保压的主要原因是:油缸和控制阀的泄漏。解决不保压故障的最基本措施是尽量减少泄漏,而由于泄漏露或多或少必然存在,压力必然慢慢下降。当要求保压时间长或压力保持稳定时,必须补油(补充泄漏)。

产生"不保压"故障的原因和排除方法如下:

①油缸的内外泄漏造成不保压。油缸两腔之间的内泄漏取决于活塞密封装置的可靠性,一般按可靠性从大到小分为:软质密封圈、硬质的铸铁活塞环密封、间隙密封。提高油缸缸孔、活塞及活塞杆的制造精度和配合精度,有利于减少内外泄漏。

②各控制阀的泄漏,特别是与油缸紧靠的换向阀的泄漏量较大,造成不保压。液压阀的泄漏取决于阀的结构形式和制造精度。因此,采用锥阀(如液控止回阀)保压,较之处于封闭状况的滑阀保压效果好许多;另外应保证阀芯与阀孔的加工精度和配合精度,密合锥面的密合程度等,对与制造精度有关的因素造成泄漏的原因必须一一排除。

③减少泄漏点。在回路设计上,需考虑封闭油路的控制阀的数量和接管数量尽量最少,以减少漏点。

3)减压回路的故障分析与排除

如图3-77 所示,减压阀3 后支路(油缸2)的压力要比主缸1 支路的油液压力低,称为减压回路。这种回路的故障有如下几种:

(1)当缸2 停歇时间较长时,减压阀3 后的二次压力逐渐升高

这是由于缸2 停歇时间较长时,有少量油液通过阀芯间隙经先导阀排出,保持该阀处于工作状态。由于阀内泄漏的原因使得通过先导阀的流量加大,减压阀的二次压力(出口压力)增大。为防止这一故障,可在减压回路中加接图中虚线所示的油路,并在b 处装一安全阀,确保减压阀出口压力不超过其调节值。

(2)减压回路中液压缸速度调节失灵或速度不稳定

如图3-77 所示,当减压阀3 泄漏(从减压阀泄油口流回油箱的油液)大时会产生这一故障。解决办法是将节流阀从图中位置处改为串联在减压阀之后的a 处,这样就可以避免减压阀泄漏对油缸2 速度的影响。

(3)多级减压回路在压力转换时产生冲击现象

如图3-78 所示的双级减压回路,它是在先导式减压阀3 遥控油路上接入调压阀4,使减压回路获得两种预定的压力。如果将阀5 接在调压阀4 前,两级压力转换时会产生压力冲击现象。

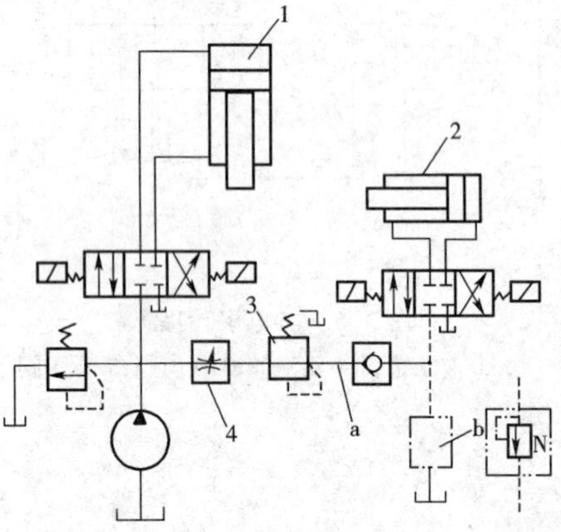

图3-77　减压回路

1-主缸;2-支路油缸;3-减压阀;4-节流阀

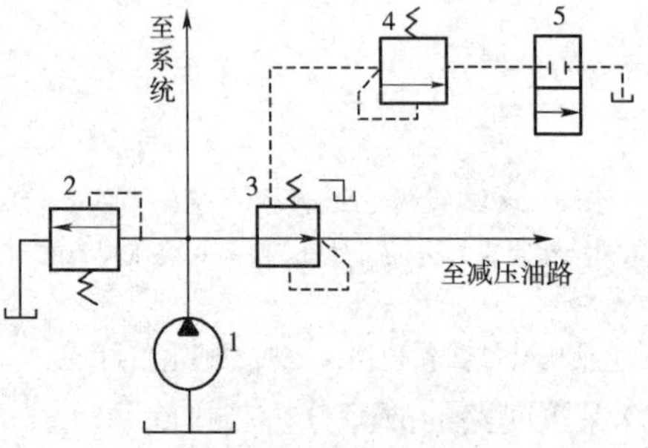

图3-78　多级减压回路

1-液压泵;2-溢流阀;3-先导式减压阀;4-远程调压阀;5-二位二通换向阀

4)增压回路的故障分析与排除

增压回路(图3-79)中采用单作用增压器或双作用连续增压器,构成增压回路,以提高系统中某一压力,此压力高于液压泵提供的压力。

当1DT 通电时,泵1 来油经阀3 左位→阀4→工作油缸9 右腔→增压缸8 左腔,推动缸9 活塞左移,缸8 活塞右移,缸8 中腔与缸9 左腔回油经阀3 左位流往油箱。缸8 右腔回油经阀5→阀4→缸9 右移,加快缸9 活塞左移速度。

当缸 9 活塞左移到位时,压力升高,顺序阀 6 打开,缸 8 活塞左移,使缸 9 右腔增压,此时阀 5、阀 4 关闭,实现增压动作。

当 2DT 通电,缸 8、缸 9 作返回动作。

调节减压阀 7,可调节增压压力的大小。这种增压回路出现的故障与排除方法如下:

(1)不增压,或者达不到所调增压力

①增压缸 8 故障。

a)缸 8 活塞严重卡死,不能移动。

b)缸 8 活塞密封严重破损,造成增压缸高低压腔串腔。

可通过拆修与更换密封予以排除。

②液控止回阀 4 故障。由于阀芯卡死等原因,导致增压时阀 4 未能关闭。此时应拆修液控止回阀 4。

a)缸 9 活塞密封破损,造成缸 9 左右腔串腔,此时可拆开缸 9,更换密封。

b)溢流阀 2 故障,无压力油进入系统。此时,可对溢流阀进行更换和维修。

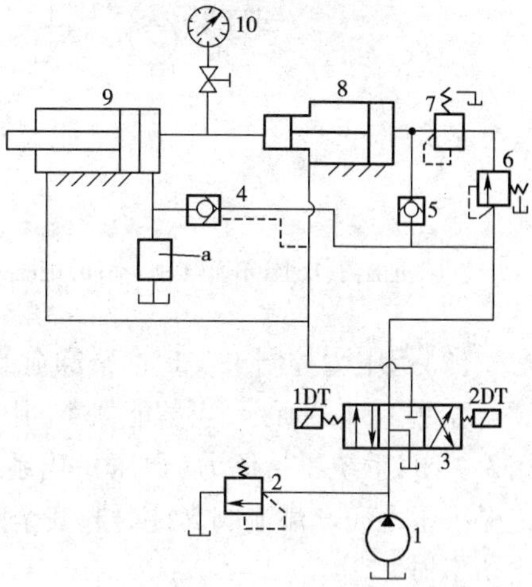

图 3-79 增压回路

1-液压泵;2-溢流阀;3-换向阀;4-液控止回阀;5-止回阀;6-顺序阀;7-减压阀;8-增压缸;9-工作油缸;10-电接点压力表

(2)不能调节增压压力的大小

这主要是由于减压阀 7 的故障引起。

(3)增压后,压力缓慢下降

①阀 4 的阀芯与阀座密合不良,密合面之间有污物粘住,可拆开清洗研合。

②缸 9 与缸 8 活塞密封轻度破损时,可更换密封。

(4)缸 9 无返回动作

产生原因有:

①因断线等原因,2DT 未能通电。

②阀 4 的阀芯卡死在关闭位置。

③增压后由于缸 9 右腔的增压力未卸掉,阀 4 打不开。

④油源无压力油等。

可根据上述情况一一予以排除,另外可在图 3-79 中的 a 处增加卸荷回路,卸荷后,阀可打开回油。

5)卸荷回路的故障分析与排除

(1)采用换向阀的卸荷回路故障

①不卸荷。如图 3-80 所示,图 a)可能是因为二位二通电磁阀的阀芯卡死在通电位置,或者是弹簧力不够、折断及漏装,不能使阀芯复位;图 b)可能是因电路故障,1DT 未通电,可分别酌情予以处理。

②不能彻底卸荷。产生这一故障的原因是阀 2 的规格(公称流量、通径)选择过小;如阀 2 为手动阀则可能是因定位不准,换向不到位,使 P→O 的油液不能彻底畅通无阻,背压大。可酌情处理。

③需要卸荷时有压,需要有压时卸荷。产生原因是在图 3-80a)、b)中,拆修时,阀 2 的阀芯装倒一头,即图 a)的阀错装成 O 型,图 b)的阀错装成 H 型。此时可重新将二位二通阀拆开,将阀芯调头装配。

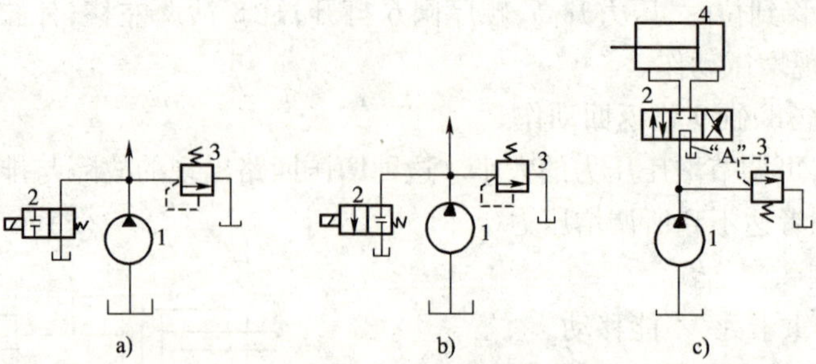

图 3-80　卸荷回路

a) 电磁阀(H 型)不通电时卸荷;b) 电磁阀(O 型)通电时卸荷;c) 三位阀中位时卸荷(M 型、K 型、H 型等)

1-液压泵;2-换向阀;3-溢流阀;4-液压缸

(2)用压力控制来实现油泵卸荷的回路故障

如图 3-81a)所示,当蓄能器 4 的压力上升达到卸荷阀(液控顺序阀)2 的调定压力时,止回阀 3 关闭,系统维持压力(保压);当系统压力低于阀 2 的调定压力时,阀 2 关闭,泵 1 重新对系统提供压力油。溢流阀 5 此时起安全阀的作用。这种液压回路的故障主要是卸荷不彻底,存在功率损失。

产生这一故障的原因是当压力升高时,卸荷阀 2 如同溢流阀一样仅部分开启使泵 1 卸荷,因而造成功率损失。

解决办法有:

①如图 3-81b)所示,利用小型液控顺序阀 2 作为先导阀,控制主溢流阀 5 的开启,可保证阀 5 卸荷时全开。

②采用图 3-81c)所示的回路。以蓄能器(系统)的压力先打开二位三通液动换向阀 7,然后使二位二通液动换向阀 6 完全开启,从而保证了主溢流阀 5 的完全开启,从而使泵 1 充分卸荷。

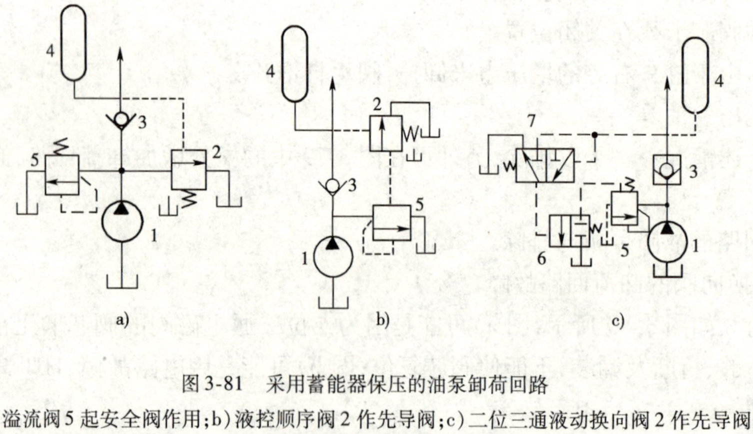

图 3-81　采用蓄能器保压的油泵卸荷回路

a) 溢流阀 5 起安全阀作用;b) 液控顺序阀 2 作先导阀;c) 二位三通液动换向阀 2 作先导阀

1-泵;2-液控顺序阀;3-止回阀;4-蓄能器;5-溢流阀;6-二位二通换向阀;7-二位三通换向阀

6)平衡回路的故障分析与排除

如图 3-82 所示,单向顺序阀 5 的调整压力稍大于工作部件的自重 G 在油缸 6 下腔中形成的压力,这样,工作部件在静止时,单向顺序阀 5 关闭,缸 6 不会自行下滑;工作时阀 5 开启,缸下腔产生的背压能平衡自重,不会产生下行时的超速现象,但由于有背压,必须提高油缸上腔进油压力,会损失一部分功率。

这种平衡回路的故障有如下几种：

(1)停位位置点不准确

当换向阀处于中位时，油缸 6 活塞应可停留在任意位置上，而实际的情况是当限位开关或按钮发出停位信号后，缸 6 活塞要下滑一段距离后才能停止，即出现停位位置点不准确的故障。产生这一故障的原因如下：

①停位电信号在控制电路中传递的时间 $\Delta t_{电}$ 太长，电磁阀 4 的换向时间 $\Delta t_{换}$ 长，使接到信号后阀 4 要经 $\Delta t_{总} = \Delta t_{电} + \Delta t_{换}$ 时间（约 0.2 ~ 0.3s）和缸位移 $S = \Delta t_{总} \cdot V_{缸}$ 距离（约 50 ~ 70mm）后，油缸才能停位（$V_{缸}$ 为油缸运动速度）。

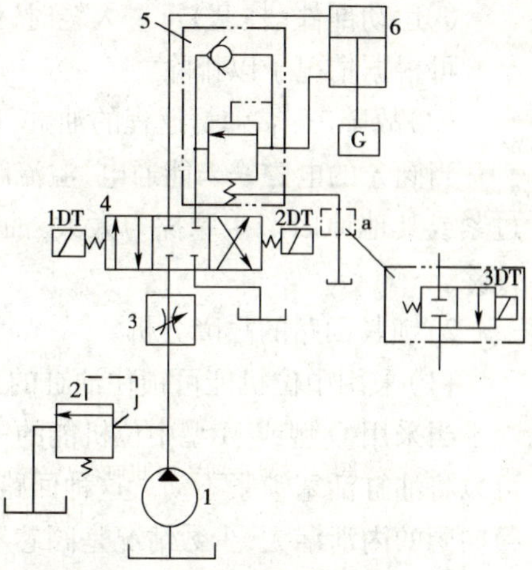

图 3-82　采用单向顺序阀的平衡回路

1-液压泵；2-溢流阀；3-节流阀；4-电磁换向阀；5-单向顺序阀；6-液压缸

②从油路分析，出现下滑说明油缸下腔的油液在停位信号发出后还在继续回油。当缸 6 瞬时停止和换向阀 4 瞬时关闭时，油液会产生一冲击压力，负载的惯性也会产生一个冲击压力，二者之和使油缸下腔产生的总冲击压力远大于阀 5 的调定压力，从而将阀 5 打开，此时虽然阀 4 处于中位关闭，但油液可从阀 5 的外部泄油道流回油箱，直到压力降为调定值时为止。所以油缸下腔的油要减少一些，必然导致停位点不准确。

解决办法是：

a）检查控制电路的各元器件的动作灵敏度，尽量缩短 $\Delta t_{电}$，另外将阀 4 换成交流电磁换向阀，可使 $\Delta t_{换}$ 由 0.2s 降为 0.07s。

b）在途中阀 5 的外泄油道 a 处增加一个二位二通交流电磁阀 7，正常工作时 3DT 通电，停位时 3DT 断电，外部泄油通路堵死，保证缸 6 下腔回油无处可泄，保证了活塞杆不继续下滑，满足了停位精度。

(2)缸停止（或停机）后缓慢下滑

主要是油缸活塞杆密封的外泄漏、单向顺序阀 5 及换向阀 4 的内泄漏较大所致。解决这些泄漏便可排除此故障。另外可将阀 5 改成液控止回阀，对防止缓慢下滑有益。

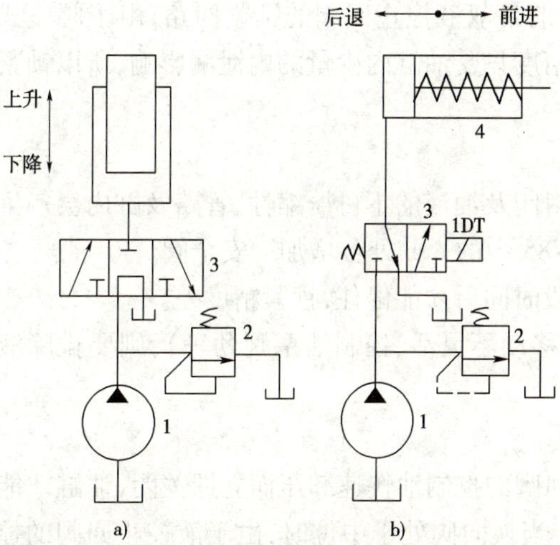

图 3-83　单作用油缸的换向回路

a）靠自重返回的换向回路；b）靠弹簧力返回的换向回路

1-液压泵；2-溢流阀；3-换向阀；4-液压缸

2. 方向控制回路的故障分析与排除

1）换向回路的故障分析

如图所示，该回路是靠重量回程的回路（图 3-83a））。

(1)故障一

①柱塞与缸盖密封摩擦阻力大。

②换向阀 3 不能换向、处于左端位置（阀芯在右位）时，油缸 4 不能上升。

(2)故障二

①柱塞与缸盖密封摩擦阻力大。

②阀 3 不能换向处于右端工作位置。

③运动部件(柱塞)重量太轻时,油缸 4 不能下降。

可根据情况予以排除。

(3)故障三:靠弹簧返程的油缸(图 3-83b))

当阀 3 的电磁铁未能通电,溢流阀 2 有故障压力上不去,油缸 4 弹簧太硬及活塞杆因密封过紧或其他原因产生摩擦力太大、油缸别劲等情况时,缸 4 不能前进,应逐一查明原因,予以排除。

2)锁紧回路的故障分析

(1)采用中位机能可锁住油缸的三位换向阀的锁紧回路(图 3-84)的故障排除

当采用 O 型或 M 型中位机能的三位换向阀且阀芯处于中位时,油缸的进出口都被封闭,可以将油缸活塞锁紧不动。这种回路不能可靠锁紧,油缸仍然产生微动的原因主要是滑阀式换向阀的内泄漏大,少数情况是阀芯不能严守中位。由于内泄漏不可避免,只能设法使其减少以提高锁紧效果,也可在图中 a 处装设蓄能器补充油液。

(2)采用双液控止回阀(液压锁)的锁紧回路的故障及排除(图 3-85)

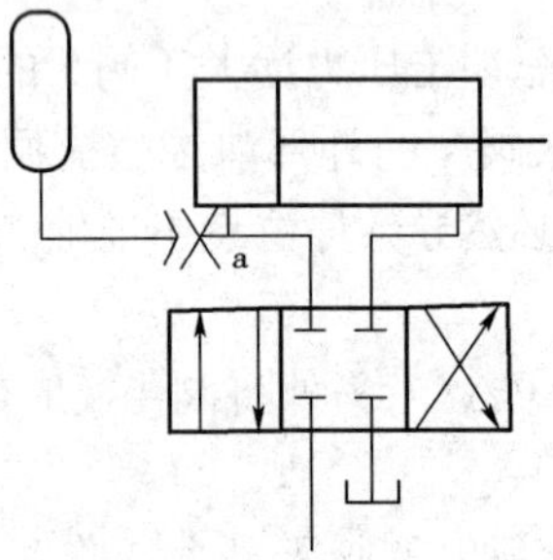

图 3-84　采用三位换向阀的锁紧回路

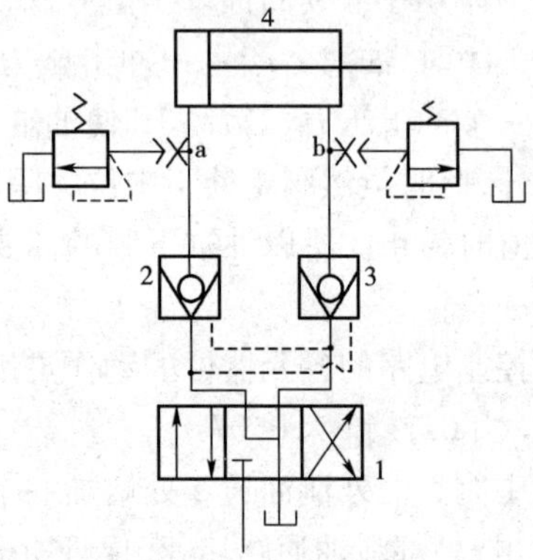

图 3-85　采用液控单向阀的锁紧回路
1-换向阀;2,3-液控止回阀;4-液压缸

为了更可靠地进行锁紧,可采用图 3-85 所示的带双液控止回阀的锁紧回路,由于阀座式液控止回阀基本上无内泄漏,因而本回路的锁紧精度只受油缸内少量的内泄漏影响,所以锁紧精度高。

这种回路可能产生的故障和排除方法如下:

①当异常突发性外力作用时,由于缸内油液封闭及油液的不可压缩性,管路及缸内会产生异常高压,导致管路及缸损伤,解决办法是在图 3-85 中的 a、b 处各增加一安全阀。

②液控止回阀不能迅速关闭,油缸需经过一段时间后才能停住,锁紧精度差。

a)如果是液控止回阀本身动作迟滞(如阀芯移动不灵活、控制活塞别劲等),则要排除液控止回阀的有关故障。

b)换向阀的中位机能选择不对。

图 3-84 中换向阀的中位机能应该使液控止回阀的控制油快速卸压而立即关闭,油缸才能马上停住,例如采用 O 型、M 型等中位机能的阀。当换向阀处于中位时,由于液控止回阀的控制压力油被闭死而不能使其立即关闭,直至由于止回阀的内泄漏使控制腔泄压后,液控止回阀才能关闭,自然影响了锁紧精度。

所以在锁紧回路中,对于双向需要锁紧的,三位换向阀的中位机能应选用 H 型、Y 型的为好，对于只需要单方向锁紧的，则可考虑K型、J型等中位机能的换向阀。

3. 调速回路的故障诊断分析

下面以容积调速回路为例来介绍调速回路的故障诊断方法，如图3-86所示为由泵与马达组成的、且以调速泵的排量或马达的排量来改变马达输出转速（油缸的往复速度）的回路，称为容积调速回路。

容积调速回路可以是开式的，也可以是闭式的。根据泵与马达的变量情况可以组成下列三种方式：

①变量泵与定量马达回路——恒转矩调速。

②定量泵与变量马达回路——恒功率调速。

③变量泵与变量马达回路。

容积调速回路的主要故障及排除方法如下。

1）液压马达产生超速运动

由于受被起吊重物的负载、外界干扰及换向冲击压力等的影响，图3-85所示的液压马达在加入a处的液控顺序阀前常产生超速（超限）转动的现象。回路中加入液控顺序阀后，即使出现外界扰动的影响使液压马达超速转动时，平衡阀在控制压力下关小液压马达的回油，起出口节流作用，避免了液压马达的超速转动。

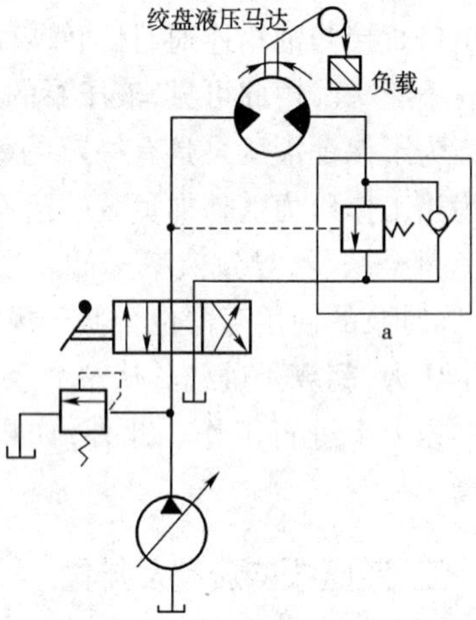

图3-86　采用变量泵定量马达的容积调速回路

2）液压马达不能迅速停住

为使旋转着的马达停止转动，即便停止油泵向马达供油或切断供油通道，但由于马达回转件的惯性和负载的惯性使马达不能迅速制动。

解决办法是在液压马达的回油路中安装一个溢流阀，例如图3-87中的阀5，图3-87中的阀6，使液压马达回油受到溢流阀所调节压力（背压）产生的制动力而被迅速制动。当制动背压超出所调压力，溢流阀打开，又可起到保护作用。

所以当马达需要准停时，应设置溢流阀制动的回路。图3-87中通过安装止回阀3与阀4，加上溢流阀5，可实现马达双向制动。

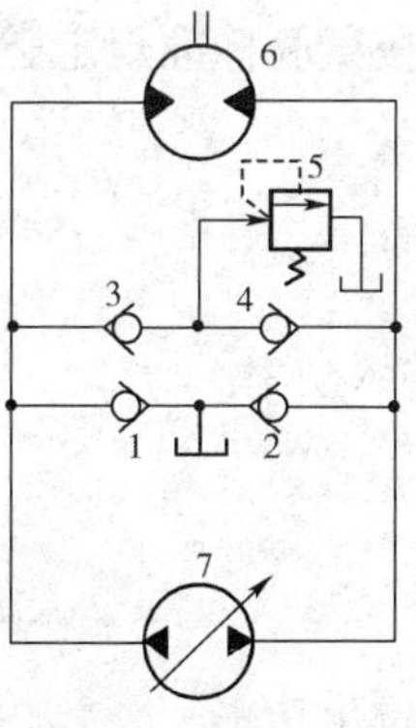

图3-87　采用双向变量泵定量马达的容积调速回路

1、2、3、4-止回阀；5-溢流阀；6-定量马达；7-变量泵

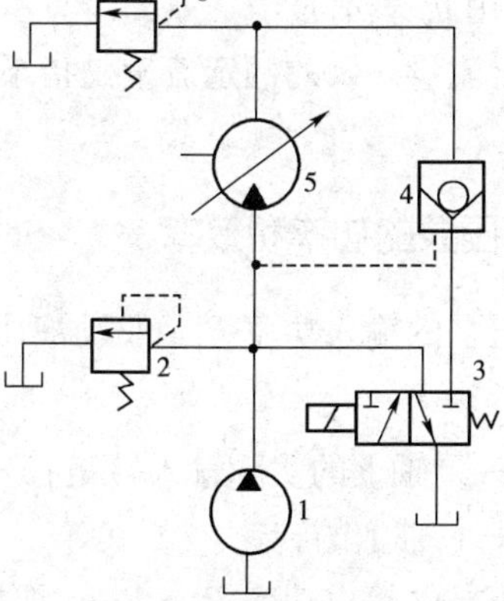

图3-88　采用定量泵变量马达的容积调速回路

1-定量泵；2-安全阀；3-换向阀；4-液控止回阀；5-变量马达；6-溢流阀

单元2 液压泵性能测定

一、液压泵的工作压力和公称压力

液压泵的工作压力是指泵出口处的实际压力，由容积式泵的工作原理可知，液压泵每转一转，总要将一定体积的油液输入系统。如果液压泵要驱动一个具有负载力的液压缸时，油液在前阻后推的情况下受到挤压，油液的压力就会逐渐升高，直到克服各种阻力（管道阻力、摩擦力和外载力等）使液压缸运动为止。阻力越大，则泵出口处油液的压力升得越高。如果使泵的出口直接与油箱连通，且油管又粗又短，这时液压泵输油的阻力很小，则泵出口处的压力就建立不起来。由此可见，液压泵的工作压力取决于泵的总负载。

为了保证液压泵具有一定的效率和使用寿命，液压泵的工作压力有一个最大的限制值。因为当工作压力随外加负载的增大而升高时，液压泵本身的泄漏也随着增加。所以实际输出的流量会减少，导致效率降低。当压力超过某一定值时，实际输出流量不仅会低于公称的流量，同时泵的使用寿命也会低于规定的值，这时的工作压力就是液压泵的公称工作压力。超过这个压力，就算是过载。从这个意义上来讲，并不是绝对不允许液压泵在一定程度上在大于其公称压力下进行工作。此外，如果液压泵在低于其公称压力下工作，则泵的使用寿命将会增高。

二、液压泵的流量及排量

①排量。指泵在无泄漏的情况下每转一周，由其密封油腔几何尺寸变化而决定的排出液体的体积（用 V 表示）。

②理论流量。由泵的密封容腔几何尺寸变化计算而得的泵的单位时间内的排油体积称为泵的理论流量。泵的理论流量等于排量和转速的乘积，即

$$q_{vt} = nV \tag{3-6}$$

泵的排量和理论流量是指泵在不考虑泄漏的情况下由计算所得的量。

③实际流量。考虑液压泵的泄漏损失时，液压泵在单位时间内实际输出的液体的体积称实际流量（用 q_v 表示）。

④额定流量。泵的额定流量是指泵在正常的工作条件下，按试验标准规定必须保证输出的流量。

三、液压泵的功率和效率

①液压泵的输入功率 P_i。驱动液压泵的机械功率称泵的输入功率。

$$P_i = T_i 2\pi n \tag{3-7}$$

式中：T_i——泵轴上的实际输入转矩；

n——泵轴上的转速。

②液压泵的输出功率 $P_0 = Pq_v$。泵输出的液压功率叫泵的输出功率。

③机械效率 η_m。由于泵内有各种摩擦损失（机械摩擦、液体摩擦），泵的实际输出转矩 T_i 总是大于其理论转矩 T_t。其机械效率 η_m 为

$$\eta_m = \frac{T_i}{T_t} \tag{3-8}$$

由于泵的理论机械功率应无损耗的全部转换为泵的理论液压功率,则得

$$T_i 2\pi n = PVn$$

于是

$$T_t = \frac{PV}{2\pi}$$

得:

$$\eta_m = \frac{PV}{2\pi T_i} \tag{3-9}$$

④容积效率 η_v。由于泵存在泄漏(高压区流向低压区的内泄漏、泵体内流向泵体外的泄漏),泵的实际输出流量 q_v 总是小于其理论流量 q_{vt}。其容积效率 η_v 为:

$$\eta_v = \frac{q_v}{q_{vt}} \tag{3-10}$$

⑤总效率 η。由于泵在能量转换时有能量损失(机械磨损损失、泄漏流量损失),泵的输出功率 P_o 总是小于泵的输入功率 P_i。总机械效率 η 为

$$\eta = \frac{P_o}{P_i}$$

所以

$$\eta = \frac{Pq_v}{2\pi n T_i} = \frac{PV}{2\pi T_i}\frac{q_v}{Vn} = \eta_m \eta_v \tag{3-11}$$

即泵的总效率 η 为机械效率 η_m 和容积效率 η_v 的乘积。

四、液压泵性能特性检测

(一)液压泵性能检测前的前期准备工作

为了防止造成人身伤害和机具的损坏,在机器上作任何的测试与调整以前,必须首先释放液压系统的压力。以卡特325C型挖掘机液压系统为例,压力释放的基本方法如下:

①将机器停放在平整硬实的地面上;全部缩回斗杆缸和活塞杆,并调整铲斗缸使铲斗底平面与地面平行;放下动臂直至铲斗与地面贴合。

②将发动机熄火。

③将起动开关转到“NO”的位置(不起动发动机)。

④将液压锁控制杆放到“不锁”的位置。

⑤全行程地往复操作所有操作杆的操作踏板。

⑥将液压锁控制杆放到“锁”的位置。

⑦将起动开关转到“OFF”的位置。

⑧慢慢的松开(不卸掉)液压油箱上的油堵以释放油箱内的压力(需45s以上),然后扭紧。

进行以上操作后,单个的液压回路、先导系统以及液压油箱的压力均可得到释放。

(二)液压泵的检测仪器

为了迅速判断故障原因并及时排除,国内外研制出很多液压系统专用测试仪器及设备。这里只简要介绍一种体积小、携带方便、操作容易的手提式测试器及其测试方法。

手提式液压测试器是一种测试液压系统故障部位的机械装置。它由压力控制阀、流量计、压力表及温度指示表等组成,可以对液压系统的流量、压力及温度等多方面的故障进行测试。

根据测试器在管路中的接法不同,这种测试器又分为旁通测试和直通测试两种。

旁通测试如图3-89所示。系统的压力油管应接到测试器的进油口,回油管必须接到测试器的出油口。测试器上的一只控制手柄用于调节和选择不同的压力范围。

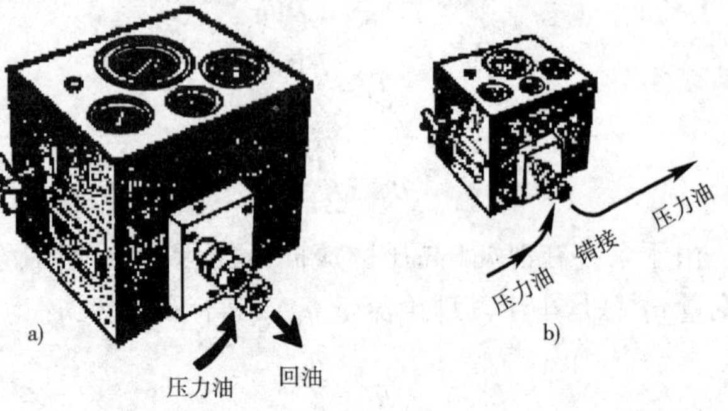

图3-89 旁通测试器

a)正确接法;b)错误接法

直通测试法把测试器(图3-90)串接在压力油管上,成为液压系统的一个临时组件。当系统工作时,可测得流量、压力和温度,以判断是否正常。

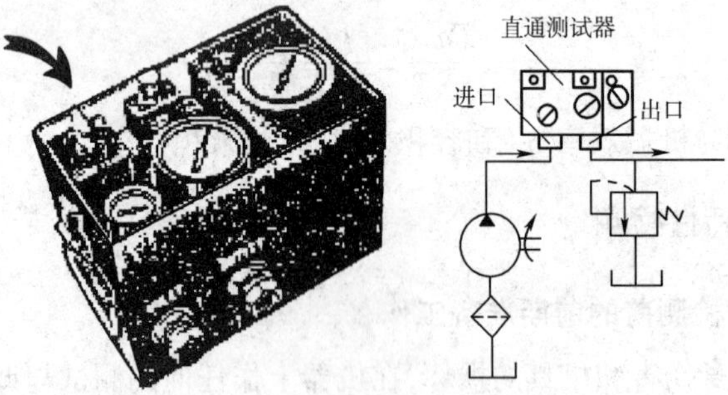

图3-90 直通测试器及在管路中的接法

无论旁通测试还是直通测试,在对系统测试之前都必须逆时针转动手柄,打开压力控制阀。操纵测试器压力控制阀时(顺时针转动手柄)应该慢慢加压。为了减小测试器在承受压力冲击时指针的跳动,可将测试器的阻尼螺钉稍微向里旋紧。必须分段加压到最大工作压力。

(三)液压泵的检测方法

按图3-91接好测试器。此时液压泵与系统隔开,不再受到溢流阀的控制和保护。所以,其总压力不得超过系统最大的工作压力。

打开测试器的控制阀,起动发动机使其在额定转速下运转。观察并记下测试器在空载时的流量读数。然后将测试器的控制阀慢慢关闭加压,使测试器压力逐渐上升到系统的额定压力。如果此时流量计上的读数减少了25%,说明液压泵有故障;如果减少了50%,则可以断定系统的故障是液压泵引起的。

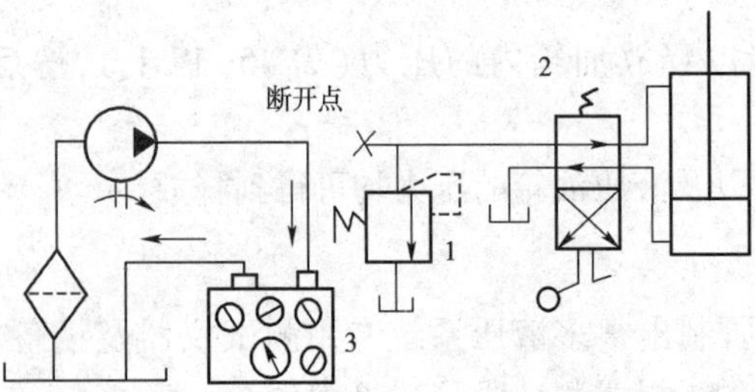

图3-91 液压泵的旁通测试

1-溢流阀;2-换向阀;3-测试器

如果压力表的指针跳动,说明液压泵的吸油侧有泄漏。为了防止气蚀,应对液压泵的吸油侧检查修复。

单元3　液压油工作流量检查

一、流速与流量的概念

在研究液压问题时，一般把液体看作既无黏性又不可压缩的理想液体。

液体流动时，若液体中任一点处的压力、速度和密度都不随时间变化，则这种流动称为恒定流动（亦称稳定流动或定常流动）。反之，只要压力、速度或密度中有一个随时间变化，就称为非恒定流动。

液体在管道中流动时，其垂直于流动方向的截面称为过流断面（或称通流截面）。液压传动是靠流动着的有压液体来传递动力，油液在油管或液压缸内流动的快慢称为流速。由于流动的液体在油管或液压缸的截面上的每一点的速度并不完全相等，因此通常说的流速都是平均流速。流速的单位在 SI 中为 m/s，用 v 表示。

单位时间内流过某通流截面的液体的体积称为流量，用 q_v 表示，流量的单位在 SI 中为 m^3/s，工程上过去用 L/min（公升/分）。

二、层流与紊流

1. 层流

层流是指液体流动时，液体质点没有横向运动，互不混杂，呈线状或层状的流动。

2. 紊流

紊流是指液体流动时，液体质点有横向运动（或产生小漩涡），作混杂紊乱状态的运动。液体的流动状态是层流或紊流要通过雷诺数 Re 来判断。液体在圆管中流动时的雷诺数 Re 用数学式表示为

$$R_e = \frac{vd}{\upsilon} \tag{3-12}$$

式中：d——管道直径，m；

v——液体流动速度，m/s；

υ——液体的运动黏度，m^3/s。

液体流动的状态，由层流转为紊流的条件由临界雷诺数决定。当雷诺数 Re 小于临界雷诺数时为层流，大于临界雷诺数时为紊流。

三、液压油流量的测定

1. 流量测定的概念

在生产和科研中，有时需要测量在某一时间段内流过的流体总量，称为累积流量，与之相对应，某一时间流过管路的液体体积称为瞬时流量。

如果流动状态为定常流动，则相应的流量称为稳态流量，即流量值不随时间变化；反之，处于非定常流动状态流体的流量称为动态流量，动态流量表示流量值会随时间而变化。

2. 流量测定的方法

1）直接测量

根据测量一定计量容积的流体的次数来测定其流量，如利用容积式流量计。

2）间接测量

先测量流速，然后再按相关公式的关系求出流量。如差压式流量计、蜗轮流量计等。

3. 流量测量必须注意的问题

1）流体的性质

流量、流速测量要涉及到一系列反映流体属性和流动状态的物理参数、常用的有流体的密度、黏度、比热容、等熵指数、体积压缩系数等。这些物理参数都与温度、压力密切相关，流量测量装置的设计与校验，都是在一定的温度和压力条件下进行的。如果测量时的实际工况条件超出了规定的范围，则需作相应的修正。

2）流动的状态

前面讲过，液体的流动状态可分为层流与紊流，通常用雷诺数判别。一般雷诺数的值在2300以下时为层流，大于2300时为紊流。这两种流动状态下的流体运动规律、流速的分布等是截然不同的，因此在流量和流速测量时最好能知道流体处是哪一种流动状态。

流动状态还有定常流动与非定常流动之分，要严格区分定常流动与非定常流动比较困难，在流动变化缓慢的情况下，可以当作定常流动来处理。一般的流量和流速测量是以定常流动为对象来考虑的，当遇到非定常流动测量时，应采用动态流量测量方法。

3）流量计与流速汁的校正

流量计或流速计是将被测流量或流速变换成为其他物理量来进行测量的，因此在实际应用时必须加以校正，校正的方法主要有：

①用更高精度的流量计作基准流量计来标定被校正流量计。

②用标准体积管或称重法来确定被校正流量。

4. 稳态流量的测量

容积式流量计是把被测流体用一个精密的计量容积进行连续计量后排送出入的流量计，属于直接测量型流量计，常用作累积体积流量计，也可测量瞬时流量。根据标准容器的形状及连续测量方式的不同，容积式流量计可分为椭圆齿轮流量计、罗茨流量计、齿轮马达流量计、刮板流量计等。

如图3-92所示，流体进入流量计时，进出口压力差$\Delta p = p_1 - p_2$的存在，使得椭圆齿轮受到力矩的作用而转动。如图3-92a）所示位置时，由于$p_1 > p_2$，在p_1和p_2所产生的合力矩作用下，使齿轮A与壳体所形成的计量空间内的流体排至出口，并带动轮B顺时针方向转动，这时A为主动轮、B为从动轮；在图3-92b）所示位置上，A与B两轮都产生转矩，两轮继续转动，并逐渐将流体封入B轮和壳体所形成的计量空间内；当继续转到图3-92c）所示位置时，p_1和p_2作用在A轮上的转矩为零，而B轮入口压力大于出口压力，产生转矩，使B轮成为主动轮并继续作顺时针转动，同时把B轮与壳体所形成的计量空间内的流体排至出口。如此往复循环，A、B两轮交替转动，以椭圆齿轮与壳体间固定的月牙形计量空间为计量单位，不断地把入口处的流体送到出口。图3-92所示仅为椭圆齿轮转动1/4周的情况，相应排出的流体量为一个月牙形空腔容积。所以，椭圆齿轮每转一周所排流体的容积为固定的月牙形计量空间容积V_0的4倍。若椭圆齿轮的转速为n，则通过椭圆齿轮流量计的流量为：

$$Q = 4V_0 n = qn \tag{3-13}$$

由此可知，已知排量q值的椭圆齿轮流量计，只要测量出转速n，使可确定通过流量计的流量大小。

5. 动态流量的测定

动态流量测量属于非稳定流动流量的测量范畴，一般来说，原封不动的使用原来的测量范畴是不行的，但是，如果已经知道了非定常流量的动态响应特性，则只要对测量值进行适当的修正就行了。或者，选用动态响应比较快的流量计和流速计对动态流量值进行修正。

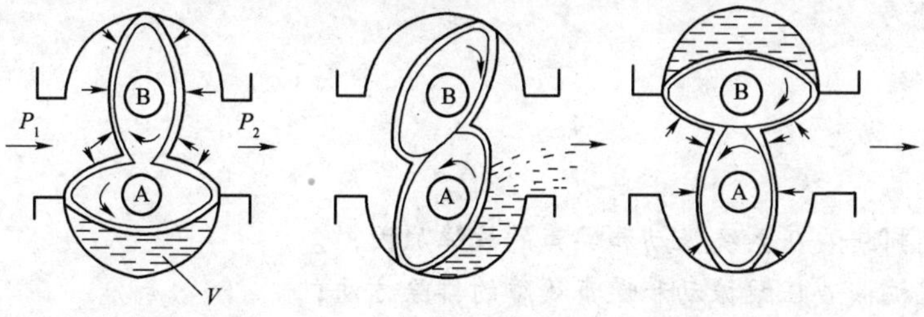

a) b) c)

图 3-92 椭圆齿轮流量计原理

动态流量测量属于非稳定流动量的测量范畴，对它的研究工作正在深入开展之中，一般说来，原封不动地使用前面介绍过的测量方法是不行的。但是，如果已经知道了非定常流动的动态响应特性，则只要对测量值进行适当的修正就行了。或者，先用动态响应比较快的流量计和流速计对动态流量进行测量，在一定的频段内也是可行的。目前，为了测量动态流量，常采用的方法有差压流量计、热线和热膜流量计、电磁流量计等。

学习任务四　液压系统振动和噪声故障检修

学习目标

1. 能够正确判断液压系统振动和噪声的故障原因；
2. 掌握工程机械液压泵振动和噪声故障的排除方法；
3. 掌握工程机械液压缸振动和噪声故障的排除方法；
4. 能够正确描述液压泵、液压缸拆卸、装配、调试的工艺要求。

任务描述

对工程机械液压系统振动和噪声故障进行诊断、维修，液压元件的拆卸、清洗、装配作业过程中符合国家或行业相关工艺标准。

学习引导

柴油泵与液压缸的基本知识→拆卸→装复→整机调试

单元1　液压泵振动和噪声检修

一、振动和噪声的危害

振动和噪声是液压设备常见故障之一，一般会同时出现，振动和噪声有下述危害：

①影响加工件表面质量，使机器工作性能变坏。

②影响液压设备工作效率，其原因是为避免振动不得不降低切削速度及走刀量。

③振动加剧磨损，造成管路接头松脱，产生漏油，甚至振坏设备，造成设备人身事故。

④噪声是环境污染的一个重要部分之一，噪声使大脑疲劳，影响听力，加快心脏跳动，危害人身健康。

⑤噪声淹没危险信号和指挥信号，造成工伤事故。

二、液压泵发出噪声的原因分析

引起液压泵噪声的原因很多，主要是由于泵内混入空气，引起气穴或液压冲击现象；吸油管或滤油器堵塞；油液不干净或黏度大；泵与原动机安装不同心以及油箱油面过低等原因。这些现象都可以引起液压泵的噪声故障。下面，我们将针对以上原因分别进行介绍。

（一）气穴、液压冲击现象

1. 气穴现象

在流动的液体中，因某点处的压力低于空气分离压而使气泡产生的现象，称为气穴现象。

气穴现象使液压装置产生噪声和振动,使金属表面受到腐蚀。为了说明这种现象的机理,必须先介绍一下液压油液的空气分离压和饱和蒸汽压。

1)空气分离压和饱和蒸汽压

液压油液总是含有一定量的空气的。液压油液中所含空气体积的百分数称为它的含气量。空气可溶解在液压油液中,也可以气泡的形式混合在液压油液中。空气在液压油液中的溶解量与液压油液的绝对压力成正比(亨利法则),如图 4-1a)所示。在 1 个大气压下石油型液压油常温时约合有 6% ~12% 的溶解空气。溶解空气对液压油液的体积模量没有影响。油液的压力降低时,溶解在油液中的气体会从油液中分离出来,如图 4-1b)所示。

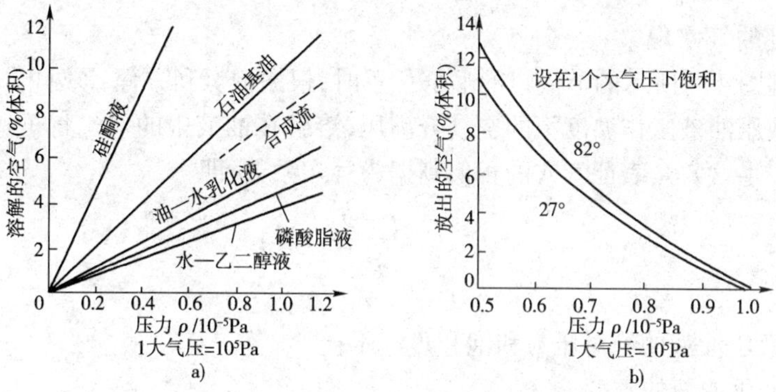

图 4-1　气体溶解度以及从油液中放出的气体体积与压力间的关系

a)溶解量与绝对压力的关系;b)分离气体量与压力的关系

在一定温度下,当液压油液压力低于某值时,溶解在油液中的过饱和空气将突然地从油液中分离出来,产生大量气泡,这个压力称为液压油液在该温度下的空气分离压。含有气泡的液压油液的体积模量将减少。气泡越多,液压油液的体积模量越小。

在静止状态下的溶解度与时间的关系如图 4-2 所示。这就是溶解速度。一般说来,溶解过程并不很快,因此油液中混入的气泡要靠通过系统高压区来全部溶解是不太可能的。当液压油液在某温度下的压力低于一定数值时,油液本身迅速汽化。产生大量蒸汽气泡,这时的压力称为液压油液在该温度下的饱和蒸汽压。一般来说,液压油液的饱和蒸汽压相当小,比空气分离压小得多。几种液压油液的饱和蒸汽压的值见表 4-1。而饱和蒸汽压和温度的关系如图 4-3 所示。

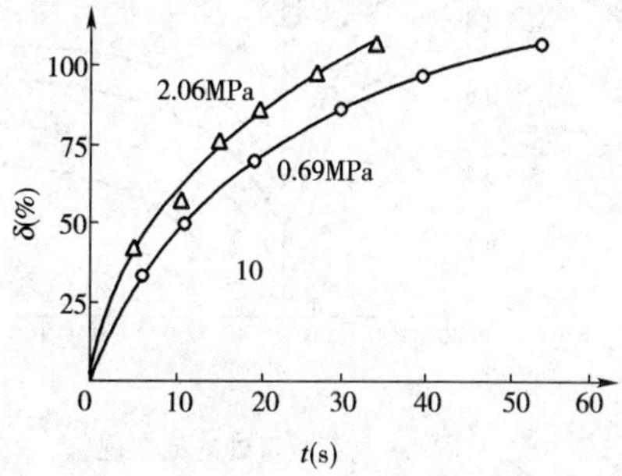

图 4-2　溶解度 δ 与时间 t 的关系

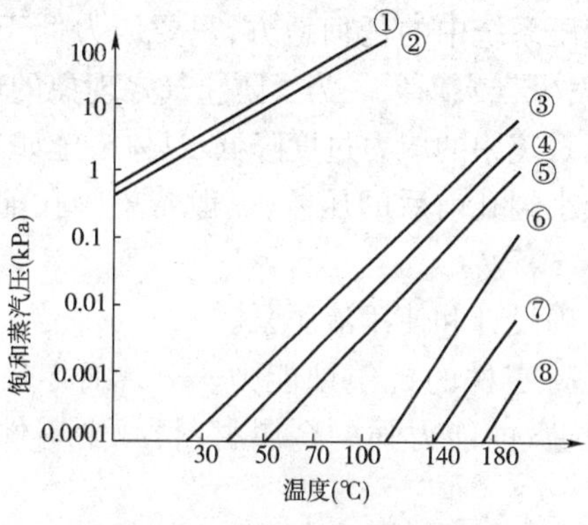

图 4-3　饱和蒸汽压和温度的关系

①油一水乳化液;②水一乙二醇液;③氧化烃液;④合成液;⑤石油基油液;⑥硅酸酯液;⑦磷酸酯液;⑧硅酮液

几种液体的饱和蒸汽压　　表4-1

种类	温度(℃)	饱和蒸汽压(Pa)	种类	温度(℃)	饱和蒸汽压(Pa)
水	20	2338.4	N_u	20	0.387
	50	12398.9		50	0.011
N_n	20	1.799			
	50	0.013			

由此可见,要使液压油液不产生大量气泡,它的最低压力不得低于液压油液所在温度下的空气分离压。

2)节流口处的气穴现象

当液流流到图4-4所示的节流口的喉部位置时,根据伯努利方程,该处的压力要降低。如该处压力低于液压油液工作温度下的空气分离压,溶解在油液中的空气将迅速地大量分离出来,变成气泡,产生气穴。表征气穴的相似判据为气穴系数,即

$$C=\frac{p-p_y}{\frac{\rho v^2}{2}} \tag{4-1}$$

式中:p、p_y——液压油液的绝对压力和饱和蒸汽压;

ρ——液压油液的密度;

v——液流的平均流速。

气穴发生时,液流的流动特性变坏,特别是当带有气泡的液压油液被带到下游高压部位时,周围的高压使气泡绝热压缩,迅速崩溃,局部可达到非常高的温度和冲击压力。例如在38℃下工作的泵,当泵的输出压力分别为6.8MPa、13.6MPa、20.4MPa时,气泡崩溃处的局部温度可达766℃、993℃、1149℃,冲击压力可以达到几百兆帕。这样的局部高温和冲击压力,一方面使那里的金属疲劳,另一方面又使液压油液变黑,对金属产生化学腐蚀作用,因而使元件表面受到侵蚀、剥落,或出现海绵状的小洞穴。节流口下游部位常可发现这种腐蚀的痕迹。这种现象称为气蚀。

在液压元件中,只要某点处的压力低于液压油液所在温度下的空气分离压,也会产生气穴现象。

3)减小气穴现象的措施

在液压系统中的任何地方,只要压力低于空气分离压,就会发生气穴现象。为了防止气穴现象的产生,就要防止液压系统中的压力过度降低,具体措施如下:

①减小阀孔前后的压差,一般希望阀孔前后的压力比$p_1/p_2<3.5$。

②正确设计和使用液压泵。

③提高零件的抗气蚀能力——增加零件的机械强度,采用抗腐蚀能力强的金属材料,减少零件表面粗糙度等。

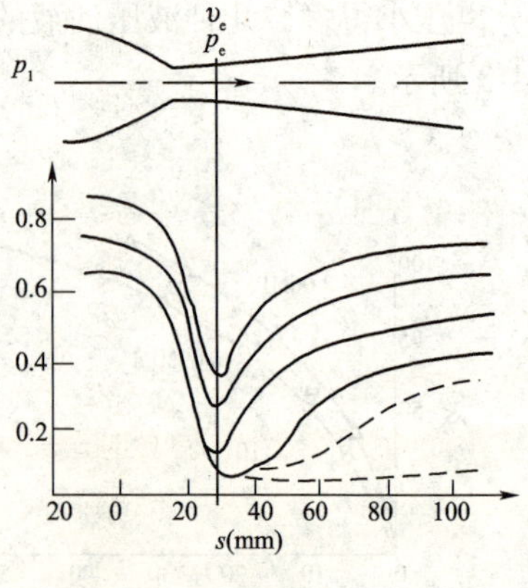

图4-4　节流口处的气穴现象

2.液压冲击现象

在液压系统中,常常由于某些原因而使液体压力突然急剧上升,形成很高的压力峰值,这种现象称液压冲击。

1)液压冲击产生的原因和危害

在阀门突然关闭或液压缸快速制动等情况下,液体在系统中的流动会突然受阻。这时,由于液流的惯性作用,液体就从受阻端开始,迅速将动能逐层转换为压力能,因而产生了压力冲击波;此后,又从另一端开始,将压力能逐层转换为动能,液体又反向流动;然后,又再次将动能转换为压力能,如此反复地进行能量转换。由于这种压力波的迅速往复传播,便在系统内形成压力振荡。实际上,由于液体受到摩擦力,而且液体自身和管壁都有弹性,不断消耗能量,才使振荡过程逐渐衰减趋向稳定。

系统中出现液压冲击时,液体瞬时压力峰值可以比正常工作压力大好几倍。液压冲击会损坏密封装置、管道或液压元件,还会引起设备振动,产生很大噪声。有时,液压冲击使某些液压元件(如压力继电器、顺序阀等)产生误动作,影响系统正常工作,甚至造成事故。

2)减小液压冲击的措施

①延长阀门关闭时间和运动部件的制动时间。实践证明,运动部件的制动时间大于0.2s时,液压冲击就可大为减轻。

②限制管道中液体的流速和运动部件的运动速度。在一般液压系统中,管道中液体的流速一般应限制在4.5m/s以下,运动部件的运动速度一般不宜超过10m/min。

③适当加大管道直径,尽量缩短管路长度。

④在液压元件中设置缓冲装置(如液压缸中的缓冲装置),或采用软管以增加管道的弹性。

⑤在液压系统中设置蓄能器或安全阀。

(二)液压油箱的基本知识

1.液压油箱的功用和结构

油箱的功用主要是储存油液,此外还起着散发油液中热量(在周围环境温度较低的情况下则是保持油液中热量)、释放混在油液中的气体、沉淀油液中污物等作用。

液压系统中的油箱有整体式和分离式两种。整体式油箱利用主机的内腔作为油箱,这种油箱结构紧凑,各处漏油易于回收,但增加了设计和制造的复杂性,维修不便,散热条件不好,且会使主机产生热变形;分离式油箱单独设置,与主机分开,减少了油箱发热和液压源振动对主机工作精度的影响,因此得到了普遍的采用,特别在精密机械上。

油箱的典型结构如图4-5所示。由图可见,油箱内部用隔板7将吸油管4、滤油器9和泄油管3、回油管2隔开。顶部、侧部和底部分别装有空气滤清器5、注油器1及液位计12和排放污油的堵塞8。安装液压泵及其驱动电机的安装板6则固定在油箱顶面上。

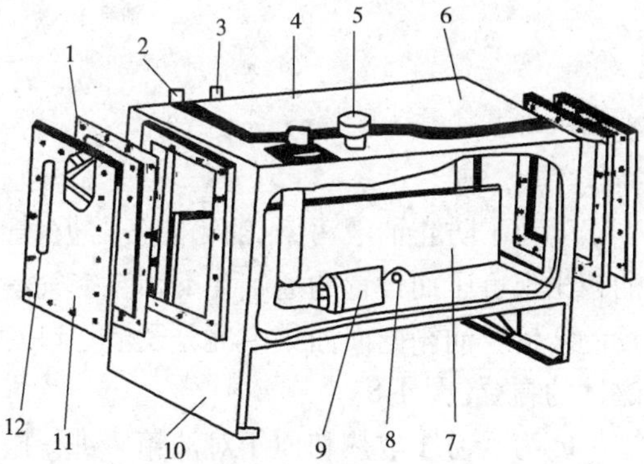

图4-5　油箱结构

1-注油器;2-回油管;3-泄油管;4-吸油管;5-空气滤清器;6-安装板;7-隔板;8-堵塞;9-滤油器;10-箱体;11-端盖;12-液位计

此外,近年来又出现了充气式的闭式油箱,它不同于图4-5开式油箱之处在于油箱是整个封闭的,顶部有充气管,可送入0.05~0.07MPa过滤纯净的压缩空气,空气或者直接与油液接触,或者被输入到蓄能器式的皮囊内不与油液接触。这种油箱的优点是改善了液压泵的吸油条件,但它要求系统中的回油管、泄油管承受背压。油箱本身还须配置安全阀、电接点压力表等元件以稳定充气压力,因此它只在特殊场合下使用。

2. 油箱的特点

①油箱的有效容积(油面高度为油箱高度80%时的容积)应根据液压系统发热、散热平衡的原则来计算,这项计算在系统负载较大、长期连续工作时是必不可少的。但对于一般情况来说,油箱的有效容积可以按液压泵的额定流量估计出来。例如,适用于机床或其他一些固定式机械的估算式为:

$$V = \xi q \tag{4-2}$$

式中:V——油箱的有效容积(L);

ξ——与系统压力有关的经验数字:低压系统 $\xi = 2 \sim 4$,中压系统 $\xi = 5 \sim 7$,高压系统 $\xi = 10 \sim 12$;

q——额定流量。

②吸油管和回油管应尽量相距远些,两管之间要用隔板隔开,以增加油液循环距离,使油液有足够的时间分离气泡,沉淀杂质,消散热量。隔板高度最好为箱内油面高度的3/4。吸油管入口处要装粗滤油器。粗滤油器与回油管管端在油面最低时仍应没在油中,防止吸油时卷吸空气或回油冲入油箱时搅动油面而混入气泡。回油管管端宜斜切45°,以增大出油口截面积,减慢出口处油流速度,此外,应使回油管斜切口面对箱壁,以利油液散热。当回油管排回的油量很大时,宜使它的出口处高出油面,向一个带孔或不带孔的斜槽(倾角为5°~15°)排油,使油流散开,一方面减慢流速,另一方面排走油液中的空气(图4-6)。减慢回油流速、减少油液的冲击搅拌作用,也可以采取让油液通过扩散室(如图4-7)的办法来达到。泄油管管端亦可斜切并面壁,但不可没入油中。管端与箱底、箱壁间距离均不宜小于管径的3倍。粗滤油器距箱底不应小于20mm。

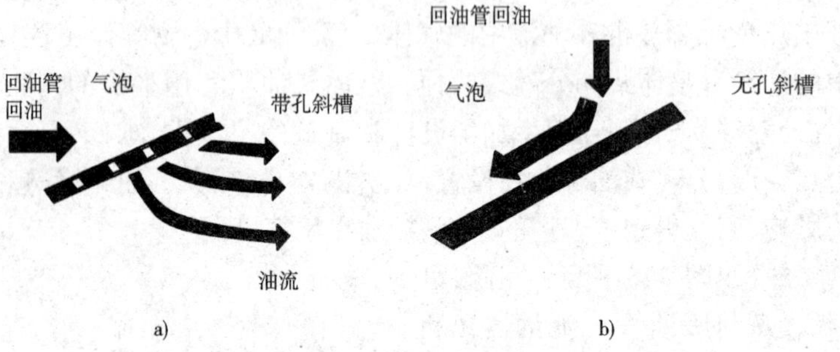

图4-6 油箱中的排气斜槽

a)带孔斜槽;b)无孔斜槽

③为了防止油液污染,油箱上各盖板、管口处都要妥善密封。注油器上要加滤油网。防止油箱出现负压而设置的通气孔上须装空气滤清器。空气滤清器的容量至少应为液压泵额定流量的2倍。油箱内回油集中部分及清污口附近宜装设一些磁性块,以去除油液中的铁屑和带磁性的颗粒(图4-8)。

④为了易于散热和便于对油箱 进行搬移及维护,按GB 3766—83规定,箱底离地面至少应在150mm以上。箱底应适当倾斜,在最低部位处设置堵塞或放油阀,以便排放污油。按照GB 3766—83规定,箱体上注油口必须设置液位计,滤油器的安装位置应便于装拆,箱内各处应便于清洗。

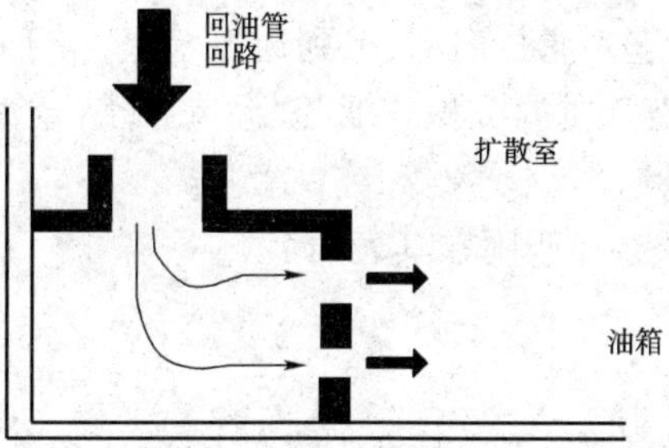

图 4-7　油箱中的扩散室

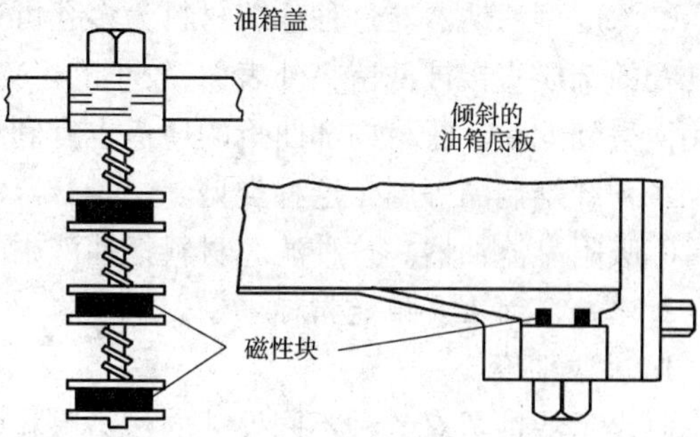

图 4-8　油箱中的磁性块

⑤油箱中如要安装热交换器,必须考虑好它的安装位置,以及测温、控制等措施。

⑥分离式油箱一般用 2.5～4mm 钢板焊成。箱壁愈薄,散热越快。大尺寸油箱需加焊角板、筋条,以增加刚性。当液压泵及其驱动电机和其他液压件都要装在油箱上时,油箱顶盖要相应地加厚。

⑦油箱内壁应涂上耐油防锈的涂料。外壁如涂上一层极薄的黑漆(不超过 0.025mm 厚度),会有很好的辐射冷却效果。铸造的油箱内壁一般只进行喷砂处理,不涂漆。

(三)滤油器的基本知识

1. 功用和类型

滤油器的功用在于过滤混在液压油中的杂质,使进到系统中去的油液的污染度降低,保证系统正常地工作。

滤油器按其滤芯材料的过滤机制来分,有表面型滤油器、深度型滤油器和吸附型滤油器 3 种。图 4-9、图 4-10 为网式和滤芯式过滤器。

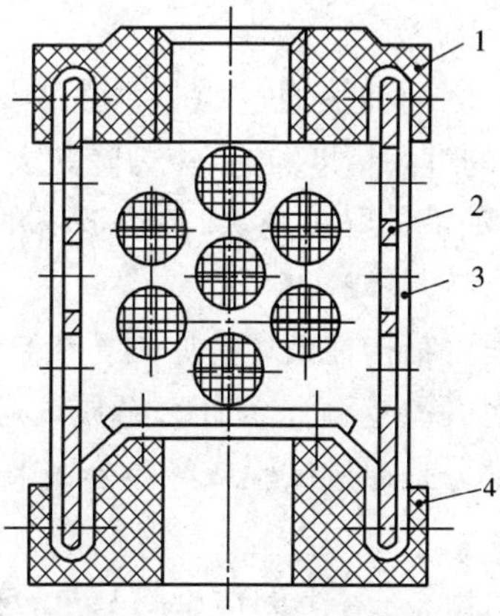

图 4-9　网式过滤器

1-上端盖;2-圆筒骨架;3-铜丝网;4-下端盖

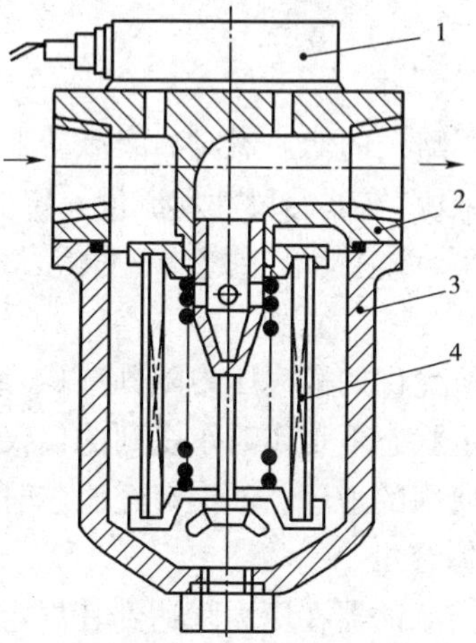

图 4-10　纸芯式过滤器

1-发信装置;2-端盖;3-壳体;4-滤芯

①表面型滤油器。整个过滤作用是由一个几何面来实现的。滤下的污染杂质被截在滤芯元件靠油液上游的一面。在这里,滤芯材料具有均匀的标定小孔,可以滤除比小孔尺寸大的杂质。由于污染杂质积聚在滤芯表面上,因此它很容易被阻塞住。编网式滤芯、线隙式滤芯属于这种类型。

②深度型滤油器。这种滤芯材料为多孔可透性材料,内部具有曲折迂回的通道。大于表面孔径的杂质直接被截留在外表面,较小的污染杂质进入滤材内部,挤到通道壁上,由于吸附作用而得到滤除。滤材内部曲折的通道也有利于污染杂质的沉积。纸芯、毛毡、烧结金属、陶瓷和各种纤维制品等属于这种类型。

③吸附型滤油器。这种滤芯材料把油液中的有关杂质吸附在其表面上。

2. 滤油器的主要性能指标

1)过滤精度

它表示滤油器对各种不同尺寸的污染颗粒的滤除能力,用绝对过滤精度、过滤比和过滤效率等指标来评定。

绝对过滤精度是指通过滤芯的最大坚硬球状颗粒的尺寸,它反映了过滤材料中最大的通孔尺寸,以 μm 表示。它可以用试验的方法进行测定。

过滤比(β 值)是指滤油器上游油液单位容积中大于某给定尺寸的颗粒数与下游油液单位容积中大于同一尺寸的颗粒数之比,即对于某一尺寸 x 的颗粒来说,其过滤比 β_x 的表达式为:

$$\beta_x = \frac{N_u}{N_d} \tag{4-3}$$

式中:N_u——上游油液中大于某一尺寸的颗粒浓度;

N_d——下游油液中大于同一尺寸的颗粒浓度。

从上式可看出,尺寸愈大,过滤精度愈高。当过滤比的数值达到 75 时即认为是滤油器的绝对过滤精度。过滤比能确切地反映滤油器对不同尺寸颗粒污染物的过滤能力,它已被国际标准化组织采纳作为评定滤油器过滤精度的性能指标。

过滤效率 E_c 可以通过下式由过滤比 β 值直接换算出来:

$$E_c = \frac{N_u - N_d}{N_u} = 1 - \frac{1}{\beta} \tag{4-4}$$

2)压降特性

液压回路中的滤油器对油液流动来说是一种阻力,因而油液通过滤芯时必然要出现压力降。一般来说,在滤芯尺寸和流量一定的情况下,滤芯的过滤精度愈高,压力降愈大;在流量一定的情况下,滤芯的有效过滤面积愈大,压力降愈小;油液的黏度愈大,流经滤芯的压力降也愈大。

滤芯所允许的最大压力降,应以不致使滤芯元件发生结构性破坏为原则。在高压系统中,滤芯在稳定状态下工作时承受到的仅仅是它那里的压力降,这就是为什么纸质滤芯亦能在高压系统中使用的道理。油液流经滤芯时的压力降,大部分是通过试验或经验公式来确定的。

3)纳垢容量

这是指滤油器在压力降达到其规定限值之前可以滤除并容纳的污染物数量,这项性能指标可以用多次通过性实验来确定。滤油器的纳垢容量愈大,使用寿命愈长,所以它是反映滤油器寿命的重要指标。一般说来,滤芯尺寸愈大,即过滤面积愈大,纳垢容量就愈大。增大过滤面积,可以使纳垢容量至少成比例地增加。

滤油器过滤面积的表达式为:

$$A = \frac{q\eta}{\alpha \Delta p} \tag{4-5}$$

式中:q——滤油器的额定流量(L/min);

η——油液的黏度(Pa·s);

Δp——压力降(Pa);

α——滤油器单位面积通过能力(L/cm^2),由实验确定。在20℃时,对特种滤网:$\alpha = 0.03 \sim 0.006$。纸质滤芯:$\alpha = 0.0355$。线隙式滤芯:$\alpha = 10$。一般网式滤芯:$\alpha = 2$。

上式清楚地说明了过滤面积与油液的流量、黏度、压降和滤芯形式的关系。

3. 滤油器的选用方法

滤油器按其过滤精度(滤去杂质的颗粒大小)的不同,有粗过滤器、普通过滤器、精密过滤器和特精过滤器4种,它们分别能滤去大于100Pm,10~100Pm,5~10Pm和1~5Pm大小的杂质。选用滤油器时,要考虑以下几点:

①过滤精度应满足预定要求。

②能在较长时间内保持足够的通流能力。

③滤芯具有足够的强度,不因液压的作用而损坏。

④滤芯抗腐蚀性能好、能在规定的温度下持久地工作。

⑤滤芯清洗或更换简便。

因此,滤油器应根据液压系统的技术要求,按过滤精度、通流能力、工作压力和工作温度等条件来选定其型号。

4. 滤油器的使用注意事项

①安装滤油器要注意壳体上标明的液流方向,正确安装在系统中,否则将会冲毁滤芯,造成系统污染。

②当滤油器堵塞、发信装置报警或压差指示器显示红色信号时,要及时清洗或更换滤芯。

③清洗或更换滤芯时,应堵住滤芯端口,防止清洗下的污物进入滤芯内腔造成内污染,同时要防止外污物侵入液压系统。

④清洗金属孔网滤芯时,可在汽油等溶液中用刷子刷洗;而清洗高精度滤芯元件,则需使用干净的清洗液或清洗剂。金属丝编织的特种网和不锈钢纤维烧结毡等可以用超声波清洗或液流反向冲洗;纸质滤芯及化纤滤芯切忌用超声波清洗,只能在清洗液中刷洗。

(四)管路的基本知识

1. 油管

1)油管的种类

液压系统中常用的管子有钢管、铜管、胶管、尼龙管和塑料管。钢管分无缝钢管和有缝钢管。无缝钢管能承受较高的工作压力,一般多选用10号、15号冷拔无缝钢管。吸油管和回油管等低压管路允许采用有缝钢管。钢管通常只限于做仪表和控制装置的小直径管。

胶管分高压胶管和低压胶管,多用于有相对运动的部件间的连接,有较强的吸收系统冲击和振动的能力,装配方便。因其成本高、刚性差,固定连接一般不采用。高压胶管是以钢丝编织体或钢丝缠绕体为骨架的胶管,使用压力达35~40MPa,低压胶管是以麻线或棉线编织体为骨架的胶管。

尼龙管和塑料管也逐渐被采用,尼龙管可用于低压系统,而塑料管一般只用作回油管。

2)油管的内径和壁厚

油管的内径 d 由管道通过的流量和允许流速来确定:

$$d = 1.13\sqrt{\frac{Q}{V}}\,(\mathrm{m}) \tag{4-6}$$

式中:Q——通过油管的流量,m^3/s;

V——允许流速,m^3/s。

推荐允许流速为:吸油管路 $V \leqslant 0.5 \sim 1.5m/s$;压力管路 $V \leqslant 2.5 \sim 5m/s$(压力高取较大值);回油管路 $V \leqslant 1.5 \sim 2.5m/s$。

油管的壁厚按强度条件来确定:

$$\delta \geqslant \frac{pd}{2[\sigma]}(m) \tag{4-7}$$

式中:p——管内油液最大工作压力,Pa;

$[\sigma]$——油管材料许用应力,Pa;$[\sigma]=\frac{\sigma_b}{n}$,$n$ 为安全系数。对钢管,当 $p=7 \sim 17.5MPa$ 时取 $n=6$,当 $p>17.5MPa$ 时取 $n=4$,计算所得的内径和壁厚要圆整为标准值。

2. 管接头

管接头是油管与油管、油管与液压元件之间的可拆连接件,下面介绍几种常用的管接头形式。

1)卡套式管接头

如图 4-11 所示,卡套式管接头主要包括三部分:具有 24 锥形孔的接头体 1,带有尖锐内刃的卡套 4,起压紧作用的螺母 3 和组合密封圈。拧紧螺母 3 时,卡套 4 被推进 24 锥孔中并随之变形,使卡套与接头体内锥面形成球面接触密封;同时卡套的内刃口嵌入接管体的外壁,在外壁上压出一环形凹槽,从而起到可靠的密封作用并可防止螺母松动。

这种管接头结构简单、工作可靠、不用焊接、拆装方便,是较为理想的管路连接件。工作压力 16 ~ 40MPa。

2)焊接式管接头

如图 4-12 所示,焊接式管接头主要由接头体、螺母和接管等组成。接头体的拧入端为细牙螺纹时,其结合面应加入组合密封垫。若拧入端为圆锥螺纹,则不必组装组合密封垫。接头体与接管之间用 O 形密封圈密封,接管被螺母紧压在接头体端面,其外端与钢管焊接相连、这种管接头结构简单,耐高压,密封性能好,工作压力 32MPa,是目前应用较多的一种形式,缺点是安装时的焊接工作量大。

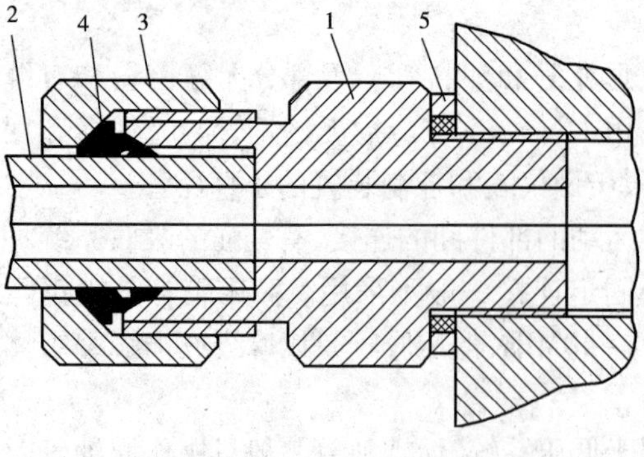

图 4-11　卡套式管接头的结构

1-接头体;2-接管;3-螺母;4-卡套;5-组合密封垫

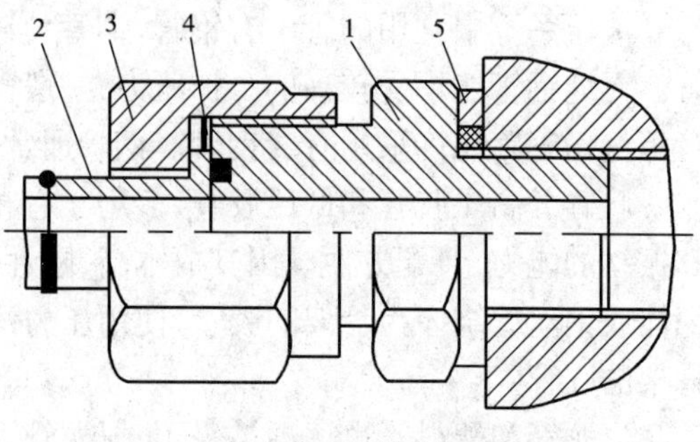

图 4-12　焊接式接头

1-接头体;2-接管;3-螺母;4-O 形密封圈;5-组合密封圈

3)扩口式管接头

此种管接头如图 4-13 所示,适用于铜管和薄壁钢管的连接。接管 2 先扩成喇叭口(约

74°)，再用螺母3把导套连同接管一起压紧在接头体上。额定工作压力取决于管材的许用压力值，规定为3.5～16MPa。

4）扣压式胶管接头

扣压式胶管接头如图4-14所示，主要由接头芯和接头外套组成。接头外套的内壁有环形切槽。剥去胶管的外胶层，套上外套并插入接头外套2，在专用设备上扣压，以达到紧密连接。

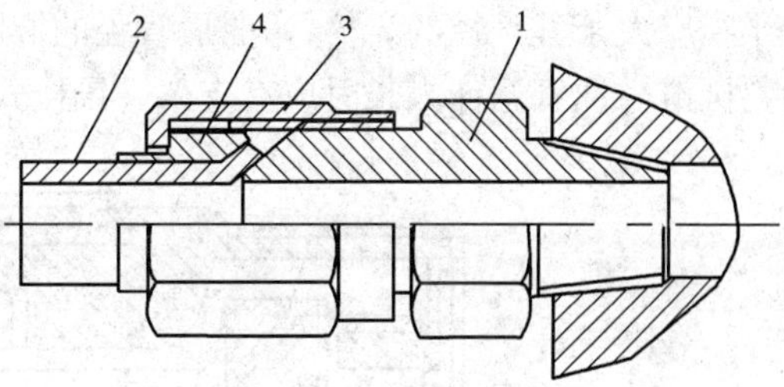

图4-13　扩口式管接头

1-接头体；2-接管；3-接头螺母；4-导套

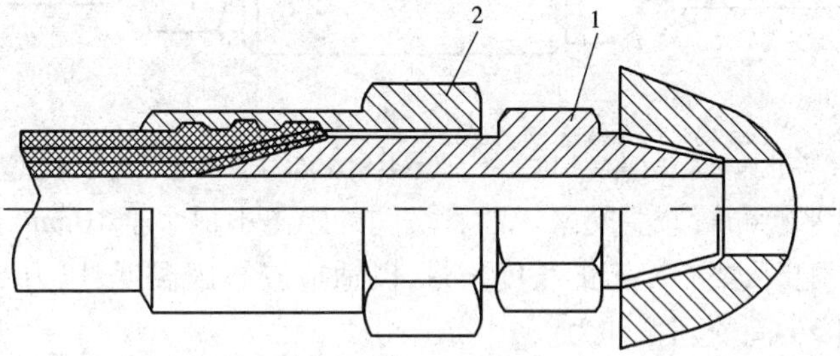

图4-14　扣压式交管接头

1-接头芯；2-接头外套

5）可拆式胶管接头

可拆式胶管接头如图4-15所示，装配时先剥去胶管上的一段外胶，露出第一层钢丝，将外套装在胶管上，再拧入接头芯1。接头芯为锥形，利用接头芯的胀量和接头外套上的带锯齿形倒内锥面把胶管夹紧。

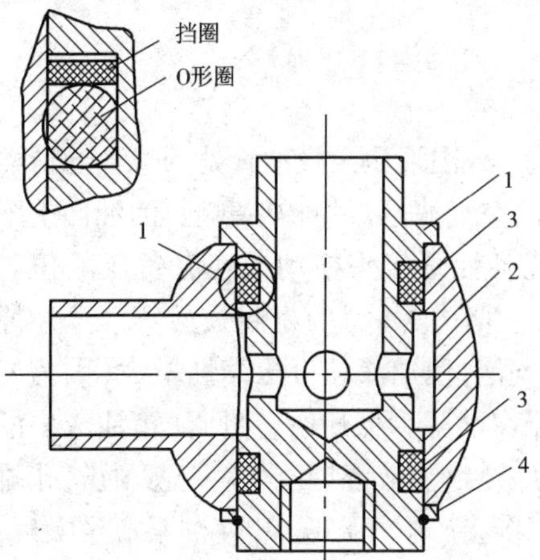

图4-15　可拆式胶管接头

1-接头芯；2-接头体；3-密封件；4-弹簧卡簧

6）快速接头

快速接头是一种不需要使用工具，又能迅速拆装的接头。它适用于经常装拆的管路。图4-16所示为两端开闭式快速接头。接头体的内腔各有一个止回阀，当两个接头体连接时，止回阀前端的顶杆相碰，迫使阀芯压缩弹簧后退，使油路接通。此时两个接头体的结合是利用接头体2上的6个（或8个）钢球4压落在接头体6的V形槽内实现的。当需要断开油路时，只需将外套5左推同时拉出接头体，于是钢球退出V形槽，接头体内的止回阀阀芯在弹簧推动下压紧在接头体的锥形孔上关闭两端油路，油液不会外漏。

3. 油管装配注意事项

油管的装配质量直接影响液压系统的工作。若装配不符合规范，不仅使压力损失增加，还可能引起系统振动、噪声。不合理的装配会给维护和检修带来困难。油管装配应注意以下几点：

①管路应尽量短、布管应整齐，转弯少，并保证油管有必要的胀缩余地。规定钢管的弯曲

半径应大于其直径的3倍,弯曲后管径的椭圆度不得大于10%,弯曲部分的内、外侧应过渡平整圆滑。油管悬伸太长时应有支架。铰接式接头应布置在装拆方便的位置上。

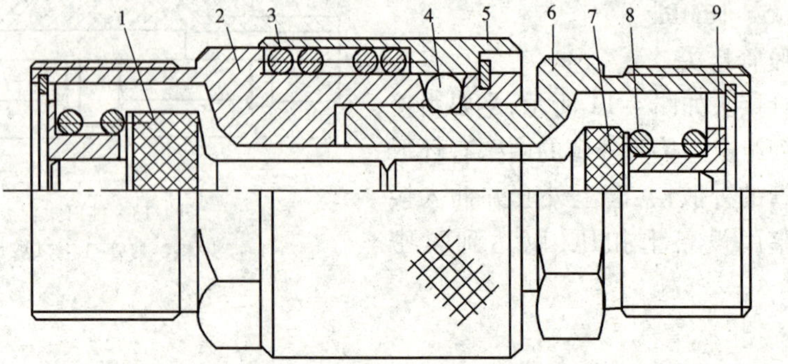

图4-16　快速接头

1、7-止回阀芯;2-外接头体;3、8-弹簧;4-钢球;5-外套;6-内接头体;9-弹簧座

②管路应尽量平行布置减少交叉。油管之间的距离不得小于10mm,以防接触引起振动。

③胶管直线装配时,要有一定的长度余量,以适应胶管因温度、压力变化或振动引起的胀缩,避免胶管和管接头间受到拉伸力。

④胶管装配时或系统工作时均不允许有扭曲现象。弯曲半径不应小于管外径的9倍,弯曲处距管接头的距离至少是管外径的6倍。

⑤胶管不能靠近热源,无法避开时应装设隔热板。

三、液压泵噪声检修任务实施

(一)油箱的检修

1. 油箱引起噪声的原因分析

如果液压油箱中油面过低,使吸油管未埋入油面以下,或因液压泵吸油管处的进油滤清器被污物堵塞,均能引起吸油不畅,形成局部真空;油箱盖的空气滤网被污物堵塞后,因油面上下波动使油箱产生负压而造成液压泵吸入不良;液压系统各油管接头松动或在有负压的位置(如油缸两端活塞杆处、泵轴油封处、阀调节手柄及阀工艺堵头等处)的密封失效等。上述原因均可使液压系统中吸入空气,造成液压油中含有大量气泡,使油液的可压缩性增大(因为气体的可压缩性在常态下比油品约大万倍),当油液从高压突然降为低压时,流回油箱油液中的气泡在油箱内将急剧膨胀,使油箱内压力高于大气压力,导致油液混同空气一起从通气孔排出,即出现喷油。此类喷油如果不及时排除,液压系统中将会产生气穴现象,使油泵产生噪声,并增大液压泵的吸入阻力,使排油量降低;液压泵、马达和阀等的金属表面被腐蚀;液压动力元件、随动阀等动作不灵及促使液压油变质恶化等。

2. 油箱引起噪声的排除方法

对工程机械要制定严格的维修制度,定期对液压系统进行维护,及时添加液压油至规定高度,并做到按时清洗各滤清器滤网,拧紧松动了的管接头,更换失效的密封件等,以保证系统中的油畅通。每当排除完机械故障、加足液压油后,要反复多次进行下列操作:等液压油箱静止后,再让液压泵转动一段时间,直至液压油箱中的气泡全部消除方可投入作业。

对于因液压系统工作,液压泵同变矩器、变速器系统的变速泵串油而引起液压油箱喷油故障，可通过检查变速器油底壳中的油位来确定，若油位降低了，则表明工作液压泵轴端油封损坏，应拆下工作液压泵，更换轴端油封，并更换液压系统中的液压油。

（二）滤油器的故障检修

滤油器的故障主要表现在滤芯的变形、滤油器脱焊、滤油器掉粒等，这些故障均可能引起液压泵振动和噪声，下面将分别对这三种故障进行排除。

1. 滤芯的变形

油液的压力作用在滤油器的滤芯上，如果滤芯本身的强度不够，并且在工作中被严重的阻塞（通流能力减小），阻力急剧上升，就会造成滤芯变形，严重的时候会被破坏。这种故障的产生，大多数发生在网状滤油器、腐蚀板网滤油器和粉末烧结滤油器上，特别是单层金属滤网，在压力超过10MPa时，便容易冲坏，即使滤芯有刚度足够的骨架支撑，由于金属网和板网的壁薄，同样会使滤芯变形，造成弯曲凹陷、冲破等故障，严重时连同骨架一起损坏。因此选择与设计滤油器时，要使油液从滤芯的侧面或从切线方向进入，避免从正面直接冲击滤芯。

2. 滤油器脱焊

液压系统中，安装在高压柱塞泵进口处的金属网和铜骨架脱离，其原因是锡铅焊料熔点为183℃，而元件进口温度已达117℃，环境温度高达130～150℃，焊接强度大大降低，加上高压油的冲击，造成脱焊。解决方法是将锡铅焊料改成银焊料或银镉焊料，它们的熔点分别是300～305℃与235℃，经长期使用试验，效果良好。

3. 滤油器掉粒

多数发生在金属粉末烧结滤油器中。在额定压力21MPa试验时，液压阀的阻尼孔和节流孔堵塞，经检查发现，均是青铜粉末微粒，这纯属滤油器掉粒所致。解决方法是对金属粉末烧结滤油器在装机前要进行试验，以避免阻尼孔与节流孔堵塞。

（三）液压泵与联轴器不同心故障检修

液压泵和电动机安装不同轴，会使主轴受到的径向力增大，容易造成液压泵的噪声。所以，应及时检查泵的联轴器同轴度，来消除噪声。

1. 同轴度的基本知识

相连设备的轴心线的延长线在一条直线上叫同轴，但设备在安装使用中很难做到这一点，势必会产生一些偏差。所以根据这一情况，制定了一些允许相连设备的轴心线不在一条直线上的偏差范围，这个偏差范围就称为同轴度。既然允许有偏差，相连设备轴心线的延长线可能出现以下3种情况：①两轴线发生平行位；②两轴线的延长线相交；③二者同时存在。第3种情况占绝对多数。这些轴线的偏差都反映在联轴器上，叫做联轴器的径向位移及端面倾斜。二者合称为联轴器的同轴度。

2. 标准要求

联轴器同轴度的标准要求因行业性质不同而存在差异，一般认为，液压泵传动轴与电动机驱动轴同轴度偏差小于0.1mm。

3. 同轴度检查的方法

①直尺及塞尺检查法。图4-17为同一相连联轴器同轴度的两种表现形式的检查方法，该操作不需转动联轴器，按图a）中示意，在垂直及水平方向（即十字方向）的4个点上分别测出径向位移及端面倾斜的偏差。把测得的值进行整理，看是否符合要求，如不符合，则对其中一

台设备(一般对从动机)进行调整,依次反复调整,直至符合要求。

②百分表检查法。百分表的固定如图4-18所示。

方法一:将百分表卡在易转动的一类联轴器上,并使其转动;另一类联轴器则静止不动。

方法二:将两半联轴器连在一起,同时转动,并始终指在另一联轴器的一个点上,这种检查法也称一点检查法。

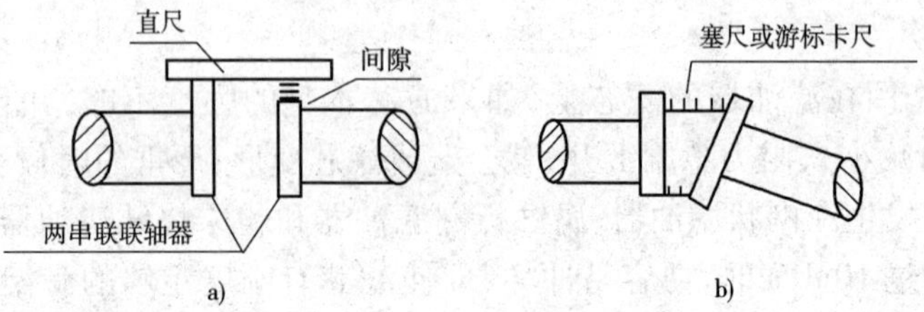

图4-17　直尺与塞尺检验法

a)径向位移的检查;b)端面倾斜的检查

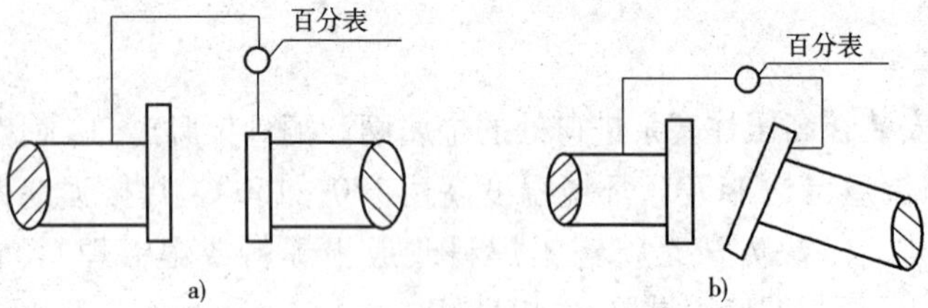

图4-18　百分表检查法

a)径向位移的检查;b)端面倾斜的检查

用百分表检查法与直尺检查法同样需测出相连联轴器十字方向上的径向位移与端面倾斜,但这种方法精确度高,读数直观,适用于对同轴度要求较高的设备。用百分表检查的两种方法,后者优于前者,因为它能克服联轴器制作安装等引起的误差。故建议有条件的情况下使用后者。

4.注意事项

①每次检查前,相连设备的地脚螺栓应足力矩紧固。

②设备地脚与机座(或基础)接触应良好。

③每次检查测得数字应鉴别真伪,伪者应查出原因,及时予以纠正。

④用百分表检查时,设备转动应稳,且循环的转动方向一致,以防引起轴向窜动。

单元2　液压缸振动和噪声检修

一、液压缸振动和噪声的原因分析

液压缸振动和噪声主要是由于液压缸缓冲效果不好所形成,常表现为缓冲作用过度、缓冲作用失效和缓冲过程中产生爬行等情况。缓冲作用过度是指活塞进入缓冲行程到活塞停止运动的时间间隔太短和进入缓冲行程的瞬间活塞受到缓冲效果,活塞不减速,给缸底以很大的撞击力。缓冲过程中的爬行是指活塞进入缓冲行程后,运动产生跳跃式的时停时走运动状态。

二、振动和噪声故障处理方法

(一)缓冲作用过度和失效的原因及排除

①作用过度。

②缓冲调节阀节流过量。

以上故障的排除方法:调大节流口。

③缓冲柱塞在缓冲孔中偏斜、拉伤,有咬死现象或配合间隙有夹杂物。

排除方法:提高缓冲柱塞和缓冲孔的制造精度以及活塞与缸盖的安装精度;缓冲柱塞与缓冲孔配合间隙要适当。

(二)缓冲作用失效

①缓冲阀、节流阀调整不灵。

排除方法:重新研磨阀座,保证调节阀的锥阀部分与阀座的配合;节流孔的加工要保证垂直度和同轴度。

②缓冲柱塞和缓冲孔间隙太大。

排除方法:配合间隙控制在规定范围内。

③缓冲腔容积过小,引起缓冲腔压力过大。

排除方法:加大缓冲腔直径和长度。

④缓冲装置的止回阀在回油路时堵不住。

排除方法:排除止回阀故障。

(三)缓冲过程爬行

缓冲柱塞与缓冲孔发生干涉,引起运动别劲而爬行,而且液压缸运行时发出不正常的响声。产生的原因及排除方法如下。

①空气混入液压缸

空气混入液压缸引起液压缸运行不稳定,造成缸内油液中气泡挤裂声。

排除方法:液压缸端头设置排气装置,排除缸内空气。

②相对滑动面配合过紧

如活塞与缸筒配合过紧,或有研伤、拉痕,除发出不正常响声外,甚至会使液压缸运动困难。

排除方法:滑动配合面采用 H8/F8 配合,缸筒内圆表面粗糙度为 $Ra0.4 \sim 0.2$um。

③密封面摩擦过大,滑动面缺少润滑油,引起相对滑动时产生摩擦声。

排除方法:

a)正确设计和制造密封槽底径、宽度和密封件压缩量。

b)对有唇边的密封圈,若刮油压力过大,把润滑油膜破坏了,可用砂纸轻轻打磨唇边,使唇边变软一些。

④发出“嘭嘭”声。往往是活塞上的尼龙导向支撑环与缸壁间的间隙太小或支撑环变形过量引起的。

排除方法:整修导向支撑环或变换导向支撑环。

学习任务五　液压工作台不回转故障检修

学习目标

1. 能够解释液压工作台不回转故障产生的原因；
2. 能够对液压回转马达不动作故障进行检修；
3. 能够对溢流阀进行压力调定；
4. 能够对顺序阀进行检修。

任务描述

对工程机械液压工作台不回转故障进行检修，对相关部件进行拆卸、清洗、装配、调定作业，在拆装过程中符合国家或行业相关工艺标准。

学习引导

液压马达、液压溢流阀、液压顺序阀的基本知识→拆卸→装复→调试

单元1　液压马达故障检修

一、液压马达的故障概述

(一)液压马达的基本概念

如图5-1所示为液压马达的实物图，液压马达是将液体的压力能转换成旋转运动机械能的转换元件。液压马达能起到与电动机相类似的作用，所不同的是，在液压系统中，它使系统输入的压力油产生转矩，实现连续旋转运动，驱动工作机构作功。所以，液压马达在液压系统中，又属于液压执行元件。

图5-1　液压马达

液压马达与液压泵相同之处在于，二者均为能量转换元件。从原理上讲，在一定条件下，液压马达与液压泵具有可逆性。所以，同一种结构形式的液压马达和液压泵从结构上基本是相同的。

由于液压马达和液压泵性能要求及工作条件不同，二者之间仍有许多不同的地方，主要体现在以下几个方面：

①功用完全不同。液压泵是将输入的机械能(转矩和转速)转换为液压能(压力和流量)的转换元件，它是向液压系统提供具有一定压力和流量工作液体的动力油源；液压马达

是将液压泵所提供的液压能(压力和流量)转换成旋转运动的机械能(转矩和转速)的转换元件,它是液压系统个一种执行元件。可见,液压马达与液压泵相比在功能和作用上是有本质区别的。

②转向要求不同。对液压马达来说,必须能实现正、反转的双向运转。因此,要求液压马达的结构必须对称;液压泵通常可单方向旋转,故在结构上不一定有对称要求。

③自吸性能的要求不同。由于液压泵是吸入低压液体,排出高压液体,故必须具有良好的吸油性能(当然要防止因吸油腔压力过低而产生气穴现象);液压马达输入的是高压液体,故不必具备自吸能力。

④初始密封性能要求不同。由于液压马达首先输入高压液体、后产生转矩,因此为提供必要的起动转矩,保证液压马达正常运转,要求液压马达在起动之前必须具有良好的密封性能,即具有良好的初始密封条件;由于液压泵属于先输入转矩,后吸、排油,尽管液压泵起动前密封性能差些,液压泵起动后密封性能马上会得到补偿。因此,对液压泵的初始密封性能可不做要求。

⑤转速要求不同。液压马达为液压系统中的执行元件,所以要求它能在较大转速范围内转速可进行调节,并要求在较低转速时不产生爬行现象;液压泵通常是在电动机带动下,高速稳定(转速不变)运转。

(二)液压马达的基本参数及其计算

液压马达的基本参数有压力、排量、流量、转矩、效率、转速和功率等。

1. 压力

液压马达的压力主要包括入口压力(工作压力),记为 p_m;出口压力(回油压力或称背压),记为 p'_m,压力差(指入口与出口的压力差),记为 Δp_m($\Delta p_m = p_m - p_{m'}$)。压力的单位沿用 Pa(帕斯卡)。

2. 排量

液压马达的排量定义与泵相似,即在不考虑泄漏情况下,推动马达输出轴转一转所需的供油体积(马达进液腔或回液腔容积变化量),记为 q_m。它只取决于马达的结构原理和几何尺寸,而与载荷工况无关。排量的常用单位为 m^3/r,L/r 等。

3. 流量

液压马达的平均流量是指推动马达输出轴旋转作功,在单位时间内所需要供油的体积,单位为 m^3/r,L/r 等。

液压马达的平均流量亦包括理论流量、泄漏流量和实际流量三种形式。液压马达的理论流量是指在没有泄漏情况下的平均流量,通常记为 q_m。液压马达泄漏流量是指在压力差 Δp_m 作用下,经各缝隙泄漏的量,与压力差成正比。

液压马达的实际流量是指在考虑马达泄漏的实际工作情况下,所需实际输入的平均流量。

4. 平均转矩

液压马达平均输出转矩包括理论转矩 Mt,摩擦损失转矩 ΔM 和实际转矩 M,转矩的单位为 N · m。

所谓理论转矩是指在不考虑马达摩擦损失情况下的平均输出转矩。若假设液压马达回油背压为零,则输入的压力油推动马达输出轴转一转所作的功为:

$$A_{\lambda} = p_m \cdot q_m \tag{5-1}$$

式中：p_m——马达输入液体的压力；

q_m——马达的排量。

液压马达输出轴转一转输出的功为

$$A_{出} = M_m 2\pi \tag{5-2}$$

根据输入功与输出功相等的原则得

$$M_m = \frac{1}{2\pi} p_m q_m \tag{5-3}$$

考虑到液压马达回油不为零的情况，上式可写为：

$$M_{mt} = \frac{1}{2\pi} \Delta p_m \cdot q_m \tag{5-4}$$

式中：Δp_m——马达进、出油口的压力差；

M_{mt}——马达的理论转矩。

摩擦损失转矩 ΔM 主要是指液压马达在工作中，因机械摩擦和剪切流动摩擦所消耗的转矩。摩擦损失转矩的经验公式为

$$\Delta M_m \approx q_m (C_d \mu \omega_M + C_f \Delta p_m) \tag{5-5}$$

式中：q_m——马达的排量；

C_d——马达剪切流动摩擦损失转矩系数；

μ——液体动力黏度；

ω_M——马达角速度；

C_f——马达机械摩擦损失转矩系数；

Δp_m——马达进、出油口的压力差。

液压马达的实际转矩是指在考虑马达摩擦损失实际工作情况下的平均输出转矩。很明显，液压马达的实际转矩为：

$$M_m = M_{mt} - \Delta M_m \tag{5-6}$$

（三）液压马达的结构

1. 高速液压马达

高速液压马达的结构与同类型的液压泵基本相同。但作为马达工作有特殊要求，马达和泵在结构环节上存在一些差别。下面介绍几种常用的高速液压马达的结构。

1）齿轮马达的结构

图 5-2 所示为 CM—F 型齿轮马达。CM—F 型马达是固定间隙的外啮合齿轮马达。它的两个侧板内表面烧结一层磷青铜，侧板只增加耐磨性，没有端面间隙补偿作用。采用固定间隙的优点是可以减小摩擦力矩，改善起动性能；缺点是容积效率较低。

图 5-3 所示为轴向间隙可自动补偿的齿轮马达的结构。在轴套 9、10 的外端对称地布置着 4 个密封圈 1、2、3、4，中心密封圈 1 紧紧地包围着两个轴承孔，形成一个中间收缩的 8 字形区域 A_1，该区域通过两个轴承与泄漏油孔 14 相通，其内压力与泄漏油腔的压力相等。

侧边密封圈 2 和 3 对称地布置在密封圈 1 的两侧（密封圈 2 和 3 各有一段长度直接与密封圈 1 接触），分别形成菱形区域 A_2 和 A_3，A_2 经通道 5 与进油腔 6 相通，A_3 经通道 8 与回油腔 7 相通。外围密封圈也布置成菱形，包围着密封圈 1、2 和 3（密封圈 4 上有两段长度分别与密封图 2 和 3 直接接触），这样在密封圈 4 的包围范围内又形成了两个区域 A_4 和 A_5，由于渗漏和串油，A_4 和 A_5 内的压力很接近于高压腔的压力。

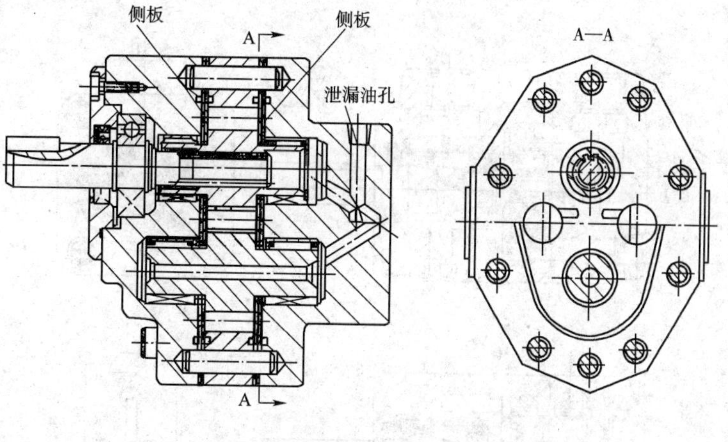

图 5-2　CM—F 型齿轮马达的结构

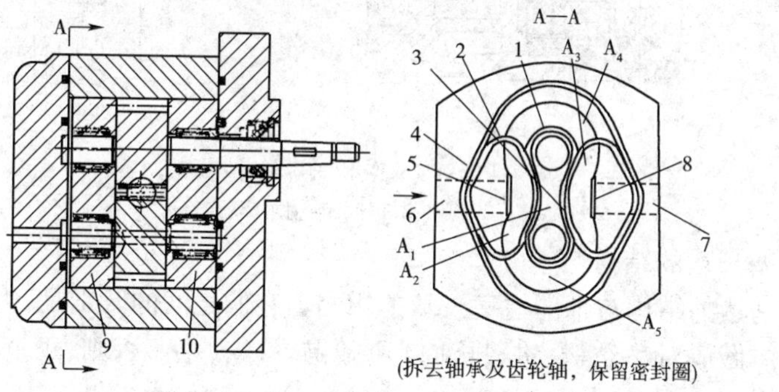

图 5-3　轴向间隙可自动补偿的齿轮马达

1、2、3、4-中心密封圈；5、8-通道；6、7-进油腔；9、10-轴套

液压马达正转时，A_1 内的压力等于泄漏腔压力，A_2 内的压力等于高压腔压力，A_3 内的压力等于低压腔压力，A_4 和 A_5 内的压力是相等的，它们很接近于高压腔压力。

液压马达反向旋转时，由于高低压腔交换位置，此时 A_2 内的压力就等于低压腔压力，A_3 内的压力等于高压腔的压力，而 A_1 内的压力仍等于泄漏腔压力，A_4 和 A_5 基本接近于高压腔压力。所以轴套和齿轮总的压紧力和正转的相同。

这种齿轮马达的特点是：在起动的瞬间，A_4 和 A_5 内还没来得及建立起压力，所以此时轴套对齿轮的贴紧力很微弱，摩擦力矩很小，从而获得了较大的起动力矩；当起动后转入正常运行时，A_4 和 A_5 内已建立起油压，使轴套对齿轮的压紧力增大从而保证正常工作时有较高的容积效率。

2）叶片马达

双作用叶片马达的结构如图 5-4 所示。其特点为：

①转子两侧面开有环形槽，其间放置燕式弹簧 5，弹簧套在销子 4 上，并将叶片压向定子使两者紧密接触，防止起动时高低压腔互相串通，保证马达有足够的起动力矩输出。

②叶片沿转子体径向安置，进出油窗口做成一样大小，以适应马达正反转的要求。

③为使马达正、反转时，叶片底部总是通高压油，以保证叶片与定子紧密接触，在泵体上装了两个止回阀。止回阀由球阀 2 和阀座 1、3 组成，它们分别与马达的进、排油口连通。

目前我国生产的这种叶片马达，额定压力为 6MPa，输出转矩 72N · m，转速为 1000 ~ 2000r/min。

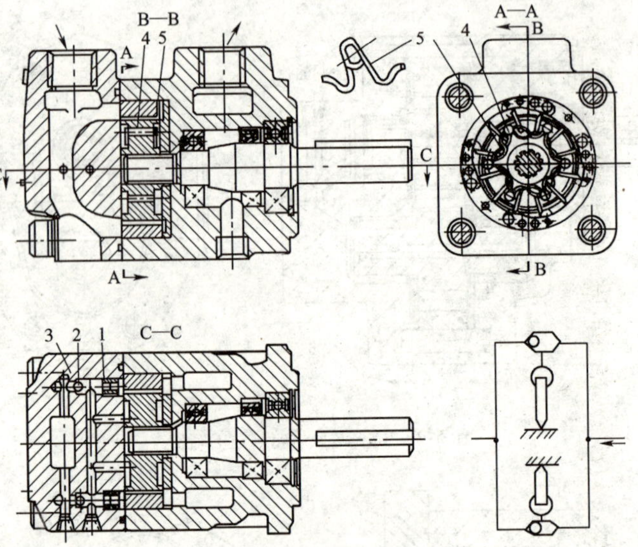

图 5-4　双作用叶片马达结构

1、3-阀座；2-球阀；4-销子；5-弹簧

3）轴向柱塞马达的结构

轴向柱塞马达的结构与轴向柱塞泵基本相同。它们之间的区别是：为适应正反转的需要，马达的配油盘应做成对称结构，进、排油口须做得一样大小。否则，正、反转时性能会有明显不同。

图 5-5 所示为轴向柱塞液压马达的结构。它和轴向柱塞泵类似，也是由缸体、柱塞、配油盘、倾斜盘、传动轴等主要零件组成。为了保证缸体和配油盘相对运动表面之间的密封性，应该使配油盘表面不受颠覆力矩，以减少磨损。为此将转子分成两段，左半段称鼓轮 4，右半段就是缸体 7。鼓轮 4 上有可以轴向滑动的推杆 10，推杆在柱塞的作用下，顶在倾斜盘上，获得转矩，并通过键带动轴转动。缸体 7 是空套在传动轴上并由鼓轮上的传动销拨动它与轴一起转动，由于转子缸体本身不传递转矩，倾斜盘对推杆的反作用力所造成的颠覆力矩不会作用在缸体和配油盘的配油表面上。此外，缸体 7 和柱塞 9 只受轴向力，因此使配油盘表面以及柱塞和柱塞孔的磨损都较均匀，由于缸体与轴之间的配合面很窄，因此缸体具有自位作用（浮动），缸体在 3 个弹簧 5 和柱塞孔底部液压力的作用下，能很好地与配油盘表面贴合，既保证了密封性能又能自动补偿磨损。倾斜盘由推力轴承支撑，目的是为了减少推杆端部与倾斜盘端面的

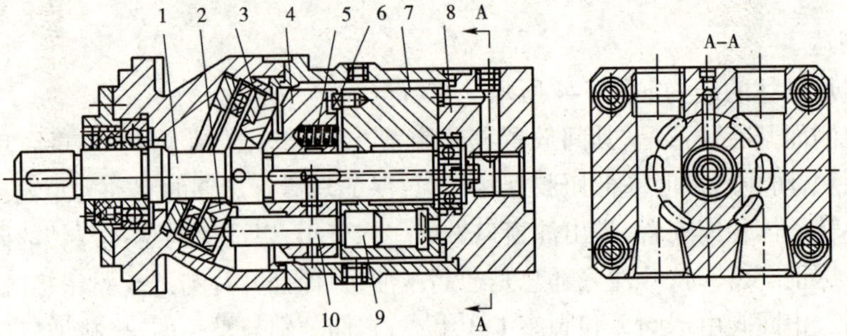

图 5-5　轴向柱塞马达结构

1-传动轴；2-斜盘；3-轴承；4-鼓轮；5-弹簧；6-螺钉；7-缸体；8-配油盘；9-柱塞；10-推杆

磨损和提高液压马达的机械效率。因为该液压马达倾斜角是固定不变的,它的排量不可调节,属于定量液压马达,它的转速只能通过改变输入流量的大小来调节。

如图5-6所示为滑靴型斜盘式轴向柱塞马达。这种马达的额定压力可达32MPa。

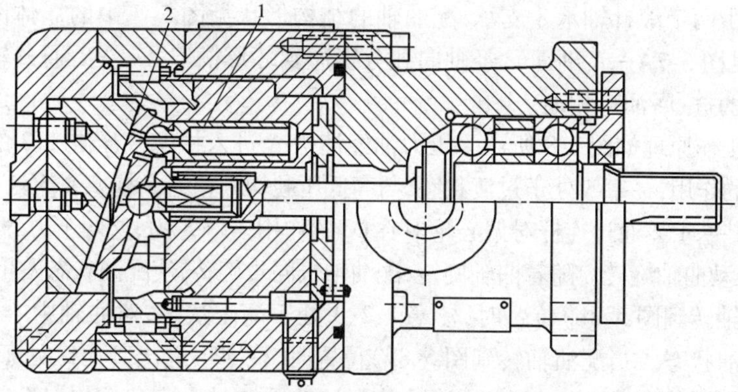

图5-6　滑靴型斜盘式轴向柱塞马达

1-柱塞;2-滑靴

2. 低速液压马达

低速液压马达近十几年得到很大发展,其主要特点是排量大,传递的转矩也大,最低稳定转速低,可在低转速下输出较大的功率。目前低速液压马达的品种、类型很多,下面介绍两种常用的低速马达:曲轴连杆马达和内曲线马达。

1)曲轴连杆马达

曲轴连杆马达在国内外应用较早,其典型结构如我国生产的JMD型马达。这种液压马达的额定压力为16MPa,最高压力22MPa,转速范围0~400r/min,排量0.201~6.140L/r。

JMD型曲轴连杆马达的结构如图5-7所示。壳体1内沿四周均匀布置了5个液压缸,形成星形壳体。连杆2与柱塞3以球头铰接,并用卡环10锁紧。连杆2大端做成鞍形圆柱面,

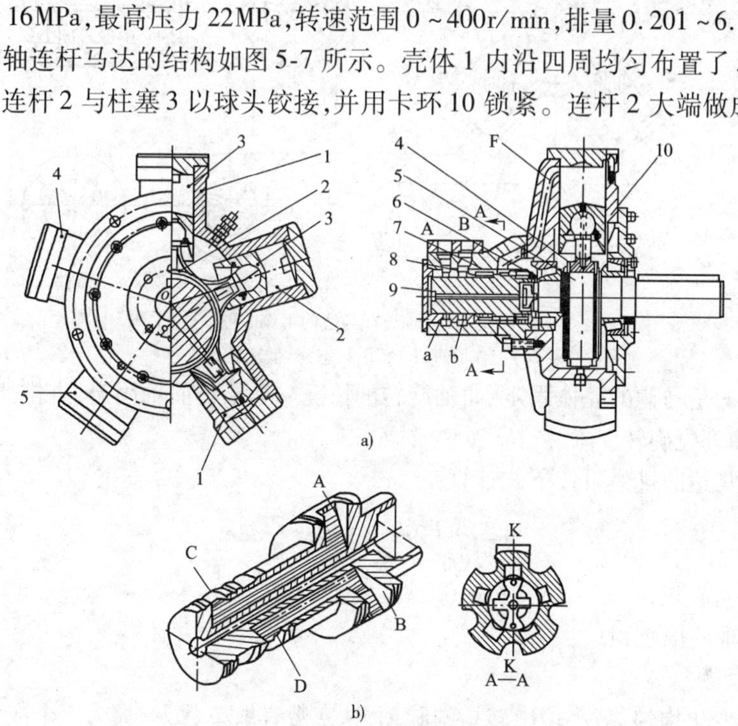

图5-7　曲轴连杆马达结构

1-壳体;2-连杆;3-柱塞;4-挡圈;5-曲轴;6-轴承;7-配油轴;8-滚针轴承;9-十字联轴器;10-卡环

紧贴在曲轴5的偏心圆上,并用两个挡圈4夹持住。曲轴5支持在两个滚珠轴承6上,其一端外伸,即为输出轴,另一端通过十字联轴器9与配油轴7连接,使配油轴7和偏心轴5一起转动。柱塞上有两条密封环,保证密封良好,从而提高容积效率,降低加工精度要求。

配油轴7由两个滚针轴承8支承,配油轴的结构形状见图5-7中的立体图。轴上开有两条油槽A、B(见图5-7A—A剖面),经轴向孔分别通到环形槽D、C,然后通过轴套上的径向孔与马达壳体上的进、回油口相通。

该马达的工作原理如图5-8所示。压力油经油槽A进入柱塞液压缸1、2的顶部,柱塞1、2便受到高压油的作用,柱塞3处于过渡状态,与高低压腔均不相通。柱塞4、5处于排油状态。受高压油作用的柱塞1、2通过连杆对偏心轮中心O_1各作用一个F力,这两个力分别对曲轴旋转中心产生转矩,推动曲轴旋转。随着曲轴旋转,配油轴也同步旋转,使配油状态发生变化。

例如配油轴转到图5-8b)位置时,柱塞1、2、3处于高压状态,对曲轴中心O产生转矩,柱塞4、5处于排油状态。当配油轴转到图5-8c)位置时,柱塞1退出高压区处于过渡状态,只有柱塞2、3处于高压状态,柱塞4、5仍排油。若配油轴再转过一定角度,柱塞4进入高压区,柱塞1退入回油区,又形成3个柱塞处于高压状态,如此循环反复,推动曲轴连续转动。在曲轴旋转过程中,位于高压侧液压缸的容积逐渐增大,位于低压侧液压缸的容积逐渐减小,因此工作时,高压油不断进入液压马达然后由低压腔不断排出。若将进、出油口交换,马达就反转。

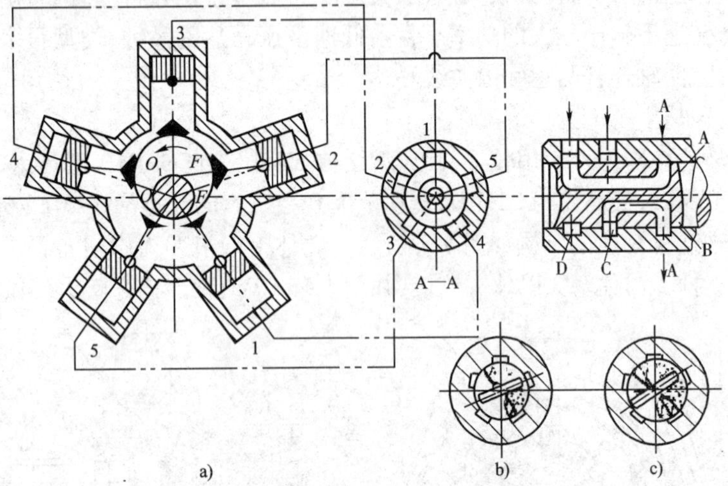

图5-8　曲轴连杆马达的工作原理

a)工作原理;b)高压状态;c)低压状态

以上讨论的是马达的壳体固定、曲轴旋转的情况。如果将曲轴固定,进排油直接接通到配油轴中,就能使外壳旋转。

曲轴连杆马达的排量可按下式计算:

$$q=\frac{\pi}{4}d^2 2ez=\frac{\pi}{2}d^2 ez\ \frac{\pi}{2}d2ez \qquad (5\text{-}7)$$

式中:d——柱塞直径;

e——曲轴的偏心距;

z——柱塞数。

为使排量变化均匀,减小输出转矩的脉动,柱塞数宜取单数,一般为5个或7个柱塞。

增大柱塞直径可增加马达排量,从而使马达输出大转矩。改变曲轴的偏心距,可改变马达的排量以适应工作机械不同工况的要求。曲轴连杆马达的特点是:结构比较简单,柱塞所受侧向力小，工作可靠，是应用较多的一种低速马达。其缺点是连杆底都与偏心轮之间磨损严重，配油轴与壳体间隙较大，因而泄漏较大。滚针轴承承受较大的径向力，成为容易磨损破坏的薄弱环节。油道的铸造和清砂比较困难；球面加工工艺复杂，需要专用的工艺设备。

2）内曲线马达

在低速液压马达中，多作用内曲线径向柱塞式液压马达（简称内曲线马达）是一种比较主要的形式。它具有尺寸小、重量轻、起动效率高、最低稳定转速低（一般均在1r/min），个别可达0.5r/min等特点，因而近年来发展很快。

内曲线马达的结构形式很多。就使用方式而言，有轴转、壳转和直接装在车轮轮壳中的壳转车轮马达等形式。从内部结构看，根据不同的传力方式，柱塞部件有很多种结构形式。但它们的主要工作过程是相同的。

（1）工作原理

如图5-9所示。不论何种形式的内曲线马达，都是由定子、转子、配油轴与柱塞组件等主要部件组成。定子1也叫凸轮环，其内壁由若干段均布的、形状完全相同的曲面组成。每一相同形状的曲面又可分成对称的两边。其中一边允许柱塞组件外伸，为工作段；另一边使柱塞组件缩回，为回油段，两段曲面用圆弧面光滑连接。

马达每转一圈，每个柱塞往复运动的次数就等于定子曲面数x（图5-9中x等于6），x为液压马达的作用次数。

转子2沿径向开有2个均布的柱塞缸孔，每个缸孔的底部通过中心配油轴4的配油窗口与进、排油孔相通。配油轴4上的配油窗口的位置与定子曲面工作段、回油段的位置相对应，因此配油轴圆周上有$2x$个均布的配流窗口。

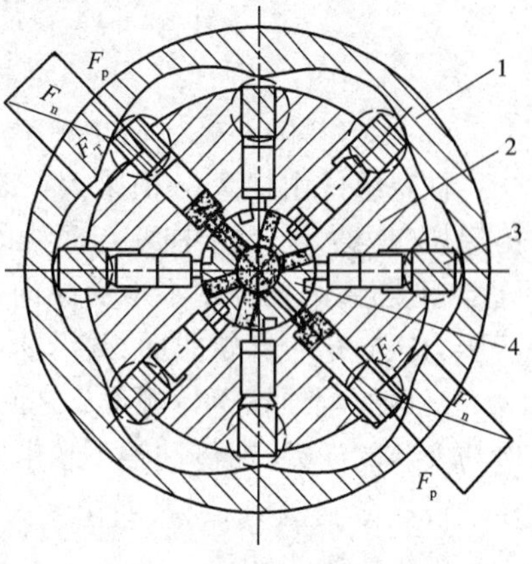

图5-9　内曲线马达的工作特点

1-定子；2-转子；3-柱塞组件；4-配油轴

高压油输入液压马达后进入配油轴的进油孔道，经配油窗口通入处于工作段的各柱塞孔中，柱塞组件底部受到高压油作用，使其顶部滚轮压向定子曲面，同时定子曲面对柱塞组件产生反作用力Fn，该力作用在定子曲线与滚轮接触处的公法面上。力Fn可分解为径向力Fp和圆周力F_T，Fp与柱塞底部的液压力相平衡，F_T力则克服负载力矩驱动转子2旋转。柱塞组件3随转子旋转的同时沿转子柱塞缸孔向外伸出，使高压油不断流入柱塞缸孔。由于定子和配油轴不旋转，当柱塞组件运动到定子曲面的回油段时，便向里退回，将油液通过配油轴排出。柱塞组件处在定子曲面工作段和回油段之间的圆弧过渡面时，柱塞缸孔与进油、排油通道切断，使高低压腔互不相通。所以，应保证内曲线马达在任何瞬间都有柱塞组件位于定子曲面的工作段，以保证转子连续旋转。若将马达进排油方向对调，马达将反向旋转。如果把转子体固定，使定子、配油轴旋转，就能构成壳转马达。

（2）典型结构

图5-10表示NJM型内曲线马达的结构。这是一种横梁传力轴转式液压马达。其结构简单，工作可靠，径向尺寸不太大。该系列马达的额定压力为25MPa，最高压力31.5MPa，转速范围0～100r/min，其机械效率低，约为90%。这是一种常用的内曲线马达。

该马达壳体由五片组成：两片具有相同形状曲面的定子导轨环8，中间壳体10，左右侧盖2和9。五片用螺栓联成一个整体。这种分片式结构的优点是：允许柱塞缸体5的直径适当加大，它可伸入到两片定子导轨环之间，这样，横梁7在运动时不伸出导向格外，从而增大了导向长度，使接触比压降低，减小磨损；另外，定子导轨环可采用优质合金钢，其他壳体则采用铸铁或一般钢材，提高了材料的利用率。分片式结构的缺点是加工和装配比较麻烦。

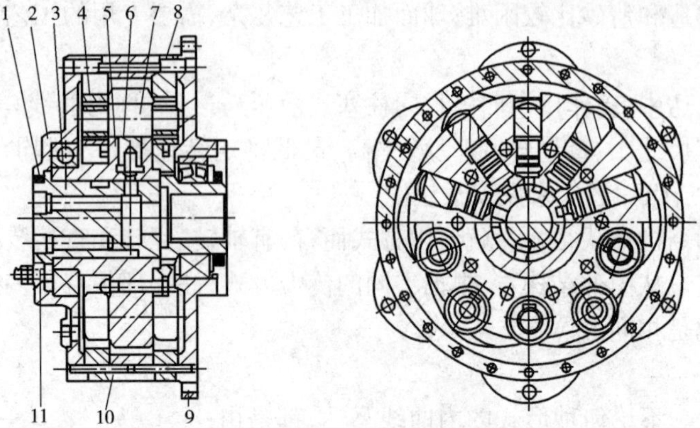

图 5-10　NJM 型内曲线马达结构

1-O 形圈；2、9-侧盖；3-配油轴；4-滚轮；5-缸体；6-柱塞；7-横梁；8-导轨环；10-中间壳体；11-微调机构

柱塞组件由柱塞 6、横梁 7 和滚轮 4（通常为滚针轴承）组成。其结构特点是利用横梁 7 来传递切向力 F_T。由于柱塞与横梁间无刚性连接，在液压力的作用下，柱塞顶端的球面与横梁底部相接触，因而柱塞不承受侧向力，使磨损状况大为改善。横梁 7 两端装有两个滚轮 4，由液压力压向定子导轨曲面，并沿曲面滚动。

马达的配油轴 3 与侧盖 2 之间配合间隙较大，用 O 形圈 1 密封。这种挠性连接可补偿制造与安装的误差，使传动轴不致卡死。为使配油轴 3 的配油窗口与定子曲面段相对应，配油轴左端设有微调机构 11，其右边为一偏心圆柱，插在配油轴的 U 形槽内，旋转微调螺钉，就能拨动配油轴作微小转动。

二、液压马达不转动检修任务实施

以 CLJM 型液压马达为例，说明液压马达的检修方法。

1. 液压马达的拆卸

1）拆卸前的准备

①旋开泄放螺塞，放尽马达里的余油。

②初次解体，为防止重装后旋向变化，需在输出轴端面和配油轴端面做上同方位记号。

2）解体程序

①拆去端盖，用干净螺钉旋入配油轴中心孔内，吊出该轴，并取出十字滑块。

②将输出轴端垂直向上，卸去本体盖。

③取出上连杆抱环，旋转偏心轴，使连杆逐个与下抱环及偏心轴脱离，并将连杆活塞组件推至各自油缸深处，只留下一只连杆与偏心轴暂不分离，

④将螺钉旋入偏心轴端螺孔内，吊出偏心轴。

⑤取出下抱环，依次在连杆大端上打上记号，逐一取出连杆、活塞组件，并将活塞与油缸对应做上记号，以便复装时仍能保证原装配间隙。

一般用户拆至此步即可检查修复，如有必要，可再进行分解活塞连杆组件：松开孔用弹性挡圈，取出轴承座，活塞和连杆即可分开。

2. 液压马达检修

①检查液压马达的进油口和出油口，看是否有堵塞的现象，如果有，则进行疏通。

②检查液压马达的输出轴是否折断,如果折断,则进行更换。

③检查液压马达的控制阀,是否出现有卡滞,如果有,则及时更换损坏件。

3. 液压马达的装配

1)准备工作

①装配的准备工作。主要是配备好洁净的场地、工具与器皿、器具。

②装配前,必须用煤油仔细地清洗所有的零件,不得使用易留下纤维丝、质或碎屑的清洗材料,对待装零件先行检验后放置齐整,严防划伤和碰伤任何工作表面。

2)装配工序(图5-11、图5-12)

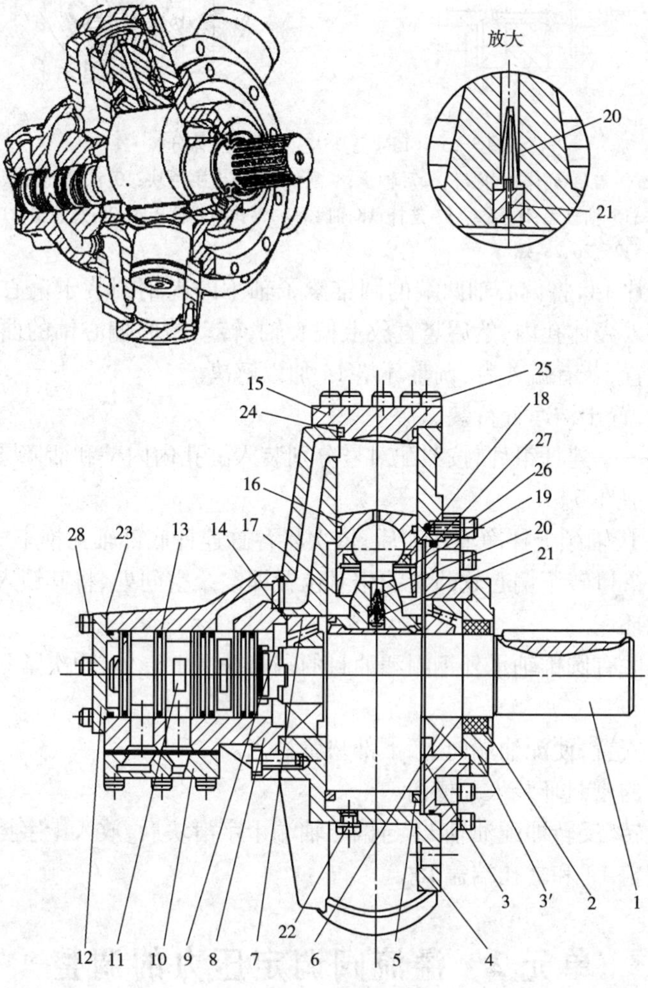

图5-11　CLJM型马达结构

1-曲轴;2-骨架油封;3-本体盖;4-壳体;5-抱环;6、7-轴承;8-配油体;9-十字滑块;10-法兰连接板;11-配油轴;12-端盖;13-密封环;14-调整环垫;15-油缸盖;16-活塞;17-连杆;18-轴承座;19-孔用弹性挡圈;20-过滤帽;21-节流器;22-泄油螺塞;23-调整垫;24、27-密封圈;25、26、28-螺钉

①将洗净的滤油帽20和节流器21置入连杆底部孔内,从球头部吹气应有通畅感。

②倒置活塞16,将连杆球头放入球窝,放入对开式轴承座18,再用孔用挡圈19在外锁牢。

③将活塞环依次装入活塞的环槽中。

④连接马达壳体4与配油阀体8后,将壳体的输出轴端朝上安置,下端用环形或块状物垫置稳定。

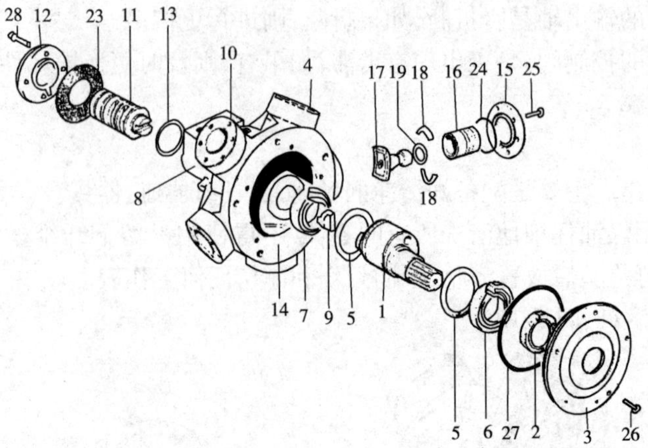

图 5-12　CLJM 型马达主要零件立体分解

1-曲轴;2-骨架油封;3-本体盖;4-壳体;5-抱环;6、7-轴承;8-配油体;9-十字滑块;10-法兰连接板;11-配油轴;12-端盖;13-密封环;14-调整环垫;15-油缸盖;16-活塞;17-连杆;18-轴承座;19-孔用弹性挡圈;20-过滤帽;21-节流器;22-泄油螺塞;23-调整垫;24、27-密封圈;25、26、28-螺钉

⑤放入调整垫片 14,将偏心轴两端的圆锥滚子轴承的内钢圈装于偏心轴颈上,将内端圆锥轴承的外钢圈推入壳体孔内,然后竖直放上偏心轴,转动检验偏心铀的曲轴颈,令其处于壳体各缸孔的中心位置,若有偏差者,调整环垫 14 加以解决。

⑥取出偏心轴,置于洁净处待装。

⑦将各缸活塞——连杆组件,按照配对号分别装入缸孔内内壁和活塞圆柱面。

⑧放入内部的抱环 5。

⑨放入偏心轴 1,轴颈上抹净液压油后,依次将各缸连杆底部轴瓦抱牢。

⑩将抱环 5 的搭口转至偏心软凸轮的相对位置即空余空间处、将其锁入。

⑪装上外部抱环 5。

⑫将孔内分别嵌有圆锥轴承外钢圈和油封的端盖 3 装上壳体,顺次紧固螺钉轴,应灵活无阻滞。

⑬将马达翻身安置,使配油端向上,下部垫置稳当。

⑭将配油轴上的密封环装入环槽内。

⑮注意马达正转、反转即配油轴 11 与偏心轴端十字滑块后,放入十字挡块和配油轴。

⑯安装配油端盖 12 和缸孔端盖 15。

单元 2　溢流阀调定压力的调整

一、溢流阀调定压力的基本知识

(一)压力检测的方法

1. 压力计的原理

图 5-13 为压力计的实物图,压力计可以观测液压系统中各工作点的压力,以便控制和调整系统压力。因此,压力参数的测量极为重要。压力计的品种规格甚多,液压中最常见的压力计是弹簧弯管式压力计(常称压力表),其结构原理如图 5-14 所示。弹簧弯管 1 是一根弯成 C

字形、其横截面呈扁圆形的空心金属管,它的封闭端通过传动机构与指针2相连,另一端与进油管接头相连。测量压力时,压力油进入弹簧管内腔,使管内产生弹性变形,导致它的封闭端向外扩张偏移,拉动杠杆4,使扇形齿轮5摆动,与其啮合的小齿轮6便带动指针偏转。即可从刻度盘3上读出压力值。

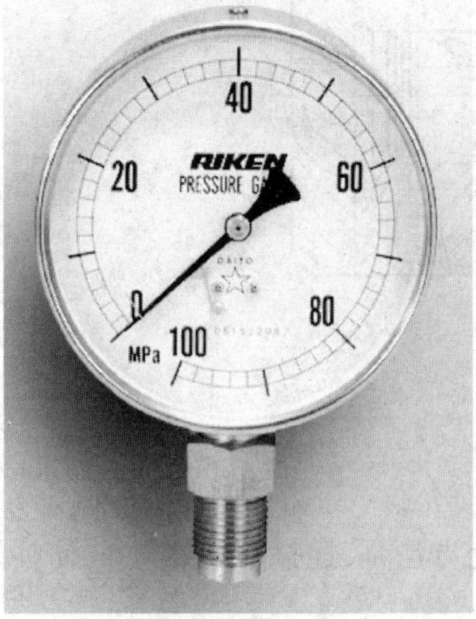

图5-13　压力计

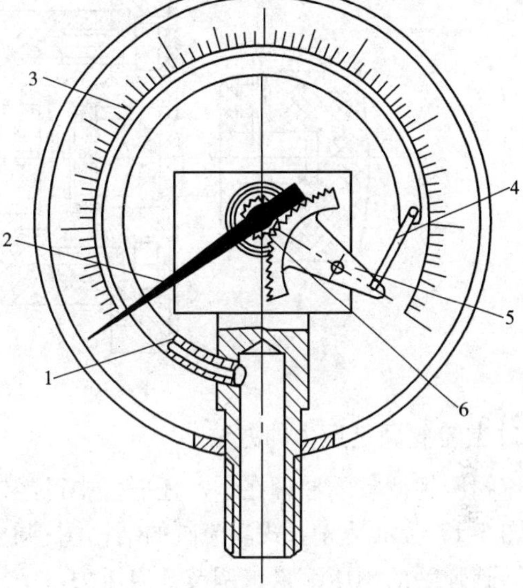

图5-14　弹簧弯管式压力计

1-弹簧弯管;2-指针;3-刻度表;4-杠杆;5-扇形齿轮;6-小齿轮

压力计的精度等级以其误差占量程的百分数表示,选用压力计时,系统最高压力约为其量程的3/4。

2.压力计开关

压力计开关用于切断或接通压力计和油路的通道。压力计开关的通道很小,有阻尼作用。测压时可减轻压力计的急剧跳动,防止压力计损坏。在无需测压时,用它切断油路,亦保护了压力计。压力计开关按其所能测量的测点数目分为一点和多点的若干种。多点压力计开关可使一个压力计分别和几个被测油路相接通,以测量几部分油路的压力。

图5-15为板式连接的压力计开关结构原理图。图示位置是非测量位置。此时压力计与油箱接通。若将手柄推进去,使阀芯的沟槽S将测量点与压力计接通,并将压力连接油箱的通道隔断,便可测出一个点的压力。若将手柄转到另一位置,便可测出另一点的压力。

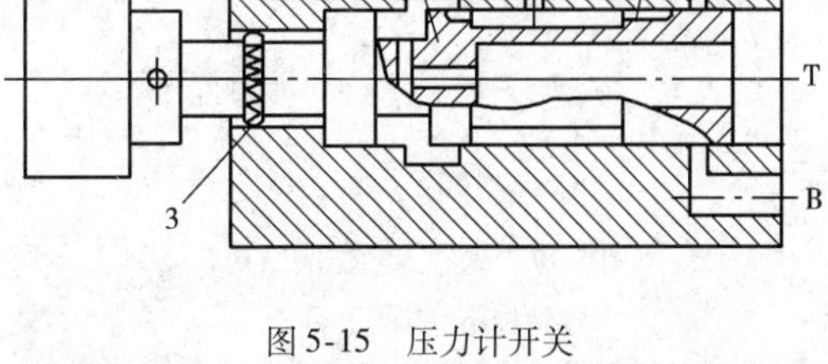

图5-15　压力计开关

1-阀体;2-阀芯;3-定位钢球;M-压力计接口;S-沟槽

3. 压力表的使用方法

如图 5-16 所示为压力表的使用方法,可将压力表接入如图所示的位置,然后进行读取即可。

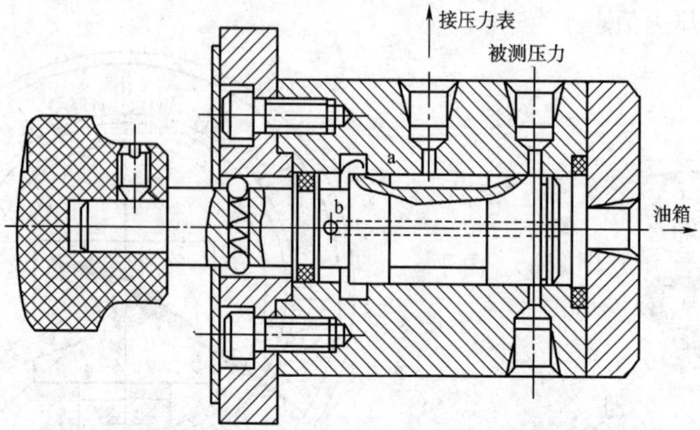

图 5-16　压力表测试点

(二)溢流阀调定压力的方法

溢流阀压力调整的原理在学习任务一中已经学过,下面介绍一下溢流阀压力的调定方法。

如图 5-17 所示是先导式溢流阀的结构图,调整压力的方法是,通过转动螺母 1,使柱塞 2 改变先导阀弹簧的预压缩量来调节开启压力。

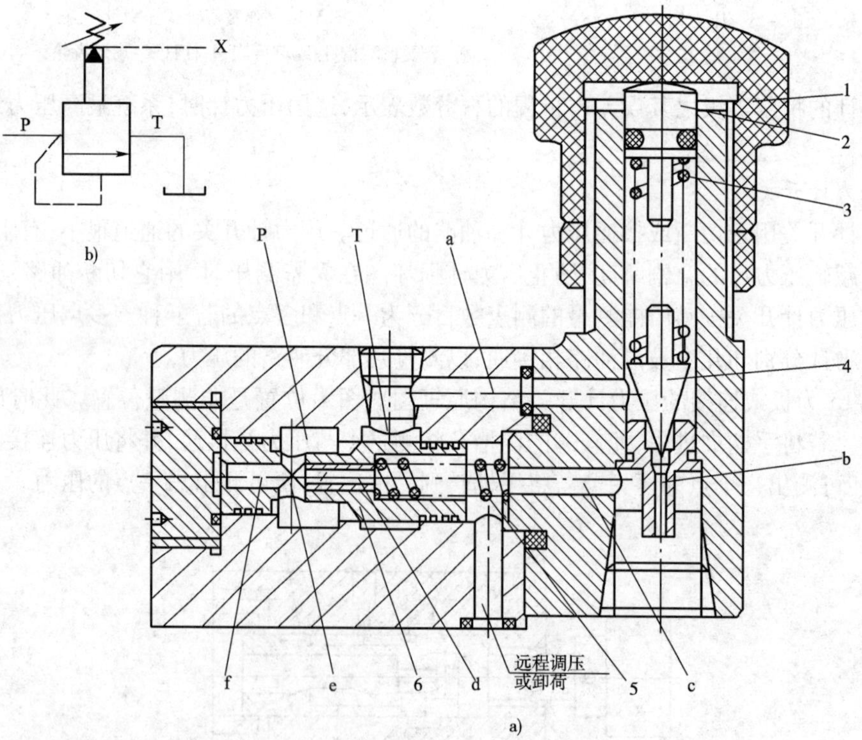

图 5-17　先导式溢流阀结构

a)结构图;b)图形符号

1-转动螺母;2-柱塞;3-弹簧;4-阀芯;5-弹簧;6-阀套

a、b、d、e-油孔;c-阻尼孔;f-轴向孔;P-进油腔;T-回油腔;X-远程调压口

（三）溢流阀调压失灵的故障现象及修理

1. 旋转手轮，压力达不到额定值

系统压力达不到额定值的主要原因是：由于调压弹簧变形、断裂或弹力太弱，选用错误，调压弹簧行程不够，先导锥阀密封不良，泄漏严重，远程遥控口泄漏，主阀芯与阀座（锥阀式）或与阀体孔（滑锥式）密封不良，泄漏严重等。采取更换、研配等方法即可进行修复。

2. 系统上压后，立刻失压，旋动手轮再也不能调节起压

该故障多是由于主阀芯阻尼孔在使用中突然被污物堵塞所致。该阻尼孔堵塞后，系统压力直接作用于主阀芯下端面，此时，系统上压，而一旦推动主阀上腔的存油顶开先导锥阀后，上腔卸压，主阀打开，系统立即卸压。由于主阀阻尼孔被堵，系统压力油再无法进入主阀上腔，即使系统压力下降，主阀也不能下降。主阀阀口开度不会减小，系统压力不断被溢流，在这种情况下，无论怎样旋动手轮，也不能使系统上压。当主阀在全开状态时，若主阀芯被污物卡阻，也会出现上述现象。

3. 系统超压，甚至超高压，溢流阀不起溢流作用

当先导锥阀前的阻尼孔被堵塞后，油压纵然再高也无法作用或打开锥阀阀芯，调压弹簧一直将锥阀关闭，先导阀不能溢流，主阀芯上、下腔压力始终相等，在主阀弹簧作用下，主阀一直关闭，不能打开，溢流阀失去限压溢流作用，系统压力随着负载的增高而增高，当执行元件停止运动时，系统压力在液压泵的作用下，甚至产生超高压现象。此时很容易造成拉断螺栓、泵被打坏等恶性事故。

对上述 2、3 点故障，通过拆洗阀件，疏通阻尼孔即可排除。

单元 3　顺序阀故障检修

顺序阀出现故障是容易引起挖掘机工作台不能回转的原因之一。下面将对顺序阀的工作原理、结构、性能、维修等方面进行分析。

一、顺序阀的基本知识的复习

顺序阀是利用油路中压力的变化来控制阀口通断，以实现各工作部件依次顺序动作的液压元件，故名顺序阀。顺序阀按结构不同分为直动型和先导型两种，一般先导型用于压力较高的场合。当顺序阀利用外来液压力进行控制时，称液控顺序阀。不论是直动型还是先导型顺序阀都和对应的溢流阀原理相类似，主要不同为溢流阀的调压弹簧腔的泄漏油和出油口相连，而顺序阀单独接回油箱。

对顺序阀的主要要求是①调压范围大；②动作可靠，不因压力波动等原因产生误动作，保证系统安全；③过流能力强，工作时噪声小等。

1. 顺序阀工作原理和结构

根据控制压力来源的不同，分内控式和外控式两种。如图 5-18 为直动型顺序阀的结构原理图。压力油从两个进油口 P_1 进入，经阀体上的孔道 a 和端盖上的阻尼孔 b 流到控制活塞的底部，当进油口的液压力增大，使控制活塞能够克服阀芯上部的弹簧力时，阀芯上移，进、出油腔连通，油液从 P_2 流出至执行元件，该阀阀芯开启受进油口压力控制，属内控式顺序阀，符号如图 5-18b）所示。

如果将图5-18b)中的端盖旋转90°安装,进油口通向控制活塞的通道被切断,并除去外控口的螺塞,引入控制压力油,便成为外控式顺序阀。其符号如图5-18c)所示。

2. 顺序阀特性和应用

内控式顺序阀与溢流阀很相似:阀口常闭,进口压力控制,但是阀的出口油液要工作,所以有单独的泄油口。该阀用于多个执行元件的顺序动作。其进口压力先要达到阀的调定压力值,而出口压力取决于负载。当负载压力高于阀的调定压力时,进口压力等于阀的出口压力值,阀口全开;当负载压力低于调定压力时,进口压力等于调定压力值,阀的开口为某一定程度。

顺序阀在液压系统中的主要应用有:

①执行多个执行元件的顺序动作。

②与止回阀组成平衡阀。

③内控顺序阀接在油缸回油路上,作背压阀使用。

④外控顺序阀可用作卸荷阀

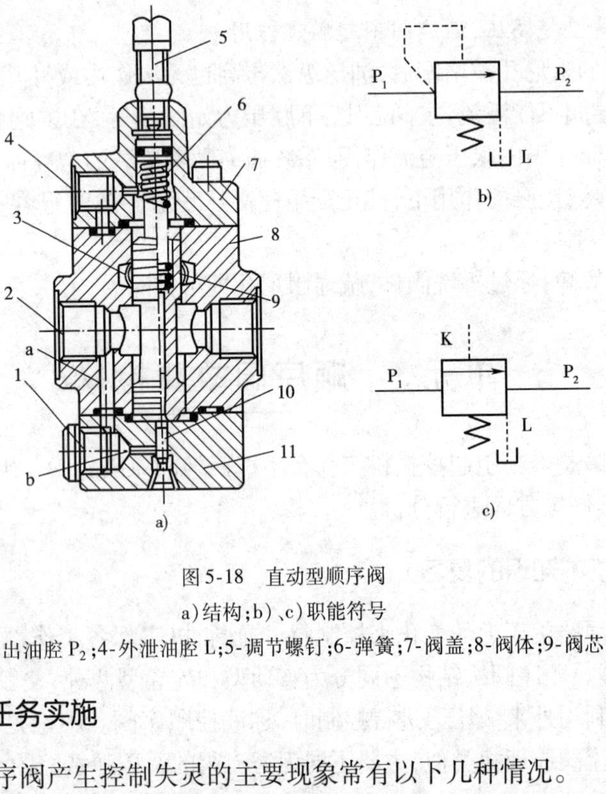

图5-18 直动型顺序阀

a)结构;b)、c)职能符号

1-处控口K;2-进油腔P_1;3-出油腔P_2;4-外泄油腔L;5-调节螺钉;6-弹簧;7-阀盖;8-阀体;9-阀芯;10-控制活塞;11-端盖

二、顺序阀修理任务实施

顺序阀和单向顺序阀产生控制失灵的主要现象常有以下几种情况。

1. 顺序阀出油腔压力和进油腔压力总是同时上升或同时下降

①顺序阀主阀芯的阻尼孔堵塞。该阻尼孔堵塞以后,不但控制活塞的泄漏无法进入调压弹簧腔流回油箱,而且,主阀进油腔压力油液经周壁缝隙进入阀芯底端位置后,也无法排出。阀芯低端面承压面积较控制活塞大得多,因此,顺序阀阀芯在比原调定压力小得多的情况下早已开启,使进油腔与出油腔连通成为常通阀,而完全失去顺序控制的作用。因此,进出油腔压力会同时上升或下降。

②阀口打开时,主阀芯被卡死。

③止回阀在打开位置被卡死。

④止回阀密封不良,漏油严重。

⑤调压弹簧断裂或漏装。

⑥先导型阀中的锥阀漏装或泄漏严重。

2. 顺序阀出口腔无油流

①下阀盖中，通入控制活塞腔的控制油孔道阻塞，控制活塞无推动压力，阀芯在弹簧作用下一直处于最下部，阀口常闭，故出油腔无油流。

②作顺序阀使用时，压力控制油泄油口不是单独接回油箱，而是采用内部回油的安装方式，这样，主阀芯上腔（弹簧腔）具有出口油压，而且对阀芯的承压面积较控制活塞大得多，阀芯在液压力的作用下成为常闭阀而使出油腔无油流。

③泄油口有时虽然采用外泄式，若泄油道过细、过长，或有部分堵塞，回油背压太高，也使滑阀不能打开。

④远控压力不足，或下端盖接合处漏油严重。

⑤主阀芯在关闭状态下被卡死。

此外，止回阀在关闭状况下卡死后，单向顺序阀会产生反向不能出油的故障现象。以上故障的排除，一般都采取或更换、或清洗、或疏通、或研配等针对性修理方法来进行解决。顺序阀常见故障及排除方法见表5-1。

顺序阀常见故障及排除方法 表5-1

故障现象	产生原因	排除方法
始终出油，因而不起顺序作用	①阀芯在打开位置上卡死（如几何精度差，间隙太小，弹簧弯曲，断裂；油液太脏） ②止回阀在打开位置上卡死（如几何精度差，间隙太小，弹簧弯曲，断裂；油液太脏） ③止回阀密封不良（如几何精度差） ④调压弹簧断裂 ⑤调压弹簧漏装 ⑥未装锥阀或钢球 ⑦锥阀或钢球碎裂	①修理，使配合间隙达到要求，并使阀芯移动灵活；检查油质，过滤或更换油液；更换弹簧 ②修理，使配合间隙达到要求，并使止回阀芯移动灵活；检查油质，过滤或更换油液；更换弹簧 ③修理，使止回阀密封良好 ④更换弹簧 ⑤补装弹簧 ⑥补装 ⑦更换
不出油，因而不起顺序作用	①阀芯在关闭位置上卡死（如几何精度低，弹簧弯曲，油液脏） ②锥阀芯在关闭位置卡死 ③控制油液流通不畅通（如阻尼孔堵死，或遥控管道被压扁堵死） ④遥控压力不足，或下端盖结合处漏油严重 ⑤通向调压油路上的阻尼孔被堵死 ⑥泄漏口管道中背压太高，使滑阀不能移动 ⑦调节弹簧太硬，或压力调得太高	①修理，使用滑阀移动灵活；更换弹簧；过滤或更换油液 ②修理，使用滑阀移动灵活；过滤或更换油液 ③清洗或更换管道，过滤或更换油液 ④提高控制压力，拧紧螺钉并使之受力均匀 ⑤清洗 ⑥泄漏口管道不能接在回油管道上一起回油，应单独排回油箱 ⑦更换弹簧，适当调整压力
调定压力值不符合要求	①调压弹簧调整不当 ②调压弹簧变形，最高压力调不上去 ③滑阀卡死，移动困难	①重新调整所需要的压力 ②更换弹簧 ③检查滑阀的配合间隙，修配使滑阀移动灵活；过滤或更换油液
振动与噪声	①回油阻力（背压）太高 ②油温过高	①降低回油阻力 ②控制油温在规定范围内

附录　常用液压传动图形符号

1. 基本符号、管线及连接

名　称	符　号	名　称	符　号
工作管路		柔性管路	
控制管路、泄漏管路		组合元件框线	
连接管路	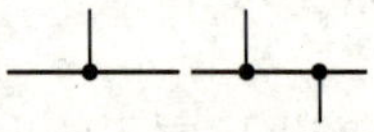	单通路旋转接头	
交叉管路		三通路旋转接头	

2. 动力源及执行机构

名　称	符　号	名　称	符　号
单向定量液压泵		摆动液压马达	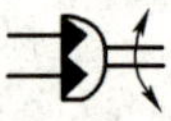
双向定量液压泵	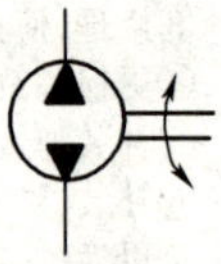	单作用单活塞杆缸	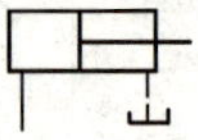
单向变量液压泵		单作用弹簧复位式单活塞缸	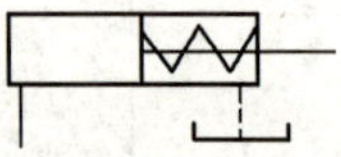
双向变量液压泵		单作用伸缩缸	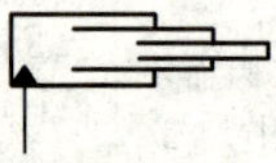
液压源		双作用单活塞杆缸	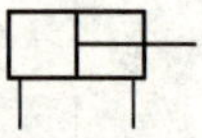
单向定量液压马达		双作用双活塞缸	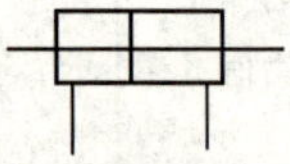
双向定量液压马达		双作用可调单向缓冲缸	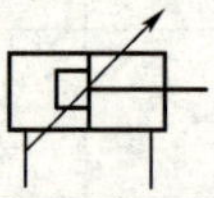
双向变量液压马达		单作用增压器	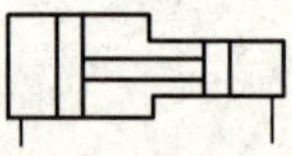

3. 控制方式

名　　称	符　　号	名　　称	符　　号
人力控制	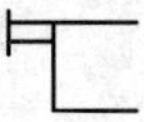	差动控制	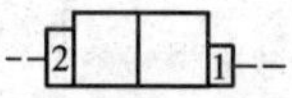
手柄式人力控制	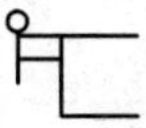	内部压力控制	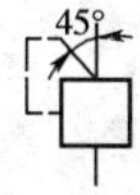
按钮式人力控制	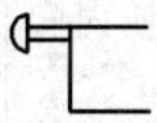	外部压力控制	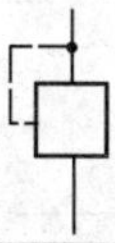
弹簧式机械控制	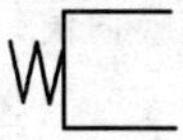	单作用电磁控制	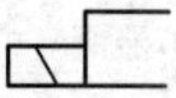
顶杆式机械控制	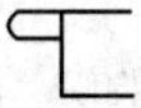	单作用可调电磁控制	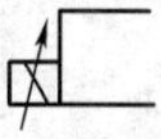
滚轮式机械控制	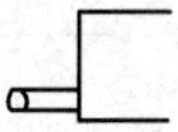	双作用电磁控制	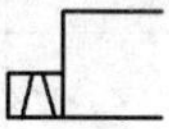
加压或卸压控制	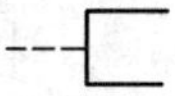	双作用可调电磁控制	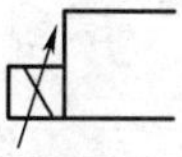
液压先导控制（加压控制）	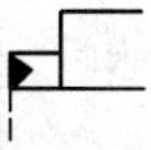	电液先导控制	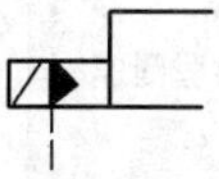
液压先导控制（卸压控制）	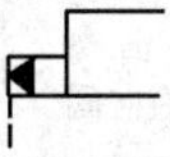	定位装置	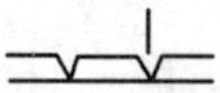

4. 控制阀

名　　称	符　　号	名　　称	符　　号
溢流阀	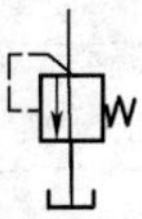	顺序阀	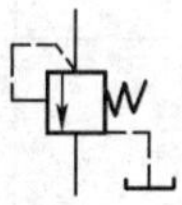
先导型溢流阀	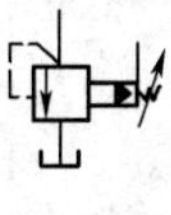	先导型顺序阀	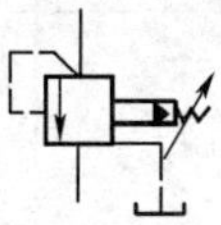
先导比例电磁溢流阀	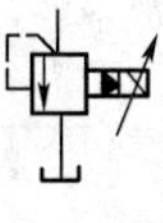	平衡阀（单向顺序阀）	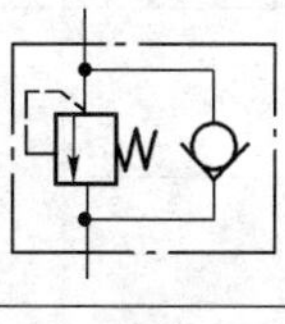
减压阀	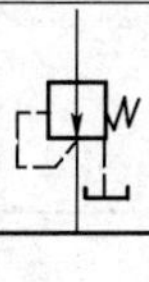	卸荷阀	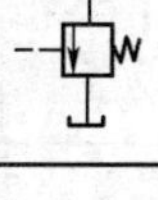

续上表

名　称	符　号	名　称	符　号
先导型减压阀	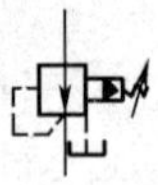	压力继电器	
不可调节流阀	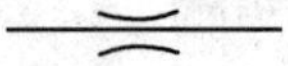	或门梭阀	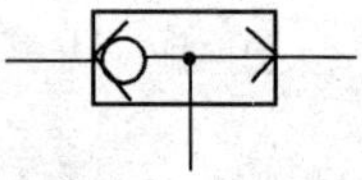
可调节流阀	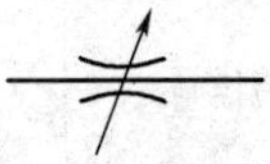	二位二通换向阀（常闭）	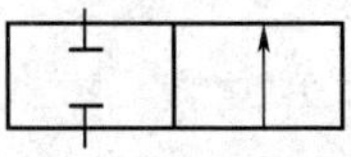
可调单向节流阀	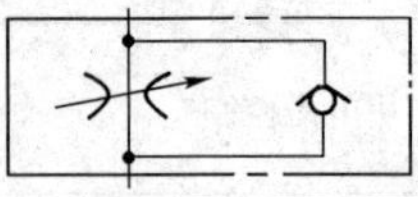	二位二通换向阀（常开）	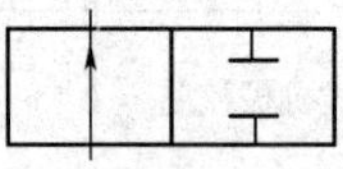
调速阀		二位三通换向阀	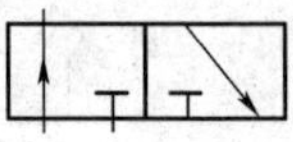
单向调速阀	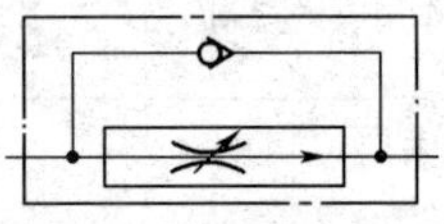	二位四通换向阀	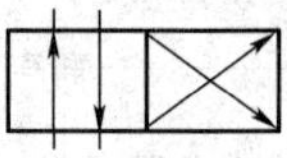
温度补偿型调速阀	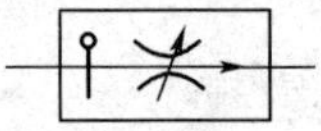	二位五通换向阀	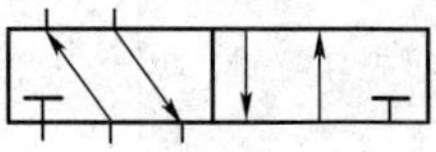
旁通型调速阀	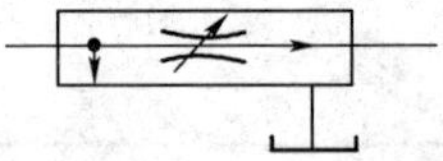	三位三通换向阀	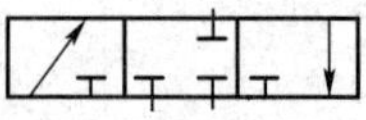
分流阀	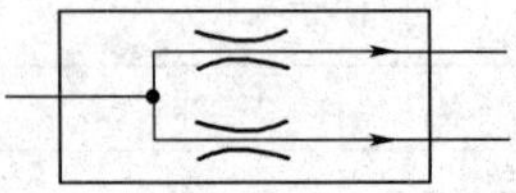	三位四通换向阀	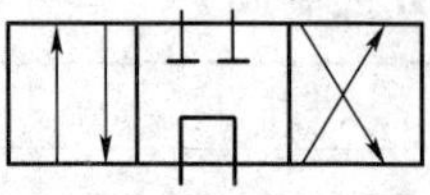
集流阀	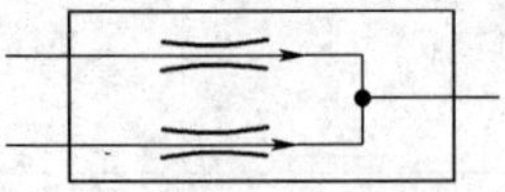	三位四通手动换向阀	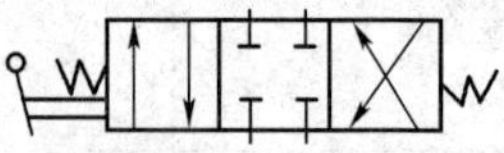
分流集流阀	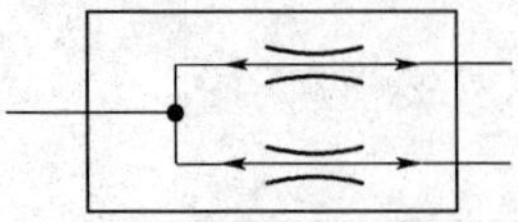	二位二通手动换向阀	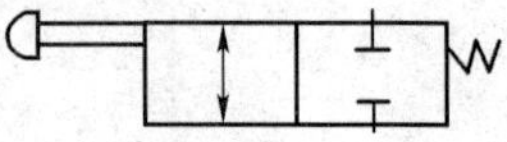
截止阀		三位四通液动换向阀	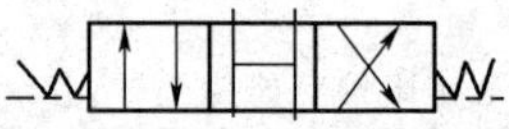
止回阀	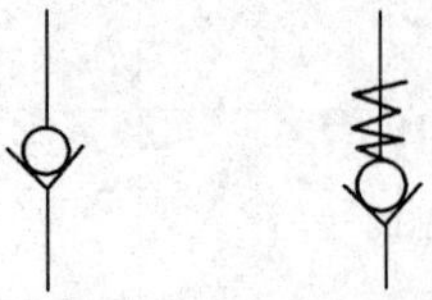	三位四通电磁换向阀	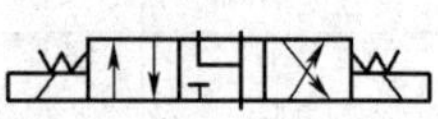

续上表

名　　称	符　　号	名　　称	符　　号
液控止回阀		三位四通电液换向阀	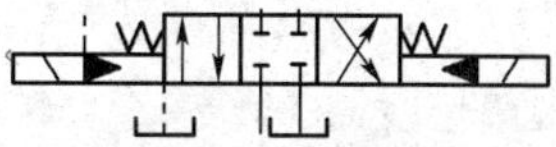
液压锁	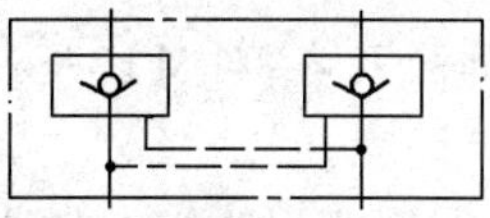	四通伺服阀	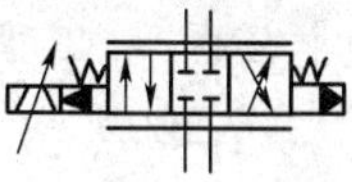

5. 附件和其他装置

名　　称	符　　号	名　　称	符　　号
油箱	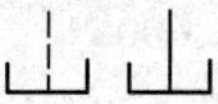	弹簧式蓄能器	
密闭式油箱（三条油路）	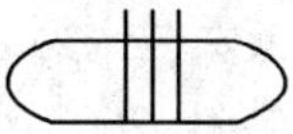	重锤式蓄能器	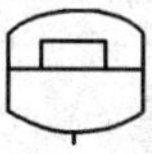
蓄能器	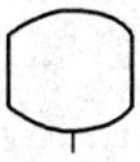	气体隔离式蓄能器	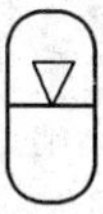
气体隔离式蓄能器		压力计	
温度调节器		压差计	
加热器		流量计	
冷却器		温度计	
过滤器		电动机	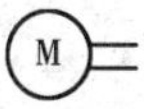
带磁性滤芯过滤器	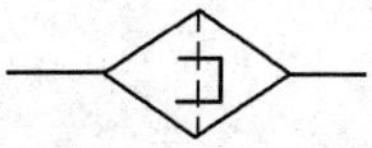	行程开关	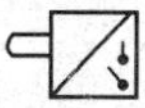

参考文献

[1] 杨国平. 工程机械液压系统的故障诊断排除及实例[M]. 长沙:湖南科学技术出版社,2002.

[2] 颜荣庆. 现代工程机械液压与液力系统基本原理故障分析与排除[M]. 北京:人民交通出版社,2001.

[3] 颜荣庆. 现代工程机械液压系统分析[M]. 北京:人民交通出版社,1998.

[4] 唐银启. 工程机械液压与液力技术[M]. 北京:人民交通出版社,2003.

[5] 时彦林. 液压传动[M]. 北京:化学工业出版社,2006.

[6] 刘延俊. 液压系统使用与维修[M]. 北京:化学工业出版社,2006.

[7] 屈圭. 液压与气压传动[M]. 北京:机械工业出版社,2002.

[8] 卢光贤. 机床液压传动与控制(第3版)[M]. 西安:西安工业大学出版社,2006.

[9] 黄安贻. 液压传动[M]. 重庆:西南交通大学出版社,2005.

[10] 何存兴. 液压传动与气压传动[M]. 武汉:华中科技大学出版社,2005.

[11] 张平路. 液压传动与控制[M]. 北京:冶金工业出版社,2004.

[12] 液压传动多媒体教学教材[M]. 北京:北京出版社,2002.

[13] 丁树模. 液压传动[M]. 北京:机械工业出版社,2009.

[14] 张宏友. 液压与气动传动[M]. 大连:大连理工大学出版社,2009.